中等职业学校电子

PROTEL DXP 2004 DIANLUBANSHEJIYUZHIZUO

PROTEL DXP 2004 电路板设计与制作

主　编：李小琼　周　彬
副主编：周　斌　冯永淑
参　编：吴灵玲　蒋志侨　申　源　周　靖
　　　　戴天柱　田卫国　何仕谋

国家一级出版社　全国百佳图书出版单位
西南师范大学出版社

内容简介

本教材是一本介绍如何使用 PROTEL DXP 2004 软件来设计电路原理图和印制板图(PCB)的简明教程。全书共分 8 个项目,主要介绍电路原理图绘制、原理图元件的制作、PCB 的绘制、PCB 元件的制作、原理图设计提高、PCB 设计与提高、综合设计实例。本教材内容结构安排合理,以项目的形式呈现、以任务实例为驱动,并配备了大量的实例和上机练习,兼顾课堂教学和自学的需求。

图书在版编目(CIP)数据

PROTEL DXP 2004 电路板设计与制作/李小琼、周彬主编. —重庆:西南师范大学出版社,2010.7 (2021.1 重印)
ISBN 978-7-5621-4910-1

Ⅰ. ①P… Ⅱ. ①李… ②周… Ⅲ. ①印刷电路—计算机辅助设计—应用软件,PROTEL DXP 2004—专业学校—教材 Ⅳ. ①TN410.2

中国版本图书馆 CIP 数据核字(2010)第 079670 号

PROTEL DXP 2004 电路板设计与制作

总 主 编:林安全　周　彬
本册主编:李小琼　周　彬

责任编辑:罗　渝　曾　文
封面设计:戴永曦
责任照排:吴秀琴
出版发行:西南师范大学出版社
　　　　　(重庆·北碚　邮编:400715)
　　　　　网址:www.xscbs.com)
印　　刷:重庆新生代彩印技术有限公司
幅面尺寸:185 mm×260 mm
印　　张:11.75
字　　数:336 千字
版　　次:2010 年 7 月第 1 版
印　　次:2021 年 1 月第 4 次
书　　号:ISBN 978-7-5621-4910-1
定　　价:35.00 元

尊敬的读者,感谢您使用西师版教材!如对本书有任何建议或要求,请发送邮件至 xszjfs@126.com。

序言

随着国家的高度重视,中等职业教育进入了发展的快车道,从规模上讲,已占高中阶段教育的50%,普、职基本相当.中等职业教育的发展已经从增加规模进入到提高教育质量,走内涵发展道路的阶段.

内涵发展要求中等职业教育培养的人才要适应岗位的新要求,要进一步增强主动服务经济社会发展的能力.《国家中长期教育改革和发展规划纲要(2010~2020年)》中对职业教育提出了明确要求,要"大力发展职业教育"、"把提高质量作为重点,以服务为宗旨,以就业为导向,推进教育教学改革."2010年3月颁布的《中等职业学校专业目录(2010年修订)》强调中等职业教育要服务于国家经济社会发展和科技进步,服务于行业、企业对人才的需求和学生就业创业,服务于职业生涯发展和终身学习;强调五个对接,即专业与产业、企业、岗位对接,专业课程内容与职业标准对接,教学过程与生产过程对接,学历证书与职业资格证书对接,职业教育与终身学习对接,努力构建与产业结构、职业岗位对接的专业体系.教职成〔2008〕8号《教育部关于进一步深化中等职业教育教学改革的若干意见》中强调改革教学内容、教学方法,增强学生就业和创业能力,深化课程改革,努力形成以就业为导向的课程体系;推动中等职业学校教学从学科本位向能力本位转变,以培养学生的职业能力为导向,调整课程结构,合理确定各类课程的学时比例,规范教学;积极推进多种模式的课程改革,促进课程内容综合化、模块化,提高现代信息技术在教育教学中的应用水平.

教职成〔2009〕2号《教育部关于制定中等职业学校教学计划的原则意见》中强调坚持"做中学、做中教",突出职业教育特色,高度重视实践和实训教学环节,强化学生的实践能力和职业技能培养,提高学生的实际动手能力.

在这样的新形势新要求下,我们组织了重庆市及周边部分省市长期从事中职教育教材研究及开发的专家、教学第一线中具有丰富教学经验的教学骨干、西南大学专家,共同组成开发小组,编写了这套具有中国特色的、与时俱进的中等职业教育电子类专业系列教材.

本系列教材具有以下特点:

1.吸收了德国"双元制"、"行动导向"理论以及澳大利亚的"行业标准"理论,并与我国实际情况相结合.

2.坚持突出"双基"的原则,保证学生基本知识和基本技能过硬,为学生的终身学习和发展打下基础.

3. 坚持"浅、用、新"的原则,充分考虑中职学生的接受能力,一切从实际出发,突出"实用、够用",同时体现新知识、新技术、新工艺、新方法.

4. 以岗位需求和职业能力为依据,突出就业导向和能力本位原则,既培养学生的专业理论素养,提高学生专业技能,又对学生进行职业意识培养和职业道德教育,提高学生的综合素质与职业能力,增强学生适应职业变化的能力,为学生职业生涯的发展奠定基础.

5. 采用一体化教学模式,理论和实训单轨进行,使理论教学和实践教学能够有机结合,实施"做中学、学中做","学做一体化",便于在"技能教室"上课和实施"技能打包教学".

6. 采用项目和任务体系进行编写,便于实施模块化学习和任务驱动学习,能够提高学生学习兴趣,提高学习效果.

7. 在学生的学业评价上,本系列教材采用了全国教育科学"十一五"规划教育部重点课题《中职学校学生学业评价方法及机制研究》(课题编号 GJA080021)的研究成果之一《学生专业课学习评价工具》,使评价科学合理,能够发挥学业评价激励和导向作用.

8. 内容呈现上,采用了大量的图形、表格,图文并茂、语言简洁流畅,增强了教材的趣味性和启发性,使学生愿读易懂.

9. 本系列教材配有教学资源包,有电子教学大纲和课件,为教师教学带来方便.

该系列教材的开发,是在《国家中长期教育改革和发展规划纲要(2010~2020年)》颁布的大背景下,在国家新一轮课程改革的大框架下进行的,在较大范围内征求了同行和专家的意见,是一套适应改革发展的好教材.限于我们的能力,敬请同行们在使用中提出宝贵意见.

前言

本教材在最新《中等职业学校电子技术基础与技能教学大纲》的指导下根据行业部门及国家职业技能鉴定规范要求,结合现代职业教育与生产实际的要求编写.教材由浅入深,有选择、成体系地向学生介绍 PROTEL DXP 2004 电路板设计的基础知识,从课程内容、教法及上机练习上作了大幅度的调整.项目中,知识目标对学习者提出了理论知识具体的要求,能力目标对学习者提出了技能模仿、操作、熟练的要求.为便于教学,每个项目都有知识回顾、思考与上机练习等内容.学习任务评价表既有利于学生学习,也便于教师评价,以起到教学考核和激励反馈作用.

本教材系中等职业学校电类专业的主干专业课程,安排在二年级学习,教学参考学时为 76 学时,各项目课时安排建议如下:

项目内容	课时数
项目一 初识 PROTEL DXP 2004	2
项目二 制作简单原理图	12
项目三 制作原理图元件	8
项目四 制作 PCB	16
项目五 制作 PCB 元器件封装	10
项目六 原理图设计提高	10
项目七 PCB 设计提高	8
项目八 TDA2030 功放电路设计	10

本教材由北碚职教中心周彬、李小琼担任主编,西南大学电子与控制工程系主任祝诗平教授、北碚职教中心副校长林安全负责主审,北碚职教中心冯永淑和四川仪表工业校周斌担任副主编,参与编写的人员还有北碚职教中心戴天柱,嘉陵工业股份有限公司(集团)技工学校吴灵玲、江北区北城实验中学申源、四川仪表工业校蒋志侨、何仕谋,秀山职业教育中心田卫国,广汉市职业中专学校周靖.全书由李小琼制订编写大纲和负责编写的组织及统稿工作.

全书编写过程中得到西南大学工程技术学院、重庆市北碚职教中心、重庆市工业学校、四川仪表工业学校、嘉陵工业股份有限公司(集团)技工学校、秀山职业教育中心、江北区北城实验中学、广汉市职业中专学校等单位领导的大力支持,特别是重庆市北碚职教中心丁建庆校长对本书编写过程中的精心指导和无微不至的关怀,使教材的编写得以顺利完成.在此致以诚挚的谢意!

由于编者水平有限,加之时间仓促,书中难免存在不足、错误和不妥之处,恳切期望广大读者批评、指正.请将意见和建议发到电子邮箱:xiaoqun_775@sina.com.

目录

项目一　初识 PROTEL DXP 2004 1
　任务一　PROTEL DXP 2004 软件简介 1
　任务二　安装 PROTEL DXP 2004 2
　任务三　启动 PROTEL DXP 2004 4
　任务四　熟悉 PROTEL DXP 2004 的设计环境 6
　任务五　管理 PROTEL DXP 2004 的文件 11
　任务六　认识印刷电路板的设计工作流程 16
　知识回顾 18
　上机练习 18

项目二　制作简单原理图 20
　任务一　认识原理图设计流程 20
　任务二　认识原理图编辑环境 21
　任务三　绘制简单原理图 23
　任务四　电气规则检查与网络表的生成 36
　知识回顾 39
　上机练习 39

项目三　制作原理图元件 43
　任务一　认识元件库编辑环境 43
　任务二　绘制原理图元件 47
　知识回顾 53
　上机练习 53

项目四　制作 PCB 55
　任务一　PCB 的设计流程 55
　任务二　认识印刷电路板 56
　任务三　认识 PCB 编辑环境 60
　任务四　制作简单 PCB 65
　任务五　综合实例 83

  知识回顾 ··· 92
  上机练习 ··· 92

项目五　制作 PCB 元器件封装 ·· 95
  任务一　认识 PCB 元器件编辑环境 ··· 95
  任务二　手工绘制 PCB 元器件 ·· 98
  任务三　利用向导绘制 PCB 元器件 ·· 102
  任务四　综合实例 ··· 107
  知识回顾 ··· 110
  上机练习 ··· 110

项目六　原理图设计提高 ·· 113
  任务一　线路连接 ··· 113
  任务二　添加图形文字与自动设置标号 ······································· 118
  任务三　原理图综合实例 ·· 127
  知识回顾 ··· 131
  上机练习 ··· 131

项目七　PCB 设计提高 ·· 135
  任务一　PCB 设计高级技术 ·· 135
  任务二　PCB 设计经验和技巧 ··· 142
  任务三　PCB 的输出 ··· 144
  知识回顾 ··· 150
  上机练习 ··· 150

项目八　TDA2030 功放电路设计 ·· 153
  任务一　认识设计电路相关基础知识 ··· 153
  任务二　创建 TDA2030 功放电路项目文件 ································· 155
  任务三　创建功放电路原理图文件 ·· 155
  任务四　设计 TDA2030 功放的 PCB 板 ······································ 166
  知识回顾 ··· 175
  上机练习 ··· 175

参考文献 ·· 180

项目一　初识 PROTEL DXP 2004

PROTEL DXP 2004 为电路设计带来了极大的方便,在利用它进行电路设计之前,设计者要先学习 PROTEL DXP 2004 的基础知识.为此,本项目先介绍 PROTEL DXP 2004 的特点以及软件的安装,再介绍 PROTEL DXP 2004 软件环境,最后介绍 PROTEL DXP 2004 的文件管理和印刷电路板的设计工作流程.

本项目学习目标

1. 知识目标

（1）认识 PROTEL DXP 2004 的特点和印刷电路板设计工作流程；

（2）熟悉 PROTEL DXP 2004 的设计环境.

2. 技能目标

（1）安装、启动软件；

（2）会管理 PROTEL DXP 2004 文件.

PROTEL 是 Altium 公司在 20 世纪 80 年代开发的一款计算机辅助设计(CAD)软件,可以帮助设计者完成电路原理图和印刷电路板(PCB)图的绘制等设计工作.PROTEL 软件在国内的普及率非常高,是目前国内使用最多的电子线路自动化(EDA)设计软件之一.很多电子公司在设计和生产中都会用到 PROTEL 软件.

任务一　PROTEL DXP 2004 软件简介

一、任务描述

1. 情景导入

PROTEL 自 1985 年诞生以来,经历了多个版本的升级和完善,2002 年 Altium 公司推出了 PROTEL 家族的新成员——PROTEL DXP,2004 年又推出了最新的版本 PROTEL DXP 2004,它和以前的版本相比较,具有更强大的功能和更便捷的操作.

2. 任务目标

认识 PROTEL DXP 2004 的特点.

二、任务实施

★ **活动一　认识 PROTEL DXP 2004 的主要功能**

PROTEL DXP 2004 的主要功能有:印刷电路板设计(电路原理图设计、制作原理图元件、PCB 电路图设计、制作 PCB 元件封装)、原理图仿真和可编程逻辑器等工作.本书主要讲解如何使用该软件设计印刷电路板,对于原理图仿真和可编程逻辑器这里不作介绍.

通过 PROTEL DXP 2004 提供的上述功能模块,设计者可以从电路原理图设计开始,最终得到所需的印刷电路板图,完成设计过程.

★ **活动二　认识 PROTEL DXP 2004 的主要特点**

PROTEL DXP 2004 和以往的版本相比较有以下几个特点：

1. 良好的文件管理

PROTEL DXP 2004 采用项目管理的方式，把所有文件链接在一起，文件可以存放在任意的目录下，由一个项目文件来统一管理，而且 PROTEL DXP 2004 完全兼容 PROTEL 软件以前版本的设计文件。

2. 方便的中文界面

PROTEL DXP 2004 SP2 提供了非常好的中文平台，我们不再为菜单中大量的英文单词而烦恼了。

3. 便捷的面板操作

PROTEL DXP 2004 主要有四个编辑器：原理图编辑器、元件库编辑器、PCB 编辑器和 PCB 元件封装库编辑器。操作环境提供大量的面板和工具，使得操作十分方便，只要熟悉了一个编辑器，再使用其他的编辑器就变得非常容易。

4. 完善的集成库管理

PROTEL DXP 2004 使用的元件库被称为集成库，该集成库同时保存了元件的各种信息，如原理图符号、元件封装形式、仿真模型和信号完整性模型。使用集成库可以便于保持原理图和 PCB 图的一致性。

5. 提供了强大的查错功能

通过原理图中的 ERC（电气规则检查）工具和 PCB 的 DRC（设计规则检查）工具可以帮助我们更快地查找和改正错误。

6. 增强的同步器功能

同步器可以方便地对原理图文件和 PCB 文件中进行同步修改。原理图被更改后，可以同步更新 PCB 电路图，PCB 电路图被更改以后，原理图也同样被同步更新。保证了原理图和 PCB 电路图连接的一致性。

7. 强大的自动布线功能

在设计 PCB 电路图时，规划元件间的导线连接是十分麻烦的，PROTEL DXP 2004 强大的自动布线功能能够快速地找出布线的最佳路径，实现高布通率。

任务二　安装 PROTEL DXP 2004

一、任务描述

1. 情景导入

在使用 PROTEL DXP 2004 前，我们需要先安装该软件。安装 PROTEL DXP 2004 需要 Windows 2000 或 Windows XP 的操作系统。

2. 任务目标

（1）了解安装的配置要求。

（2）会安装 PROTEL DXP 2004。

二、任务实施

★ 活动一　了解安装 PROTEL DXP 2004 的配置要求

安装 PROTEL DXP 2004 软件对计算机的配置有一定的要求：不能低于最低配置，但为了软件能够更好地工作，通常使用推荐配置以上的计算机，如表 1-1 所示。

表 1-1　安装 PROTEL DXP 2004 的配置要求

推荐配置		最低配置	
操作系统	Windows XP	操作系统	Windows 2000
CPU 主频	Pentium 1.2GHz	CPU 主频	Pentium 500MHz
内存	512MB RAM	内存	128MB RAM
硬盘空间	2GB	硬盘空间	620MB
显示器	1280×1024 像素 32 位	显示器	1024×768 像素 16 位
显存	32MB	显存	8MB

★ 活动二　安装 PROTEL DXP 2004

PROTEL DXP 2004 软件是基于 Windows 的标准应用程序，其安装过程非常简单，按照提示一步一步操作下去就可以完成安装，具体步骤如下：

①双击"setup.exe"文件，进入安装向导，如图 1-1 所示。

②单击【Next】按钮，开始安装 PROTEL DXP 2004，选择【I accept】选项，单击【Next】继续安装。软件默认安装在 C:\Program Files\Altium2004\ 目录下，也可自己另外指定软件的安装目录。安装过程中，如果单击【Back】按钮则返回上一步，单击【Cancel】则退出安装。

③安装完成后，单击【Finish】按钮，安装 PROTEL DXP 2004 成功。

④根据需要安装服务包和新增元件库文件包（本书使用的是 SP2）。

图 1-1　PROTEL DXP 2004 安装向导

 任务三　启动 PROTEL DXP 2004

一、任务描述

1. 情景导入

已经安装好的 PROTEL DXP 2004 软件可以用两种方法启动它,然后在英文界面下开启中文平台,就可以使用了.

2. 任务目标

(1)启动 PROTEL DXP 2004.

(2)启动中文平台.

二、任务实施

★ **活动一　启动 PROTEL DXP 2004**

启动软件的方法有两种:一是通过"开始"菜单;二是通过桌面快捷方式.

方法一:在桌面单击【开始】/【DXP 2004】,启动软件.

方法二:如果桌面上有快捷方式,则可以双击图标启动.如果没有快捷图标,可以通过鼠标单击【开始】,将光标移至【DXP 2004】,再右击,选择【发送到】/【桌面快捷方式】,建立桌面快捷方式,如图 1-2 所示.

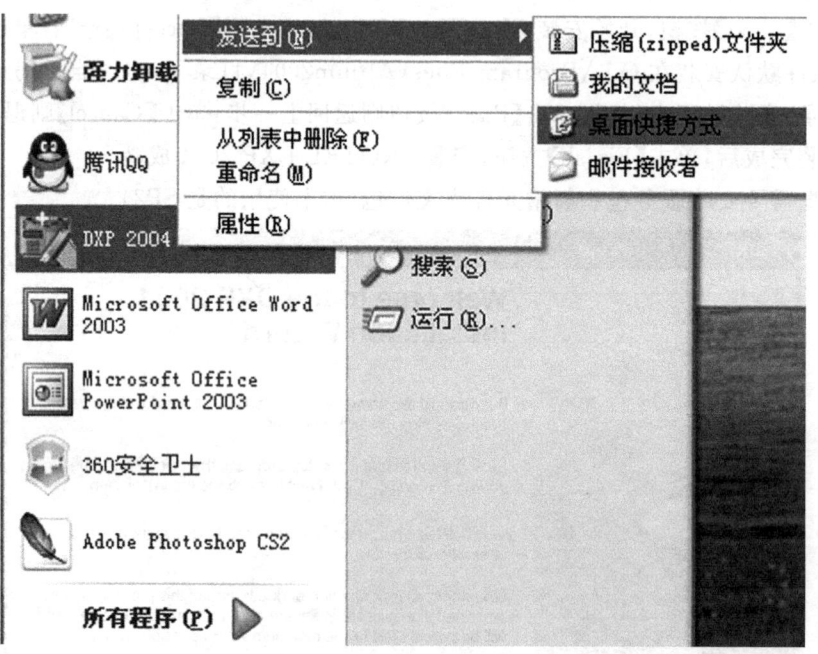

图 1-2　建立快捷方式

★ **活动二　启动 PROTEL DXP 2004 中文平台**

启动 PROTEL DXP 2004 后,在英文界面的菜单栏上选择【DXP】/【Preferences】命令,如图 1-3(a)所示,在弹出的对话框中,单击【DXP System】/【General】,在右侧的【Localization】区域里选中【Use Localized Resources】,再选中【Display Localized Dialogs】和【Localized Menus】,点击【OK】,如图 1-3(b)所示.关闭后重启 PROTEL DXP 2004,就变成中文平台了.

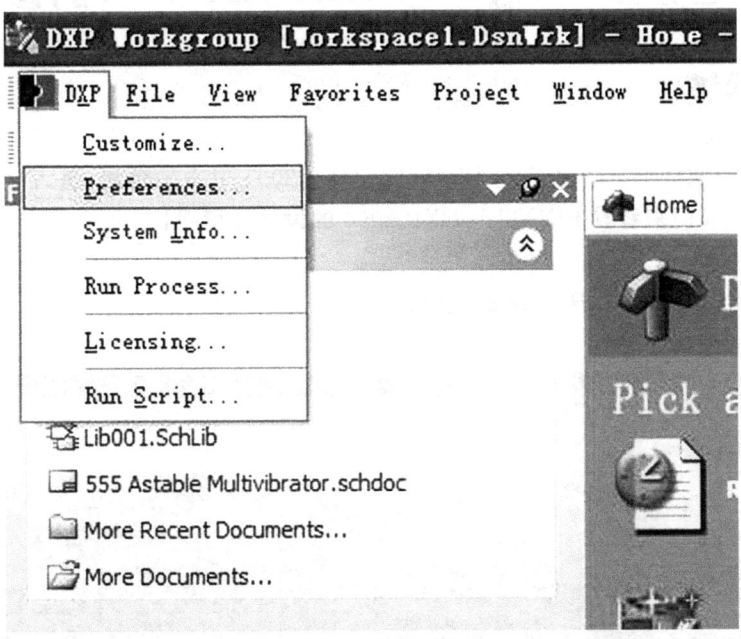

图 1-3(a)　启动中文界面

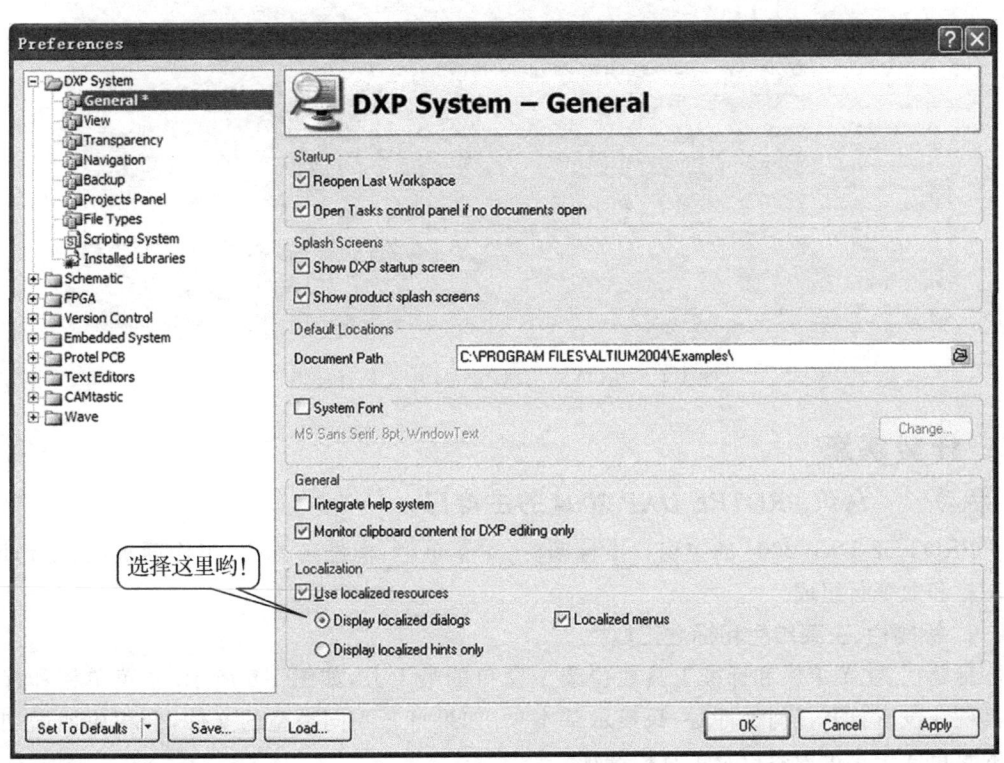

图 1-3(b)　启动中文界面

# 任务四 熟悉 PROTEL DXP 2004 的设计环境

一、任务描述

1. 情景导入

记得吗？上次我们成功地启动 PROTEL DXP 2004 中文平台后，进入到图 1-4 所示的界面中．现在让我们来看看 PROTEL DXP 2004 的设计环境吧！

2. 任务目标

（1）熟悉 PROTEL DXP 2004 的主窗口．

（2）启动各种编辑器．

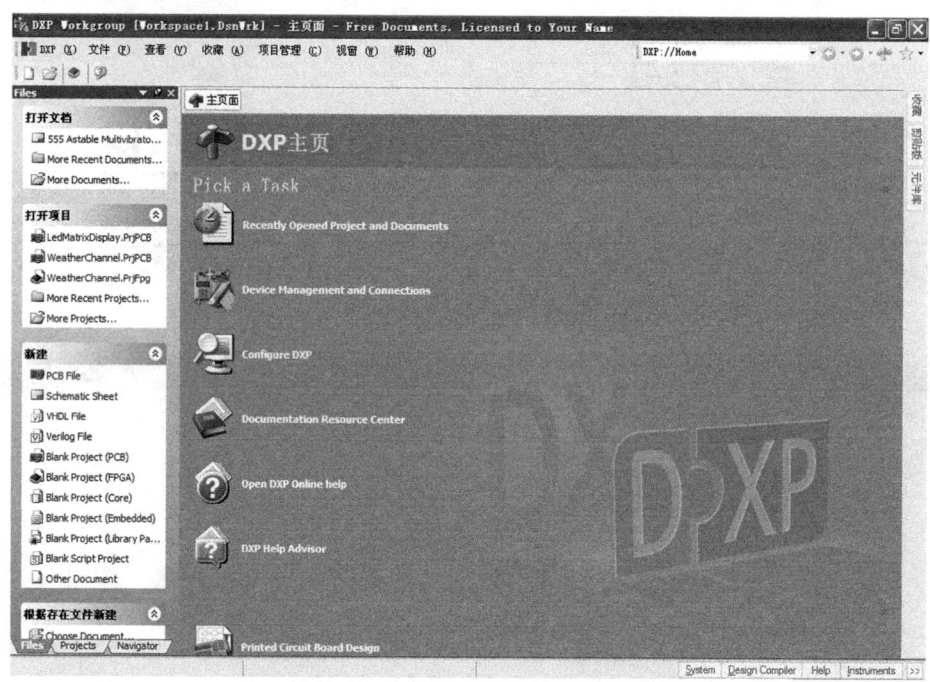

图 1-4 PROTEL DXP 2004 中文设计环境

二、任务实施

★ *活动一 认识 PROTEL DXP 2004 的主窗口*

PROTEL DXP 2004 的主窗口由标题栏、主菜单栏、标准工具栏、工作面板区、工作区、状态栏和命令行组成．

1. 标题栏、主菜单栏和标准工具栏

标题栏、主菜单栏和标准工具栏位于主窗口的最上方，如图 1-5 所示．主菜单栏和标准工具栏在没有打开任何文件时，只显示基本项．如果打开不同类型的文件，会相应地增加不同的菜单和子菜单内容以及工具栏选项．

图 1-5　标题栏、主菜单栏和标准工具栏

2. 工作面板区

在刚启动的界面左侧，可以看到工作面板区显示的是【Files】面板（文件面板），如图 1-6 所示，和【Files】面板在同一组的还有【Projects】面板（项目面板）和【Navigator】面板（导航面板）。可以通过单击工作面板区下端的面板标签进行切换，如单击【Projects】面板，工作面板区显示的就变为了【Projects】面板，如图 1-7 所示。

图 1-6　【Files】工作面板

图 1-7　【Projects】工作面板

【Files】面板可以执行打开文档，打开项目和新建等操作，❤ 和 ❥ 为展开和折叠下拉菜单按钮。【Projects】面板可以执行查看文件和文件管理等操作。

3. 工作区

工作区位于整个主窗口的中间位置，如图 1-8 所示，用于显示各种编辑器的界面。当我们启动任意一个编辑器后，工作区将变为相应的设计图纸，这是我们操作的主要区域。

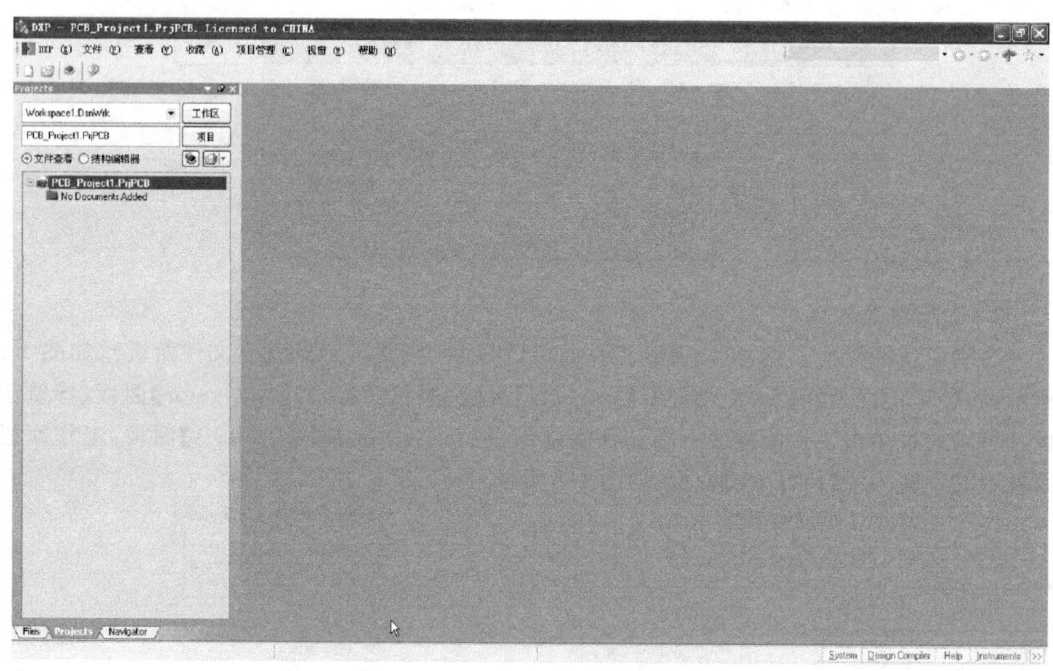

图 1-8　PROTEL DXP 2004 工作区

4. 状态栏和命令行

在主窗口的下面是状态栏和命令行,如图 1-9 所示,状态栏在打开编辑器后会显示坐标,方便绘图.

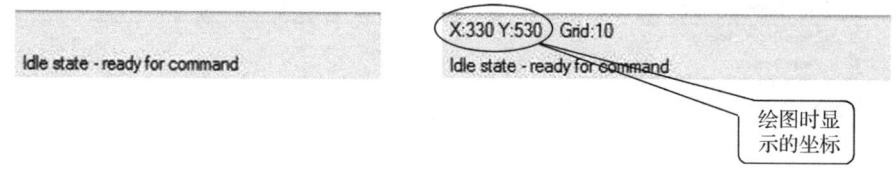

图 1-9　状态栏和命令行

★ *活动二　启动各类编辑器*

PROTEL 最常用的有四种编辑器:原理图编辑器、元件库编辑器、PCB 编辑器和 PCB 元件封装库编辑器.这是我们完成印刷电路板设计的主要工作界面,让我们一起来熟悉它们吧.

1. 启动原理图编辑器

(1) 在菜单栏上,选择【文件】/【创建】/【原理图】命令.

(2) 在【Projects】面板,自动添加了一个新原理图文件,默认名为"Sheet1.SchDoc",工作区变为原理图图纸,如图 1-10 所示.".SchDoc"是原理图文件的扩展名.

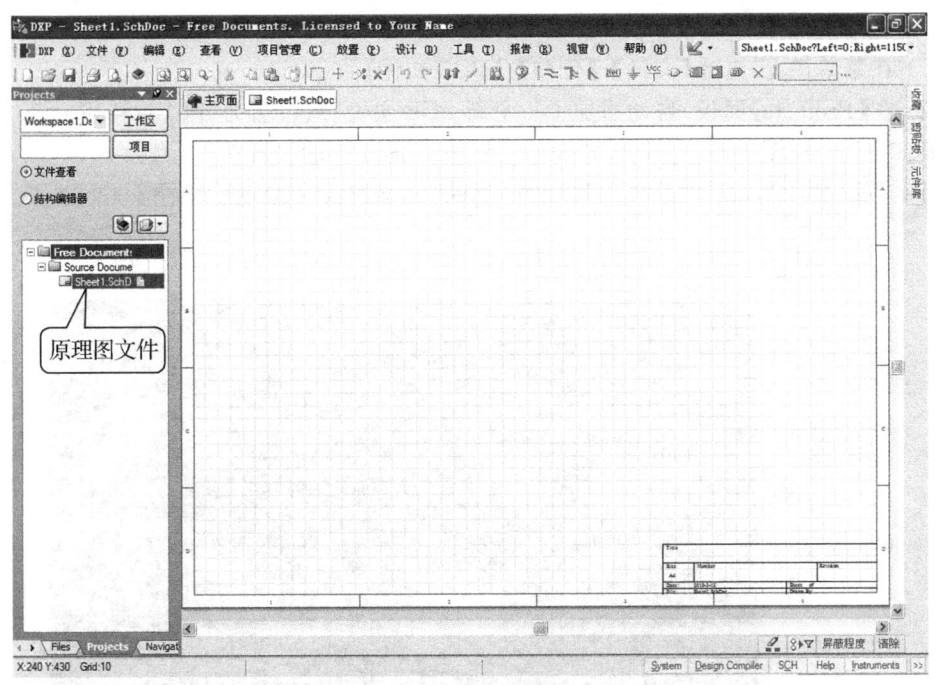

图 1-10 原理图编辑器

2. 启动元件库编辑器

（1）在菜单栏上，选择【文件】/【创建】/【库】/【原理图库】命令。

（2）在【Projects】面板，自动添加了一个新元件库文件，默认名为"Schlib1．SchLib"，如图 1-11 所示，"．SchLib"是元件库文件的扩展名。

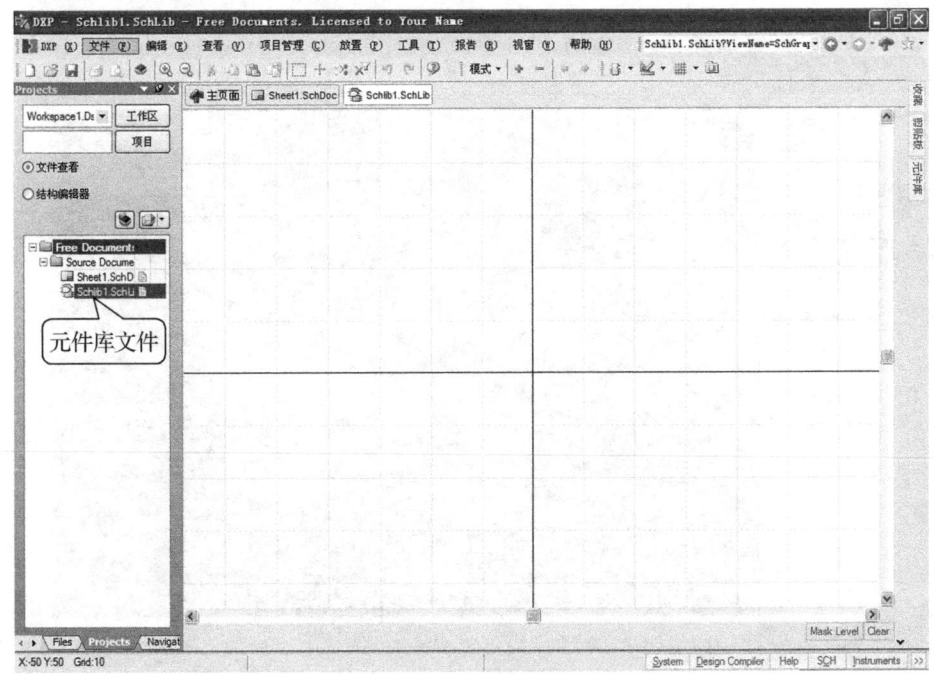

图 1-11 元件库编辑器

3. 启动 PCB 编辑器

（1）在菜单栏上，选择【文件】/【创建】/【PCB 文件】命令.

（2）在【Projects】面板，自动添加了一个新 PCB 文件，默认名为"PCB1.PcbDoc"，工作区变为 PCB 图纸，如图 1-12 所示．".PcbDoc"是 PCB 图文件的扩展名.

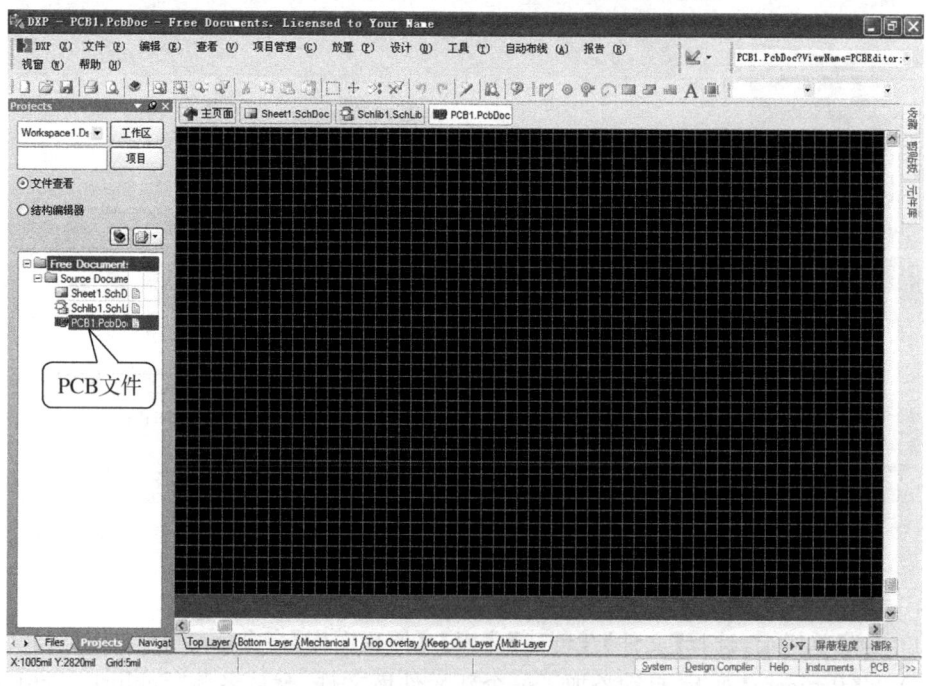

图 1-12　PCB 编辑器

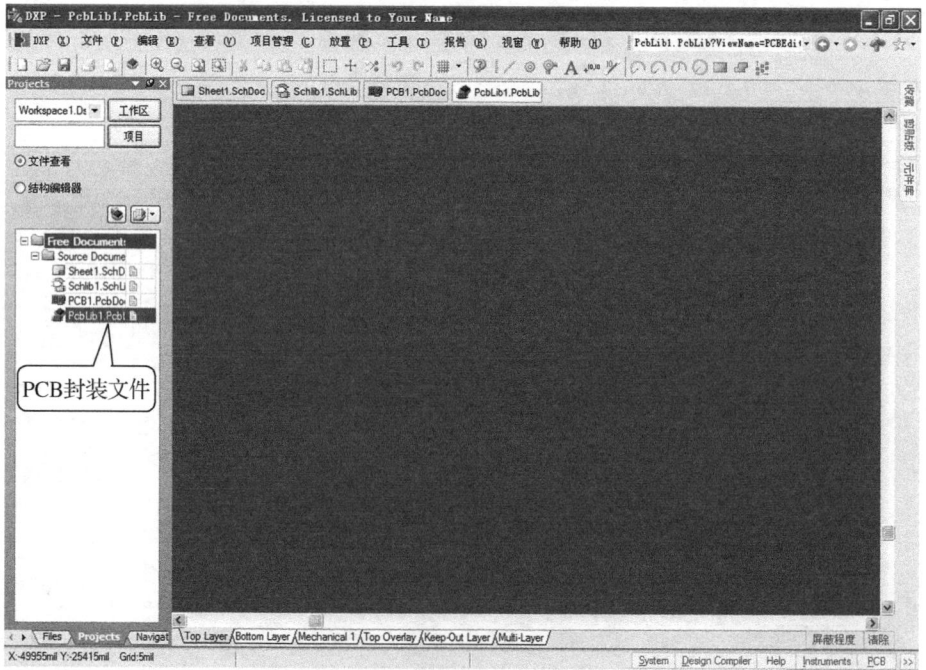

图 1-13　PCB 元件封装库编辑器

4. 启动 PCB 元件封装库编辑器

(1) 在菜单栏上,选择【文件】/【创建】/【库】/【PCB 库】命令.

(2) 在【Projects】面板,又添加了一个 PCB 元件封装库文件,默认名为"PcbLib1.PcbLib",如图 1-13 所示.".PcbLib"是 PCB 元件封装库文件的扩展名.

小贴士:

元件封装指的是焊接时元器件的外形以及管脚的位置和大小.印刷电路板上的焊盘形状、位置、大小要与元器件的封装形式一致.

任务五 管理 PROTEL DXP 2004 的文件

一、任务描述

1. 情景导入

良好的文件管理方式,可以方便日后我们对文件进行维护和修改.一个 PCB 电路设计通常包含若干图纸和报表等各种文件,如何管理这些文件呢?在 PROTEL DXP 2004 中,采用了项目管理的方式,把一个设计看成一个项目,把所有文件链接在一起,文件可以存放在任意的目录下,由这个项目文件来统一管理.

2. 任务目标

学会正确管理 PROTEL DXP 2004 的文件.

二、任务实施

★ **活动一 创建和保存项目**

PROTEL DXP 2004 采用项目管理的方式,进行一个设计首先要创建一个项目(Project).试试创建一个设计 PCB 电路需要的 PCB 项目吧.

为了方便我们管理文件,先通过资源管理器在 D 盘下新建一个名为"my protel"的文件夹.

1. 创建新项目

(1) 在菜单栏上,选择【文件】/【创建】/【项目】/【PCB 项目】命令.

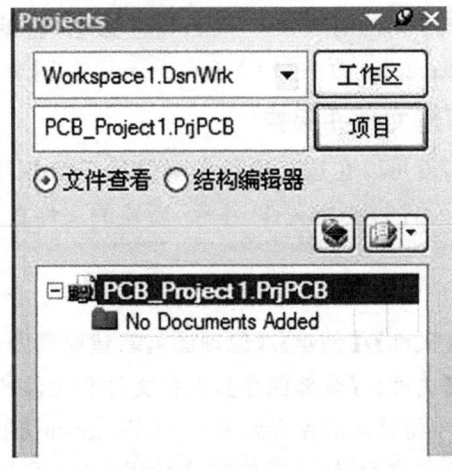

图 1-14 创建新项目文件

11

（2）弹出【Projects】面板，自动添加了一个新项目文件，默认名为"PCB_Project1.PrjPCB"，如图 1-14 所示.".PrjPCB"是 PCB 项目的扩展名，"No Documents Added"表示该项目现在没有包含任何文件.

小贴士：

如果【Projects】面板没有显示，可以单击工具面板底部的【Projects】标签或选择菜单栏上【查看】/【工作区面板】/【System】/【Projects】命令.

2. 保存项目

（1）在菜单栏上，选择【文件】/【保存项目】命令，弹出保存对话框，如图 1-15 所示.

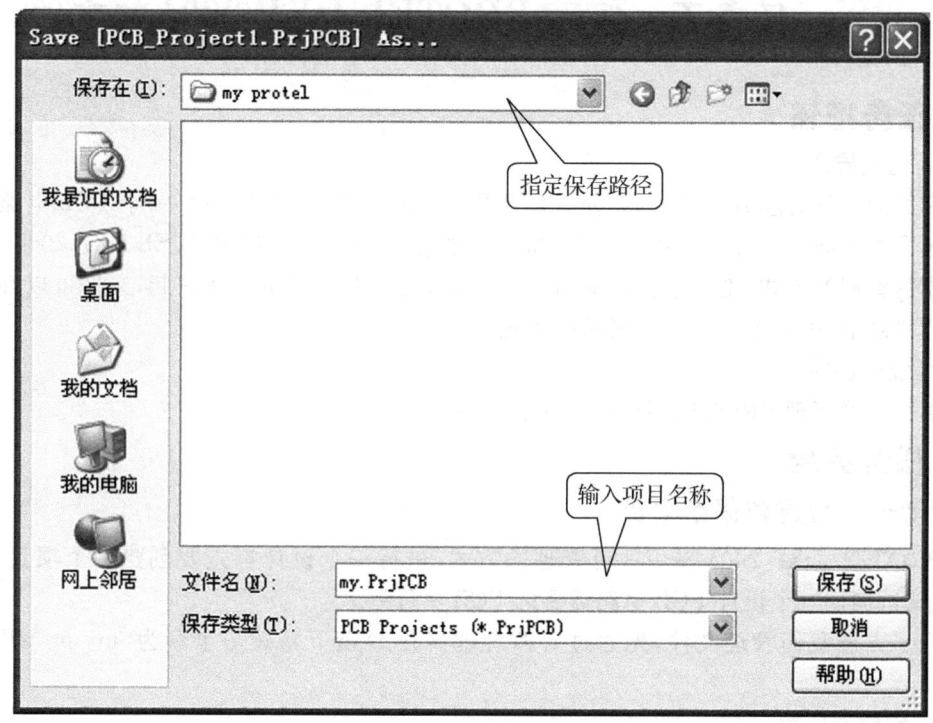

图 1-15 保存对话框

（2）在【文件名】栏输入"my.PrjPCB"为项目重新命名，将默认的保存路径 C：\Program Files\Altium2004\Examples 改为 D：\my protel，单击【保存】.

★ 活动二　在项目中新建文件并保存

创建一个 PCB 项目后，就可以在这个项目中新建所需的各种文件，如：原理图文件、元件库文件、PCB 文件、PCB 元件封装库文件. 注意：新建的文件在项目中保存的是一种链接关系而不是文件本身.

1. 新建文件

（1）在菜单栏上，选择【文件】/【创建】/【原理图】，新建原理图文件.

（2）在菜单栏上，选择【文件】/【全部保存】，保存文件和文件的链接关系.

（3）在弹出的对话框中，将默认的保存路径 C：\Program Files\Altium2004\Examples 改为 D：\my protel，在【文件名】栏输入新的文件名"Sch001.SchDoc"，单击【保存】（与项目的保存类似）.

(4) 新建：元件库文件、PCB 文件、PCB 元件封装库文件，保存路径同为 D：\ my protel，重命名如下：

元件库文件：Lib001. SchLib　　　　PCB 文件：Pcb001. PcbDoc

PCB 元件封装库文件：Plib001. PcbLib

(5) 如图 1-16 所示，在【Projects】面板上，可以查看到文件关系，"my. PrjPCB"项目下有四个文件："Sch001. SchDoc"、"Lib001. SchLib"、"Pcb001. PcbDoc"和"Plib001. PcbLib"。

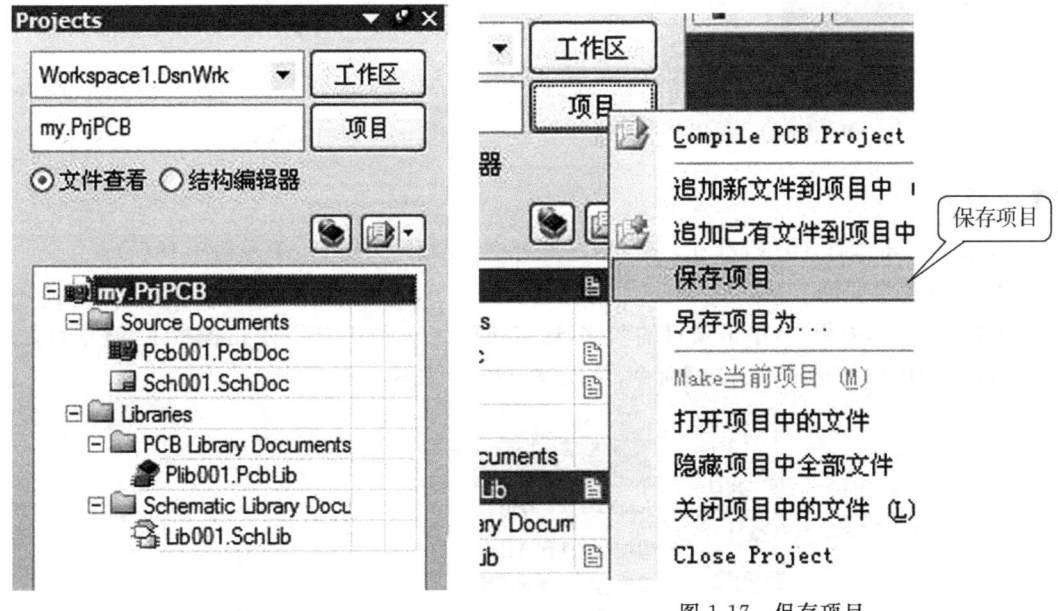

图 1-16　查看文件　　　　　　　　　　图 1-17　保存项目

小贴士：

(1) 蓝色光标表示选中了当前项目或文件，通过单击工作区上文件标签或【Projects】面板上的文件名称进行切换。

(2) 在菜单栏上，选择【文件】/【全部保存】命令等效于在【Projects】面板上单击项目名称，对选定项目进行操作，单击【项目】按钮，再选择【保存项目】命令，如图 1-17 所示。

(3) 选择菜单栏上的【文件】/【保存】和单击工具栏 一样，只保存当前文件，但没有将链接加到项目里。

(4) 如果项目链接有了新的变化，在项目名称的右边会出现红色标签，提示项目需要再次保存。

(5) 也可通过图 1-17 中的【追加新文件到项目中】来创建项目中的各种新文件。

★ **活动三　文件的关闭**

1. 关闭单个文件

方法一：在工作区选择要关闭的文件，右击文件的标签，如：右击"Pcb001. PcbDoc"标签，选【Close Pcb001. PcbDoc】，如图 1-18(a)所示。

方法二：在【Projects】面板中将鼠标移至文件名称处右击（没有打开的文件不能关闭），如："Sch001. SchDoc"，选择【关闭】，如图 1-18(b)所示。

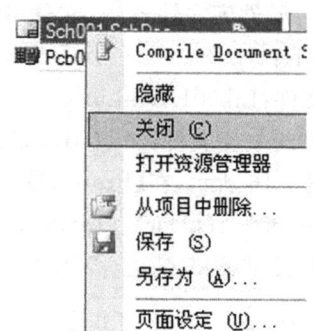

图 1-18(a) 关闭单个文件　　　　　图 1-18(b) 关闭单个文件

想一想：

如果要关闭工作区中的所有文件,可以进行哪些操作?[提示:看看图 1-18(a)]

2. 关闭整个项目

在【Projects】面板中,单击项目的名称,选定项目"my. PrjPCB",单击面板上的【项目】按钮,选择菜单中的【Close Project】命令,关闭整个项目,如图 1-19 所示.

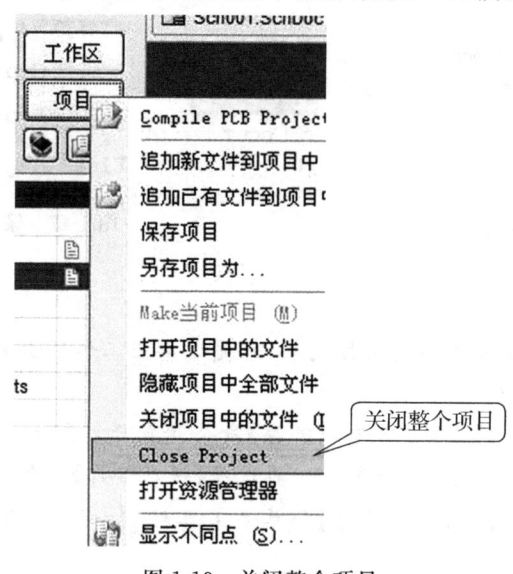

图 1-19　关闭整个项目

★ 活动四　打开已有文件

1. 打开项目

方法一:在菜单栏上,选择【文件】/【打开】命令或单击工具栏上 按钮,在弹出的对话框中选择 D：\ my protel 文件夹,打开"my. PrjPCB"项目,如图 1-20 所示.

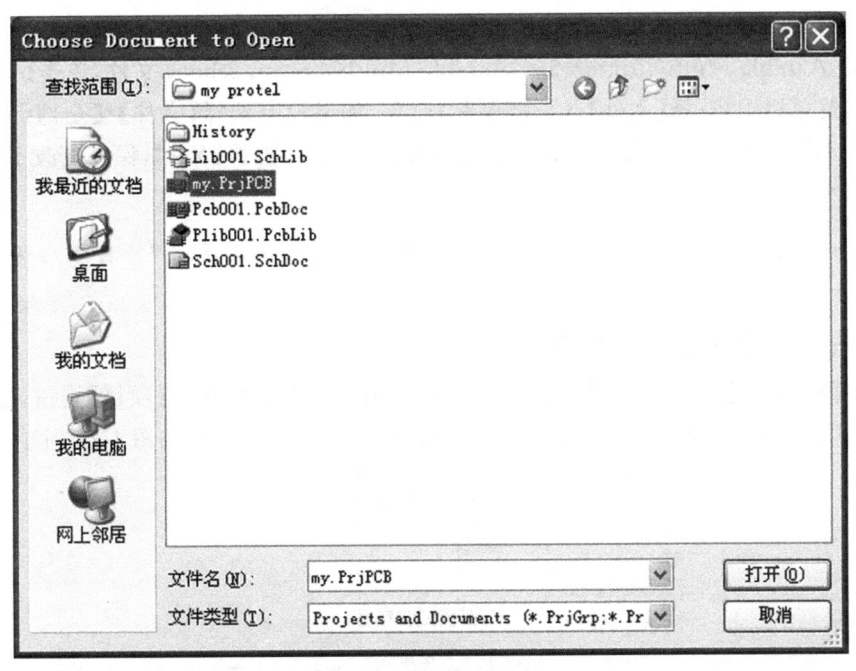

图 1-20　打开已有项目

方法二：通过资源管理器，在 D：\ my protel 文件夹中，双击"my. PrjPCB"，打开项目。

2. 打开文件

在【Projects】面板上双击"my. PrjPCB"项目中相应的文件，如："Sch001. SchDoc"，打开该文件。

★ **活动五　追加已有的文件到项目中**

1. 在【Projects】面板上，单击项目名称，对选定项目操作，单击【项目】按钮，再选择【追加已有文件到项目中】，如图 1-21 所示。

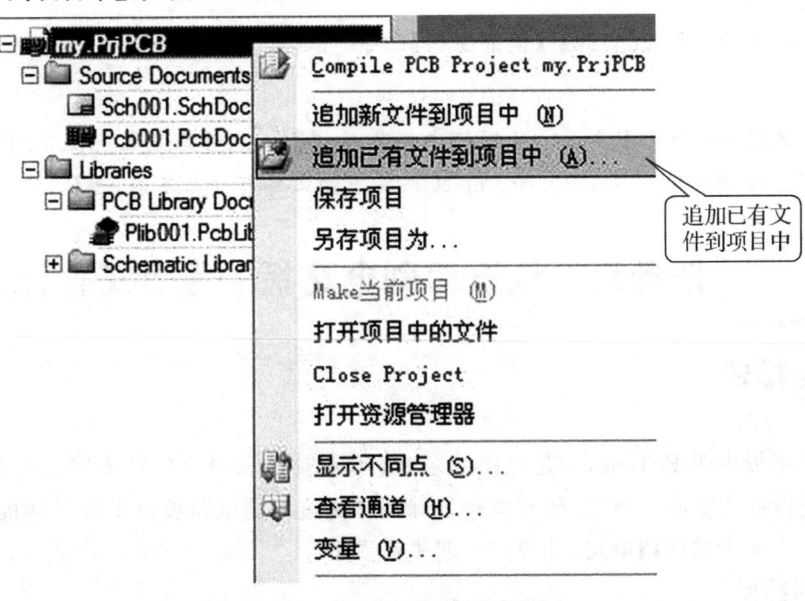

图 1-21　追加已有文件到项目中

2. 在弹出的对话框中,选择 C：\Program Files\Altium2004\Examples\Circuit Simulation\555 Astable Multivibrator\555 Astable Multivibrator. schdoc 文件,单击【打开】。

3. 在菜单栏中,选择【文件】/【全部保存】命令。如果没有选择【文件】/【全部保存】命令,在关闭项目时,会自动提示"Save change to my. PrjPCB",选择【Yes】,保存更改了的项目。

想一想：

"555 Astable Multivibrator. schdoc"文件在追加到"my. PrjPCB"项目中后保存的位置有没有改变？

★ **活动六　删除项目中的文件**

1. 在【Projects】面板上,单击要删除的文件名称,选定文件,单击【项目】按钮,选择【从项目中删除】,如：选择删除"555 Astable Multivibrator. schdoc"文件,如图 1-22 所示。

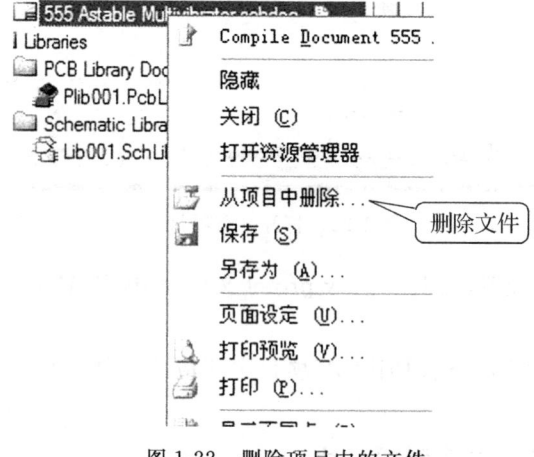

图 1-22　删除项目中的文件

2. 在弹出的提示"Do you wish to remove 555 Astable Multivibrator. schdoc?"中,选择【Yes】,删除文件。

3. 在菜单栏中,选择【文件】/【全部保存】命令。

想一想：

如果把文件"Pcb001. PcbDoc"从项目中删除后,【Projects】面板上"my. PrjPCB"项目下的文件和资源管理器里"D：\ my protel"文件夹下的文件有什么不同,为什么？

任务六　认识印刷电路板的设计工作流程

一、任务描述

1. 情景导入

印刷电路板也叫 PCB 板,它是电路的基板,用来安装和固定各种电路元件并使元件能够正确地连接成为实际的电路。所有电路设计都是通过印刷电路板来实现其功能的。如何将设计思路变成实际的印刷电路,让我们一起来看看吧！

2. 任务目标

认识印刷电路板的设计工作流程。

二、任务实施

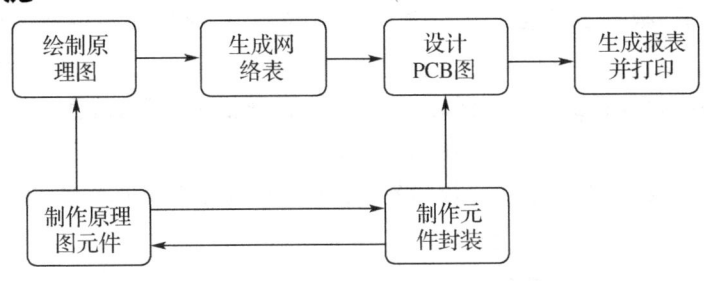

图 1-23　印刷电路板设计工作流程

从图 1-23 印刷电路板设计工作流程中,可以看出使用 PROTEL DXP 2004 软件设计印刷电路板主要有以下几个步骤：

1. 绘制原理图

根据设计方案绘制出电路的原理图,确定元件封装,为绘制 PCB 图做好准备.

2. 制作原理图元件

在绘制原理图的过程中,如果在系统原有的元件库中没有找到所需的元器件,就需要我们自己动手制作原理图元件,加载到元件库中,为绘制原理图做准备.

3. 生成网络表

网络表是原理图设计和 PCB 图设计之间的桥梁,网络表是对原理图中各元件之间电气连接的定义.在 PCB 制作中加载网络表,可以自动得到与原理图中完全相同的各元件之间的连接关系.

4. 设计 PCB 图

根据前面绘制的原理图,在 PROTEL 的 PCB 编辑器中,进行 PCB 电路图的设计.

5. 制作元件封装

和制作原理图元件一样,当我们需要的元件封装在原有的元件封装库中找不到时,需要我们根据实际元件来制作元件的封装.

6. 生成报表并打印

绘制完成的原理图、PCB 图和相关元件资料等各种文件和报表,是十分重要的工艺设计文件.设计好的文件要进行整理,方便以后维护和改进.最后,通过制版商制作成合格的印刷电路板.

知识拓展

1. 为了更好地使用 PROTEL DXP 2004 软件,表 1-2 列出了软件涉及的一些文件类型及其扩展名.

表 1-2　文件类型

文件类型	文件扩展名	文件类型	文件扩展名
印刷电路板项目文件	.PrjPCB	辅助制造工艺文件	.Cam
原理图文件	.SchDoc	集成库文件	.Likg
元件库文件	.SchLib	文本文件	.Txt
PCB 电路文件	.PcbDoc	FPGA 设计项目文件	.PrjFpg
PCB 元件封装库文件	.PcbLib	VHDL 设计文件	.Vhd
项目组文件	.PrjGrp		

2. 面板的三种显示方式：

锁定显示：当面板右上角标志为❐时，面板将显示在窗口左右两侧的固定位置，如图 1-24 所示。

自动隐藏：点击❐，面板右上角标志变为❐时，移开鼠标几秒钟，面板被隐藏。可以通过单击隐藏的面板标签，使面板弹出，如图 1-25 所示。

浮动显示：点击鼠标右键拖动面板标签，使面板变为可移动的窗口。单击❐，面板切换，单击❌时，关闭面板。

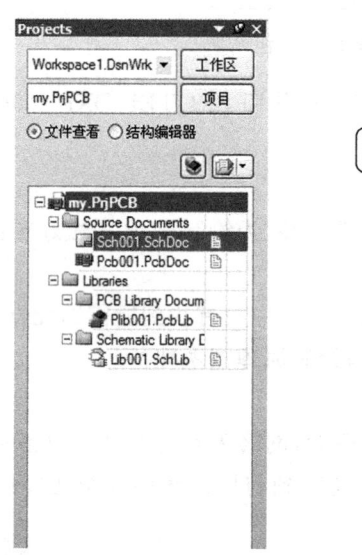

图 1-24　面板的锁定显示方式　　　图 1-25　面板的自动隐藏方式

知识回顾

本项目首先介绍 PROTEL DXP 2004 的特点和软件安装，使读者对 PROTEL 软件有一个初步的认识；再详细介绍了 PROTEL DXP 2004 主窗口的各个组成部分的功能和使用方法；最后介绍了 PROTEL DXP 2004 的文件管理系统和印刷电路板的设计工作流程，为后面学习奠定了基础。

上机练习

1. 建立一个名为"my test"的文件夹，新建的项目和文件都保存到这个文件夹中。

2. 启动 PROTEL DXP 2004，创建名为"lx. PrjPCB"的 PCB 项目文件并保存。

3. 在"lx. PrjPCB"的 PCB 项目文件中新建原理图文件、元件库文件、PCB 文件和 PCB 元件封装库文件，分别重命名为"sch002. SchDoc"、"lib002. SchLib"、"pcb002. PcbDoc"和"plib002. PcbLib"，保存。

4. 关闭单个文件"sch002. SchDoc"和"lib002. SchLib"，关闭"lx. PrjPCB" PCB 项目文件。

5. 打开"lx. PrjPCB" PCB 项目文件，打开文件"sch002. SchDoc"和"lib002. SchLib"。

6. 追加已有文件到项目中，选择文件 C：\Program Files\Altium2004\Examples\Circuit Simulation\555 Monostable Multivibrator\555 Monostable Multivibrator. schdoc，追加到"lx. PrjPCB"的 PCB 项目文件中。

7. 从项目中删除文件"555 Monostable Multivibrator. schdoc"。

评价

项目一　学习任务评价表

姓名			日期		
理论知识(20分)			师评		
1. PROTEL DXP 2004 主要的四个编辑器是_____编辑器，_____编辑器，_____编辑器和_____编辑器. 2. 保存项目应该执行_____命令，或_____操作.					
技能操作(60分)					
序号	评价内容	技能考核要求			
1	完成上机练习题1,2	项目文件名和保存位置正确(10分)			
2	完成上机练习题3	各文件名和保存位置正确(10分)			
3	完成上机练习题4,5	能关闭、打开指定文件(20分)			
4	完成上机练习题6,7	能在项目中追加、删除文件(20分)			
学生专业素养(20分)			自评	互评	师评
序号	评价内容	专业素养评价标准			
1	学习态度(10分)	参与度好 团队协作好			
2	基本素养(10分)	纪律好 无迟到、早退			
综合评价					

项目二 制作简单原理图

本项目介绍原理图的设计流程、原理图的编辑环境以及原理图的绘制方法,并通过实例的讲解让大家学会用 PROTEL DXP 2004 绘制简单的原理图。

本项目学习目标

1. 知识目标

(1)认识原理图编辑环境;

(2)熟悉电路原理图设计工具。

2. 技能目标

(1)能熟练绘制简单原理图;

(2)能对原理图进行电气规则检查;

(3)能生成原理图的网络表文件。

原理图编辑器是进行电路原理图设计的地方,设计正确的电路原理图是印制电路板(PCB)设计正确的前提和保障。同时,电路原理图的布局要合理、美观,具有很强的可读性。

任务一 认识原理图设计流程

一、任务描述

1. 情景导入

如何绘制电路原理图呢?为了井然有序地进行原理图的绘制工作,先让我们大家一起来认识原理图设计的流程吧!

2. 任务目标

认识原理图设计的整体流程。

二、任务实施

电路原理图的设计流程一般有 7 个步骤,如图 2-1 所示。

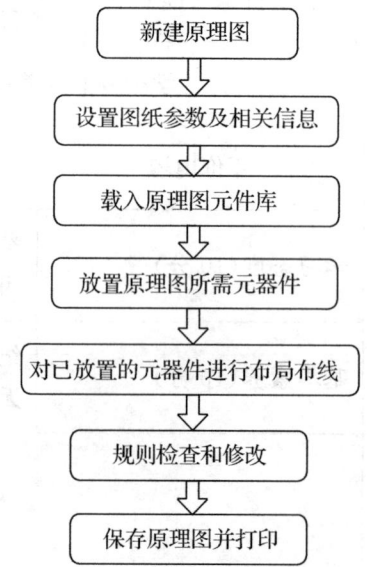

图 2-1 电路原理图的设计流程

 ## 任务二 认识原理图编辑环境

一、任务描述

1. 情景导入

电路原理图的绘制是在原理图编辑环境中进行的,为了快速准确的绘制出原理图,下面就让我们一起来认识一下原理图编辑环境吧!

2. 任务目标

认识原理图编辑环境,熟悉标准工具栏、配线工具栏、放置菜单等命令的使用方法。

二、任务实施

★ *活动一 创建一个名为 MY.SchDoc 的原理图文件*

1. 选择【文件】/【创建】/【原理图】命令,将启动如图 2-2 所示原理图编辑器,一个默认名为 Sheet1.SchDoc 的新原理图文件自动被创建。

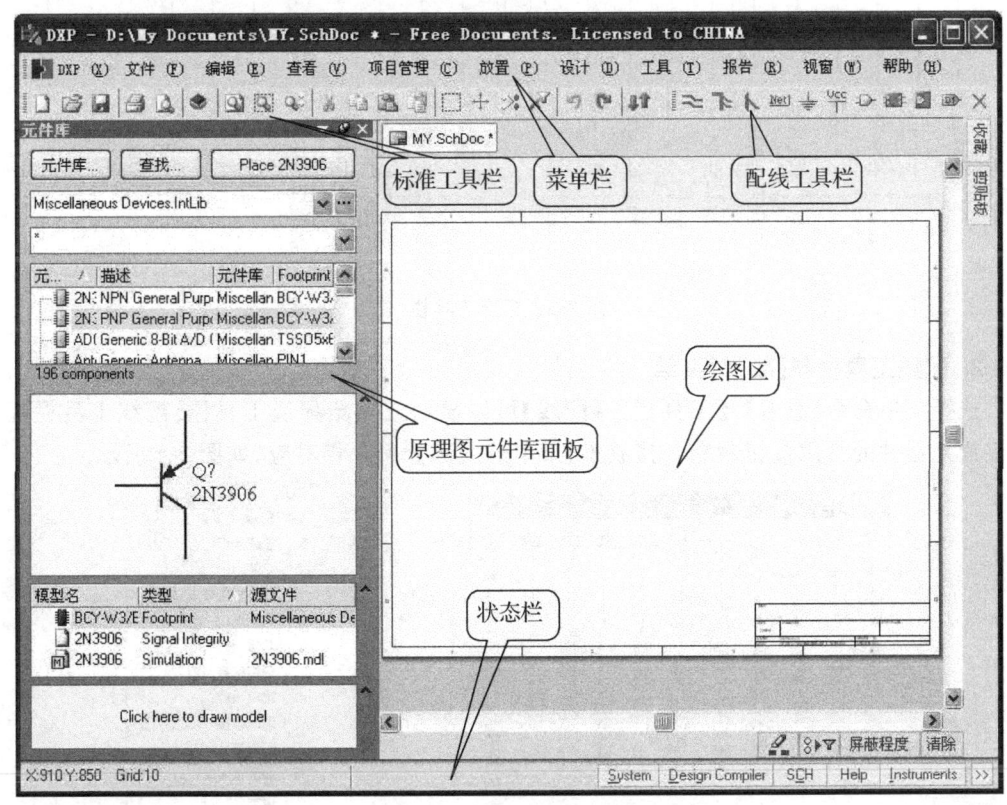

图 2-2 原理图编辑器界面

2. 选择【文件】/【保存】命令,指定原理图文件保存的位置,将文件名以 MY.SchDoc 保存(电路原理图文件的扩展名为 .SchDoc)。

电路原理图编辑器界面主要由菜单栏、标准工具栏、原理图元件库面板、配线工具栏、绘图区、状态栏等组成。

想一想：

如果要关闭当前文件,并再次打开应该如何操作呢?

(1)关闭原理图文件:选择【文件】/【关闭】命令,可以关闭当前打开的文件。

(2)打开原理图文件:选择【文件】/【打开】命令,指定路径,选择需要打开的原理图文件,单击【打开】按钮。

★ **活动二　认识原理图设计工具**

俗话说"磨刀不误砍柴工",要熟练掌握原理图的绘制方法,肯定要先熟悉原理图设计的常用工具！

1. 标准工具栏

选择菜单命令【查看】/【工具栏】/【原理图 标准】可以显示或隐藏标准工具栏。标准工具栏提供了关于文件操作、打印、缩放、对象编辑等一系列常用工具按钮,如图2-3所示。

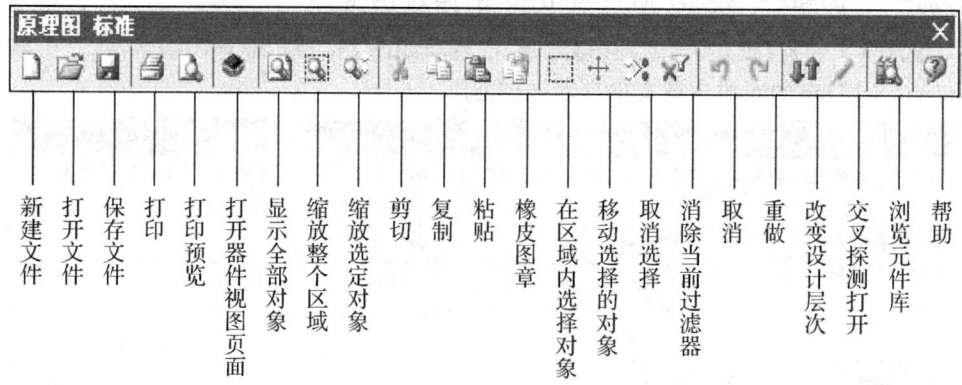

图2-3　标准工具栏

2. 配线工具栏与【放置】菜单

选择菜单命令【查看】/【工具栏】/【配线】可以显示或隐藏配线工具栏。配线工具栏提供了放置元器件的常用按钮命令,与【放置】菜单的大部分命令相对应,如图2-4所示。

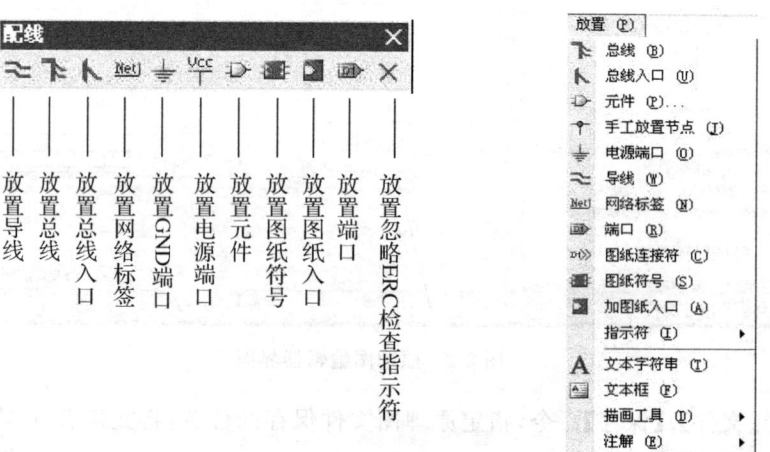

图2-4　配线工具栏与【放置】菜单

3. 原理图元件库面板

单击标准工具栏【浏览元件库】按钮或选择【设计】/【浏览元件库】命令,可打开或隐藏如图 2-5 所示的元件库面板,我们可以通过它快速找到所需的元器件并放置到绘图编辑区.

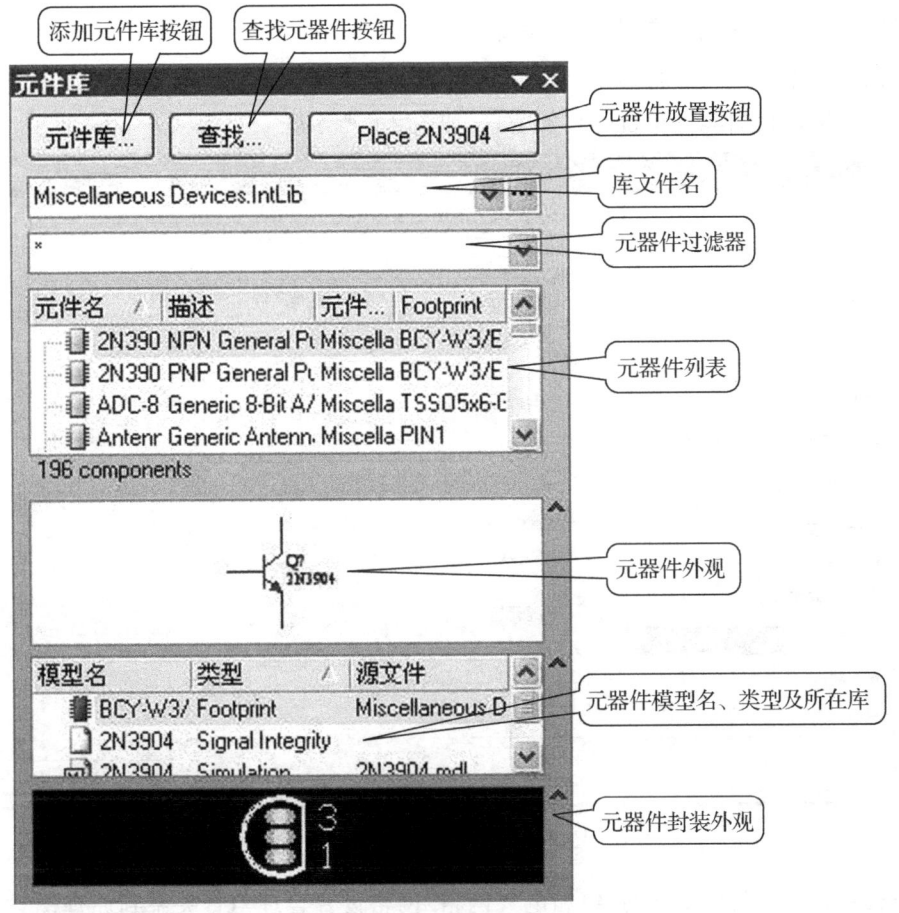

图 2-5　原理图元件库面板

 ## 任务三　绘制简单原理图

一、任务描述

1. 情景导入

认识了原理图编辑环境,熟悉了原理图的设计工具之后,大家是不是已经跃跃欲试了呢?下面我们就开始进行简单的原理图设计练习吧!

2. 任务目标

(1)能装载及卸载元件库.

(2)熟练放置元器件并设置其属性.

(3)熟练调整元器件位置.

(4)熟练绘制导线.

二、任务实施

★ 活动一 设置图纸参数及相关信息

选择【设计】/【文档选项】命令，打开【文档选项】对话框，可以设置图纸的大小、方向、网格大小及电路设计的作者、单位等相关信息，如图 2-6 所示。

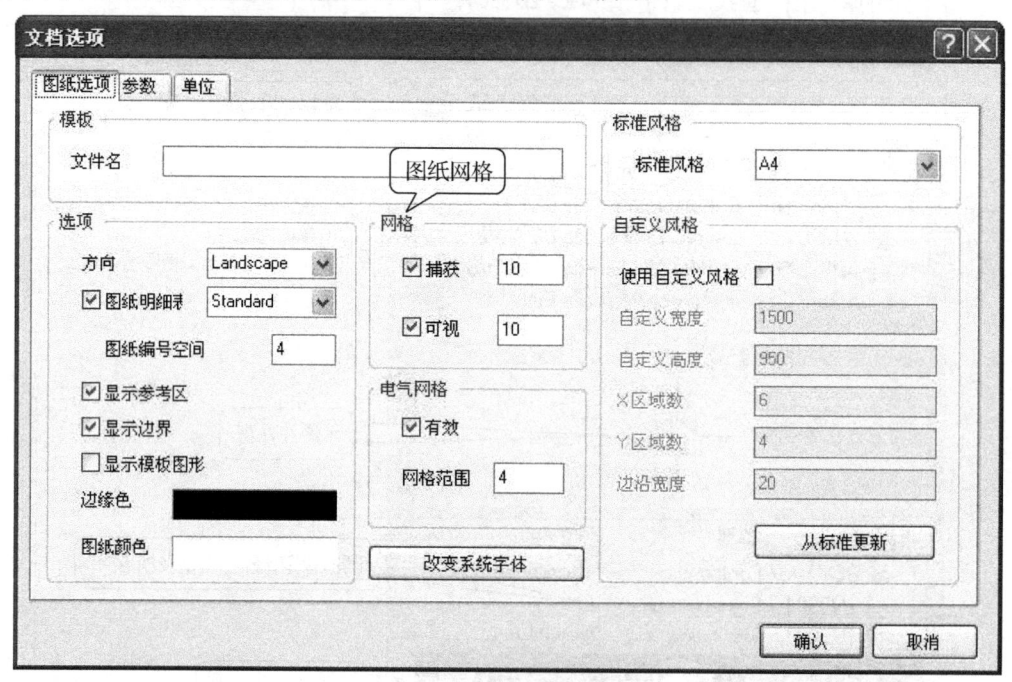

图 2-6 【文档选项】对话框

网格参数分为网格（图纸网格）和电气网格。网格设置合理与否关系到原理图设计的效率与质量。网格的默认单位为"mil"（1mil＝0.0254mm）。

1. 图纸网格

（1）捕获网格：放置元件、拖动元件、布线等操作时鼠标在图纸上一次移动的最小距离。如果不选中该复选项，则鼠标移动一次的最小距离为一个像素点。

（2）可视网格：图纸上显示的可见网格距离。如果不选中该复选项，则不显示网格值。

2. 电气网格

自动寻找电气节点的半径范围，是指以光标为圆心，以电气网格值为半径，向周围搜索电气节点，如果在该范围内找到电气节点，光标将自动移到该节点上。如果不选中该复选项，则无此功能。通常情况下，电气网格值略小于捕获网格值的一半。

★ 活动二 装载和卸载元件库

PROTEL DXP 2004 为我们提供了一个可以反复提取元器件符号的地方，这就是元件库。PROTEL DXP 2004 将成千上万的电路元器件符号分类，放到不同的元件库文件中，在向电路图中放置元件之前，必须先将该元件所在的元件库载入。另外，不能一次载入过多的元件库，这样将占用较多的系统资源，同时会降低程序的执行效率。所以，最好的做法是只载入必要而常用的元件库。下面我们就来学习如何加载与卸载元件库吧！

在图 2-5 所示的原理图元件库面板中，单击【元件库】按钮，弹出如图 2-7 所示的【可用元件库】对话框，单击【安装】选项卡.该列表中显示的是已经加载的元件.

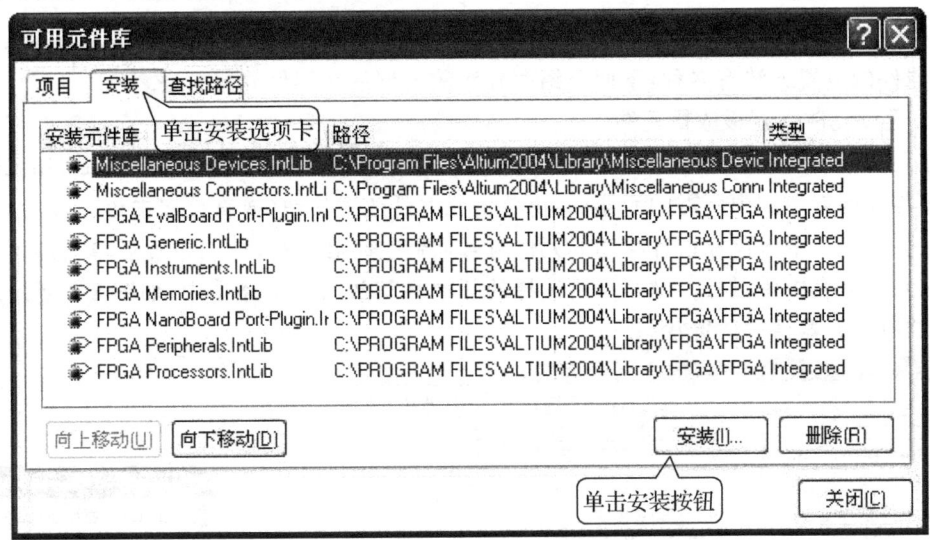

图 2-7 【可用元件库】对话框

1. 加载元件

单击【安装】按钮，弹出【打开】对话框，指定路径，选择要添加的库文件如图 2-8 所示，选择 Actel 40MX.IntLib，单击【打开】按钮.加载的元件将显示在可用元件库列表中.

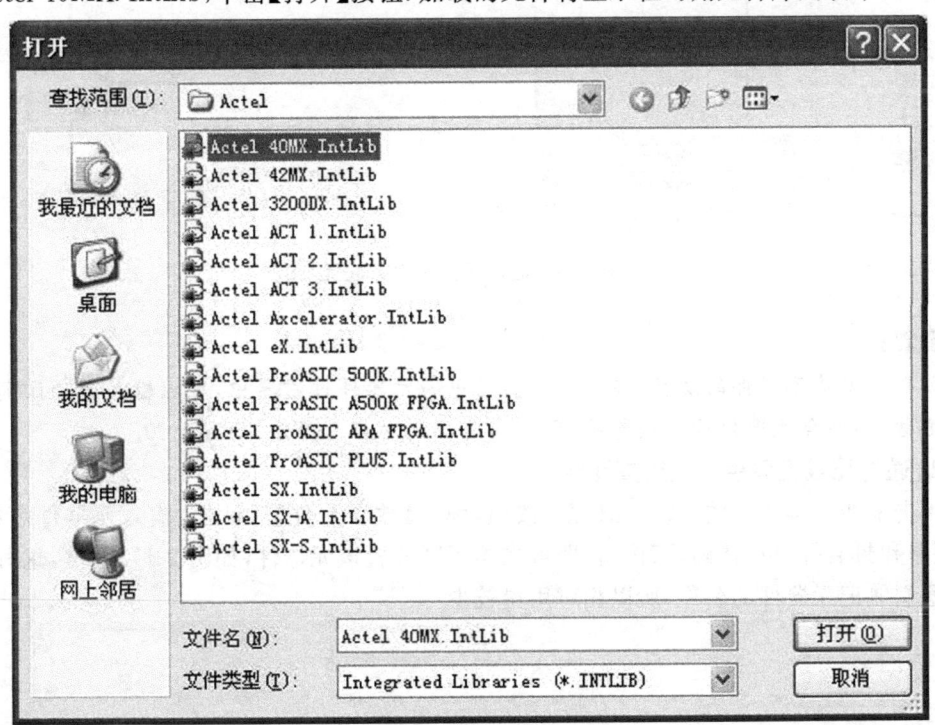

图 2-8 【打开】对话框

2. 卸载元件库

在【安装元件库】列表中选择要卸载的元件库，单击【删除】按钮，卸载的元件库将不再显示于可用元件库列表.

★ **活动三 放置元件**

现在我们就可以开始在绘图区绘制原理图了。首先要做的是在绘图区放置所需的元器件。元器件的放置方法有多种，下面介绍两种比较典型的元器件放置方法。

1. 通过元件库面板放置元件

在元件库面板中找到元器件所在的库，这里我们选择 Miscellaneous Devices.intLib 库，在库元器件列表中选中所需的元器件，再单击元器件放置按钮（或直接双击该元器件），此时屏幕上会出现一个随鼠标指针移动的元件符号，将它移到绘图区适当位置后单击即可。也可直接在元件列表中用鼠标左键双击所选择的元件将其放入到电路图中，如图 2-9 所示。右击鼠标，结束该元器件的放置状态。

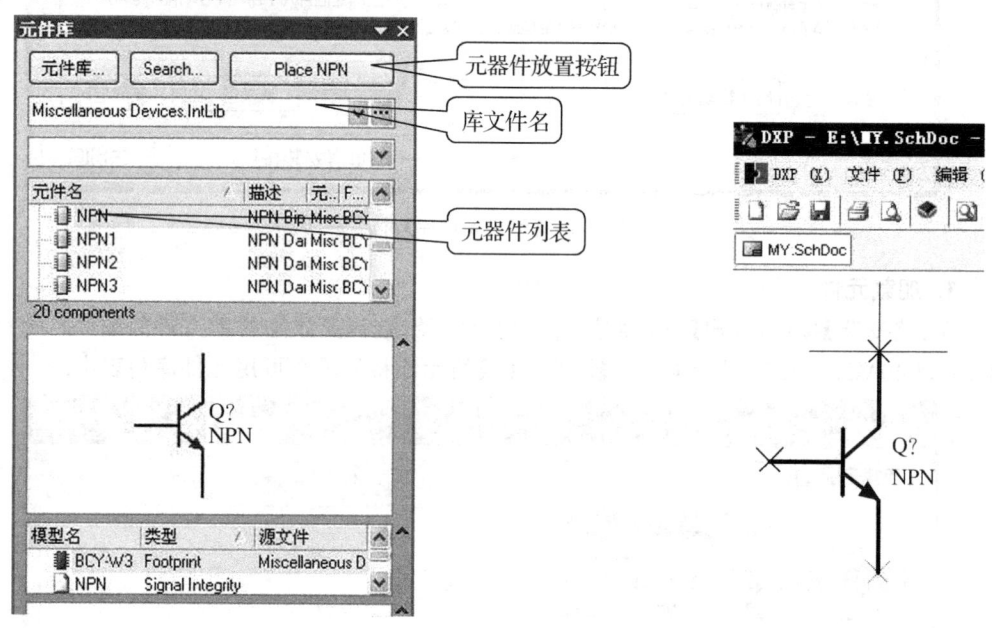

图 2-9 通过元件库面板放置

小贴士：

如果记不清元器件的名称，在元件库面板中的元器件过滤器中，可以输入带通配符的元器件名称，再结合元器件外观预览图，即可快速找到对应元器件，如图 2-10。

2. 通过配线工具栏按钮放置元件

单击配线工具栏上的【放置元件】按钮，弹出【放置元件】对话框，输入元器件名称、标号、型号和封装等，单击【确认】按钮，即可在绘图区放置该元器件，如图 2-11。显然，这种方法要求我们熟记元器件的名称，所以相对用得较少。

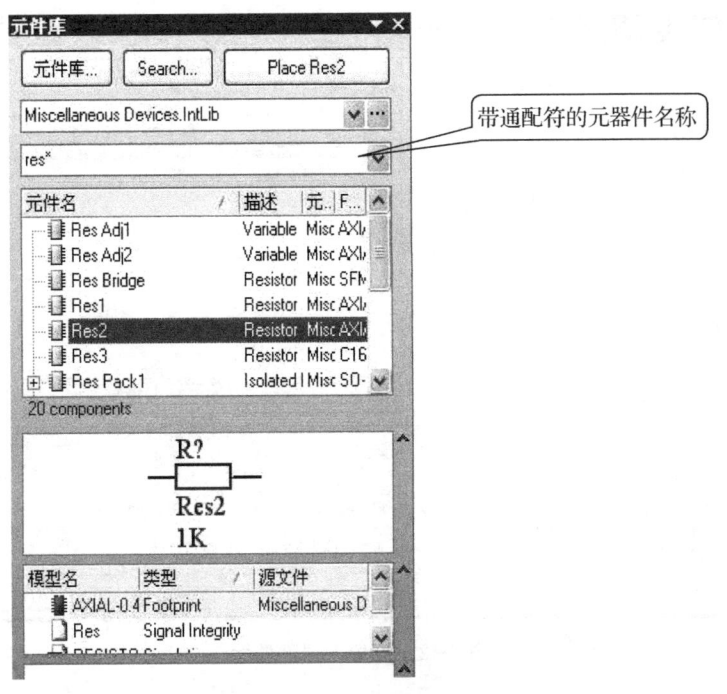

图 2-10　元器件过滤器的使用

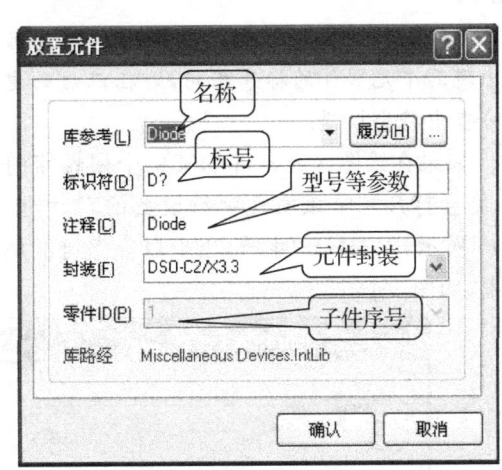

图 2-11　通过配线工具栏按钮放置元件

★ 活动四　设置元器件属性

每个元器件都有自己的属性,包含元器件的名称、型号、标号、封装,以及某些属性在绘图区中的字符显示方式。

1. 可以用下面两种方法打开元器件的属性设置对话框。

方法一:在放置元器件的状态中,还未在绘图区单击定位时,按键盘上的 Tab 键。

方法二:元器件已放置在了绘图区时,双击元器件图形,如图 2-12 所示。

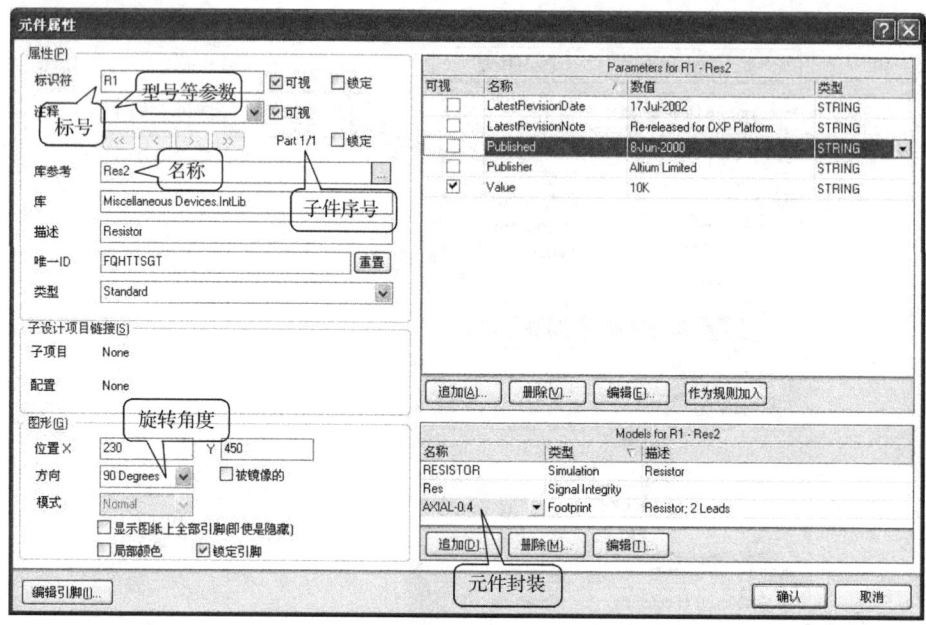

图 2-12 设置元器件属性

小贴士：

元器件的标号在原理图中是唯一的，它是识别元器件的一个重要标志。如果在一个电路图中出现两个元器件的标号相同，则在以后的电气规则检查中将会报错。

2. 如果在绘图区元器件的某一个属性字符上双击，则会打开一个该属性字符设置的对话框。如图 2-13 所示，双击"D1"字符，出现对应字符的属性对话框，如图 2-14 所示。

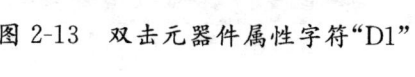

图 2-13 双击元器件属性字符"D1"

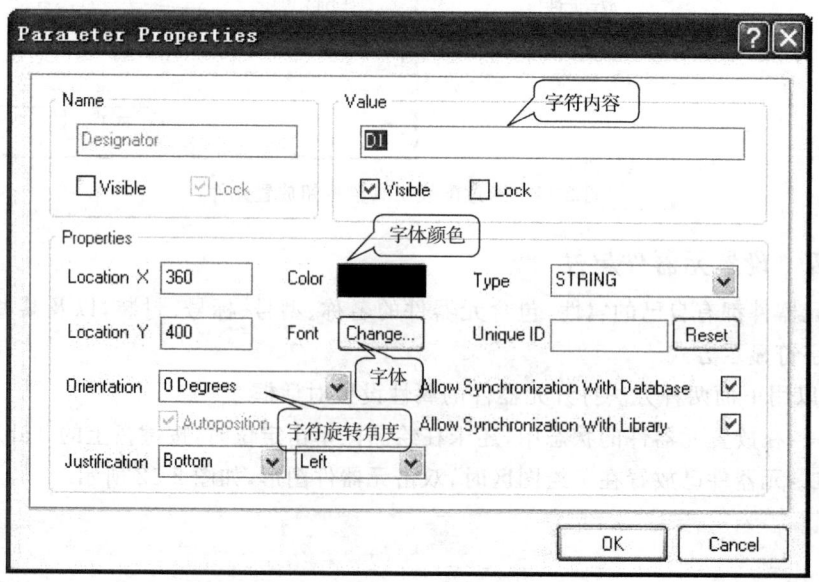

图 2-14 元器件属性字符的属性对话框

★ 活动五　调整元件

在绘图区放置好元器件后,可以进行位置、方向等方面的编辑修改.编辑元器件的第一步,就是选取对象.

1. 选取对象

方法一:鼠标单击对象.被选对象周围出现一个虚线矩形框和四个绿色小矩形框标志,如图 2-15 所示.

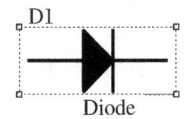

图 2-15　选取对象

方法二:鼠标在绘图区拉出一个矩形框,框拉想要选取的所有对象,如图 2-16 所示.

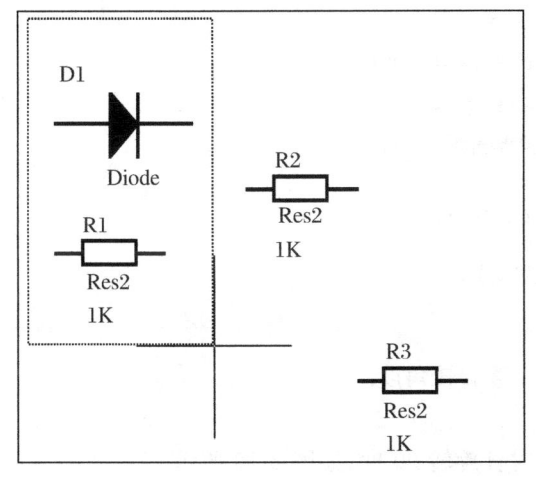

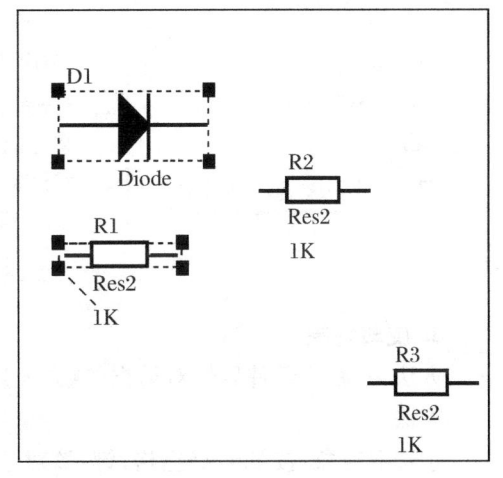

图 2-16　鼠标拖选对象

方法三:按住键盘上的 shift 键,用鼠标依次单击要选取的对象.
方法四:用菜单【编辑】/【选择】下的子菜单选取对象,如图 2-17 所示.

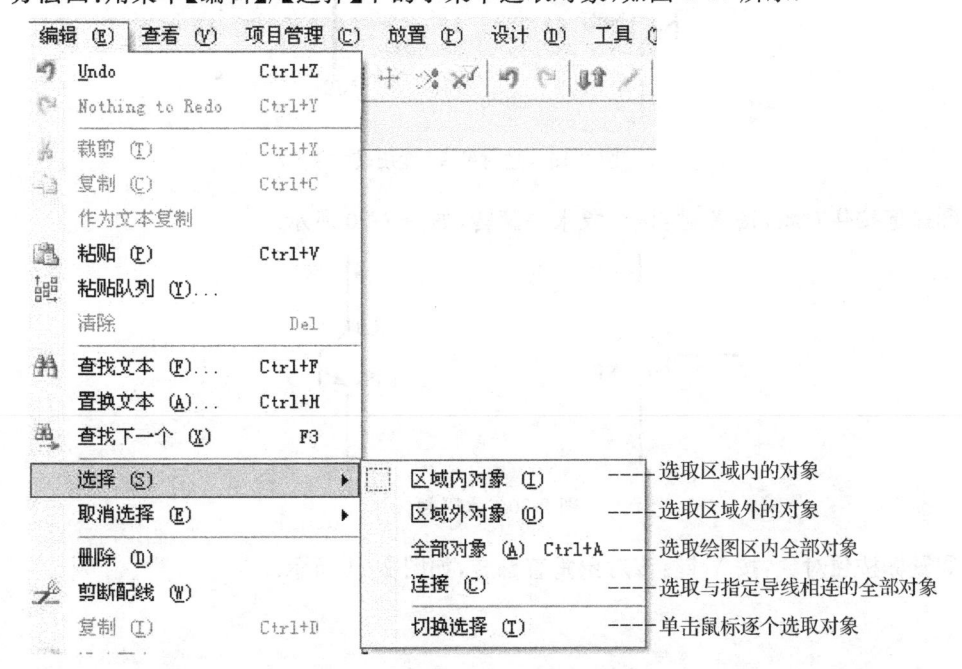

区域内对象 (I)　----选取区域内的对象
区域外对象 (O)　----选取区域外的对象
全部对象 (A)　Ctrl+A　----选取绘图区内全部对象
连接 (C)　----选取与指定导线相连的全部对象
切换选择 (T)　----单击鼠标逐个选取对象

图 2-17　【选择】菜单

2. 移动对象

方法一：选取要移动的对象，将光标指向该对象，按住鼠标左键不放拖拽到新位置即可。
方法二：用菜单【编辑】/【移动】下的子菜单移动对象，如图 2-18 所示。

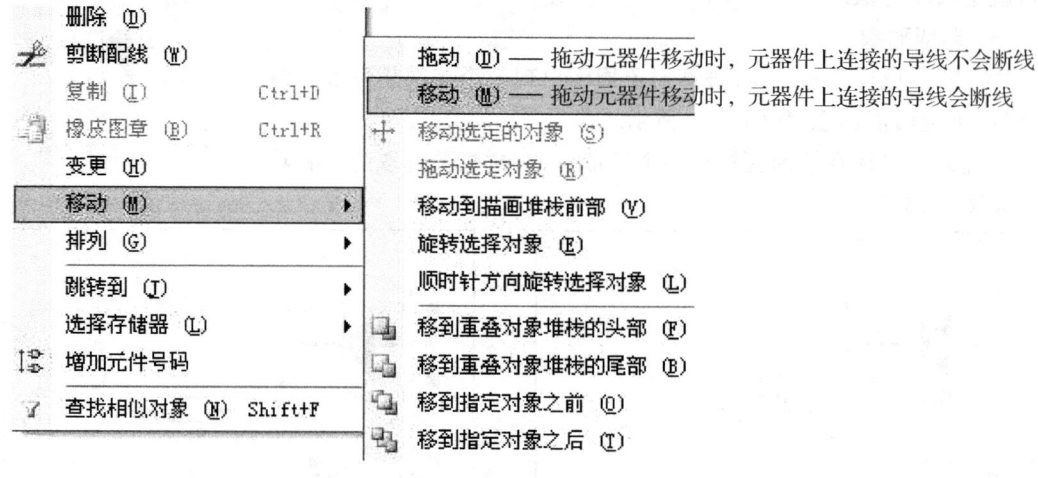

图 2-18 【移动】菜单

3. 旋转对象

方法一：在元器件属性对话框的【方向】处设置旋转角度。
方法二：
①选取对象，按 Space(空格)键：该对象逆时针旋转 90 度，如图 2-19 所示。

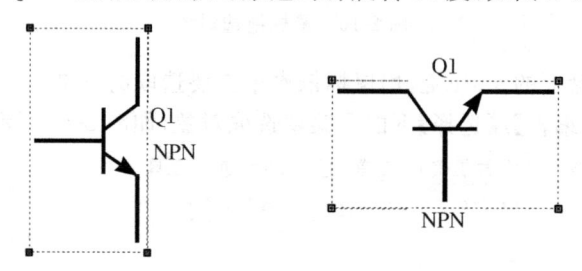

图 2-19 逆时针 90 度旋转

②鼠标按住对象，按 X 键：该对象水平翻转，如图 2-20 所示。

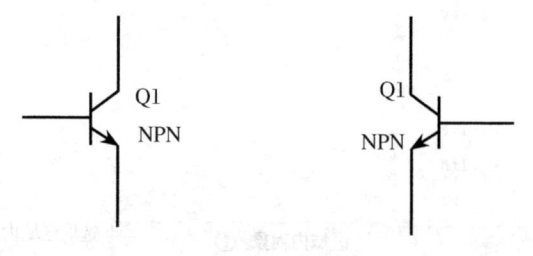

图 2-20 水平翻转

③鼠标按住对象，按 Y 键：该对象垂直翻转，如图 2-21 所示。

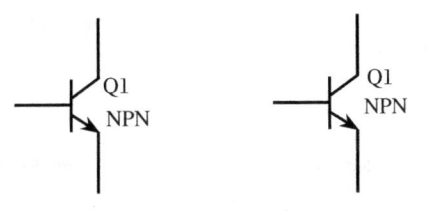

图 2-21　垂直翻转

4. 删除对象

方法一:选中要删除的对象,按键盘上的 Delete 键或选择【编辑】/【清除】菜单.

方法二:选择【编辑】/【删除】菜单,鼠标单击对象逐个删除,右击鼠标可取消删除状态.

5. 复制对象

(1)复制:选中要复制的对象,选择【编辑】/【复制】菜单或按键盘上的 Ctrl+C 键(选中的对象还在).

(2)粘贴:选择【编辑】/【粘贴】菜单或按键盘上的 Ctrl+V 键,在绘图区中要放置粘贴对象的地方单击鼠标即可.

6. 元器件的排列

选取要排列的对象,选择【编辑】/【排列】菜单下的子菜单,完成排列如图 2-22 所示.

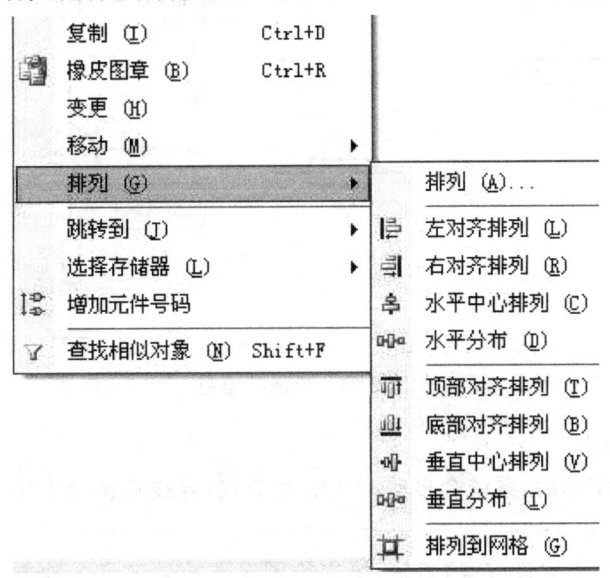

图 2-22　【排列】菜单

★ *活动六　绘制导线*

调整好元器件的方向后,就可以绘制元器件之间的连接导线了.

1. 单击【配线】工具栏上的【放置导线】按钮或选择【放置】/【导线】菜单,如图 2-23(a)所示.此时光标变成十字光标.

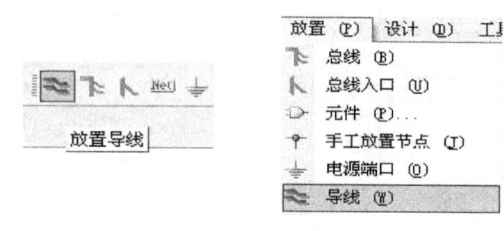

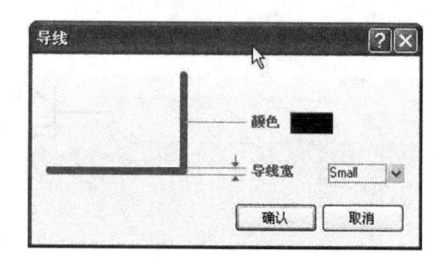

图 2-23(a)　放置导线工具　　　　　　图 2-23(b)　导线属性对话框

2. 在绘图区单击鼠标确定导线起点,移动鼠标,再次单击则确定导线转折点或终点.右击鼠标结束绘制导线状态.

导线的属性设置方法与前面元器件的方法一样,导线的属性设置对话框如图 2-23(b)所示.

小贴士：

(1)确定导线起点后,如果鼠标单击点是一个电气节点,则光标定位符变为和起点标志符一样大的红色"*"形符号,并自动结束本次导线绘制.

(2)单击导线后,出现绿色控制点,拖动控制点,可以调节导线的长短.如图 2-24 所示.

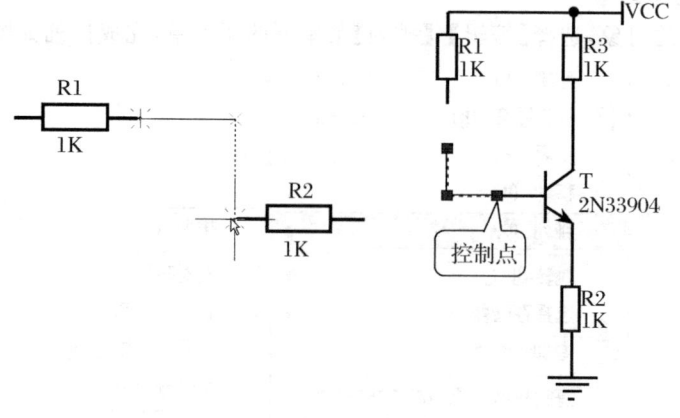

图 2-24　导线的绘制

3. 放置电气节点

导线连接为 T 字形时,系统会自动添加电气节点;导线连接为十字形时,则要根据需要手动添加.

选择【放置】/【手工放置节点】菜单,单击绘图区要放置节点的地方,右击鼠标取消放置节点状态,如图 2-25 所示.

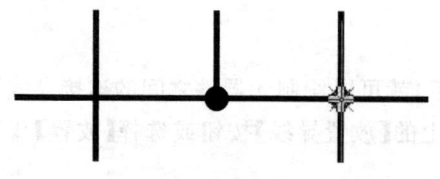

图 2-25　放置电气节点

★ **活动七　放置电源符号**

最后,给电路加上电源符号吧!

1. 单击【配线】工具栏上的【GND 端口】按钮或【VCC 电源端口】按钮,或选择【放置】/

【电源端口】菜单,在绘图区单击即可,如图 2-26 所示.

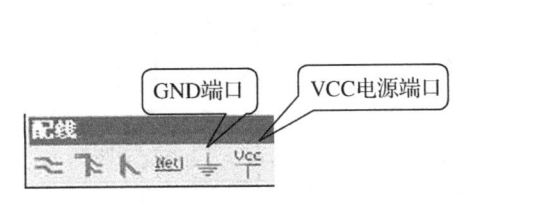

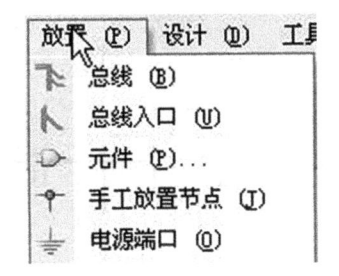

图 2-26　放置电源符号工具

电源符号的属性设置对话框如图 2-27 所示.

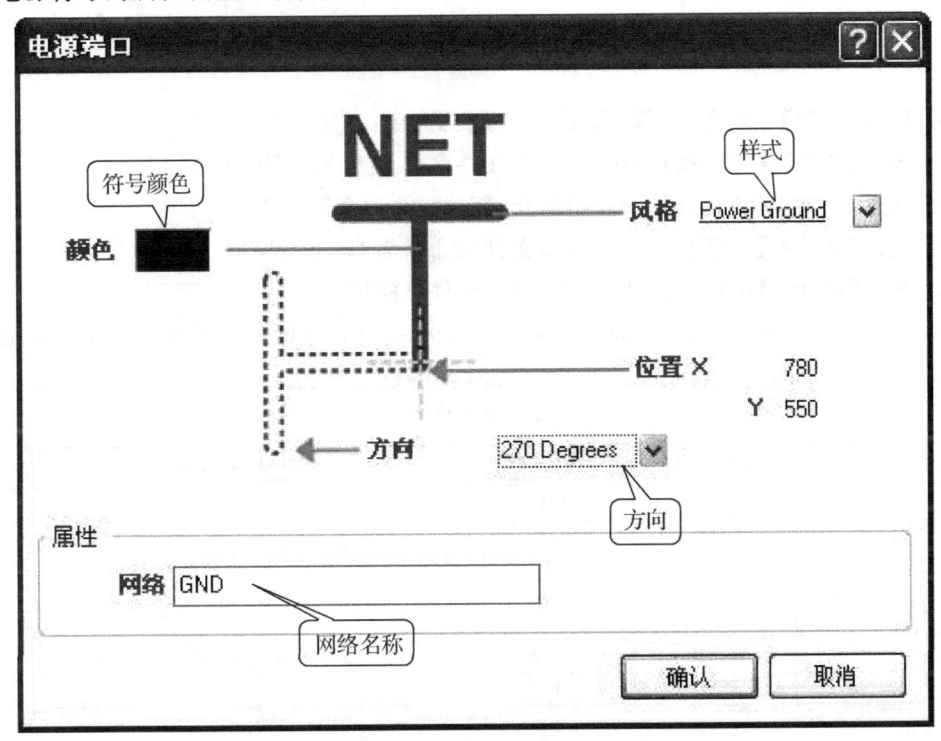

图 2-27　电源符号属性对话框

如图 2-28 所示,是已经放好的电源与接地符号.

★ **活动八　绘制振荡器原理图**

下面我们就来绘制一个简单完整的电路原理图吧！它的最终效果如图 2-29 所示.

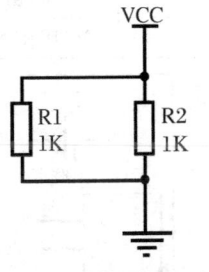

图 2-28　放置好的电源符号

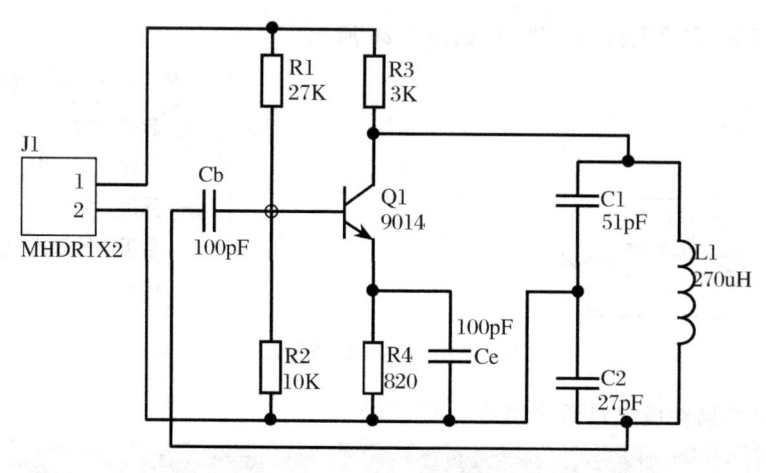

图 2-29 振荡器原理图

1. 选择【文件】/【创建】/【项目】/【PCB 项目】命令,新建一个项目文件.
2. 选择【文件】/【保存项目】命令,项目文件名命名为 XM.PrjPCB.
3. 选择【文件】/【创建】/【原理图】命令,新建一个原理图文件.
4. 选择【文件】/【保存】命令,原理图文件名命名为 Osci.SchDoc.
5. 选择【设计】/【浏览元器件】命令,打开元件库面板.
6. 在绘图区上放置元器件,设置好属性,如图 2-30 所示.图中元器件名称及所在元件库见表 2-1.

表 2-1

元件标号	元件名称	元件参数	所在元件库
R1	RES2	27K	
R2	RES2	10K	
R3	RES2	3K	
R4	RES2	820	
C1	CAP	51pF	Miscellaneous Devices.IntLib
C2	CAP	27pF	
Cb、Ce	CAP	100pF	
Q1	NPN	9014	
L1	Inductor	270uH	
J1	MHDR1X2		Miscellaneous Connectors.IntLib

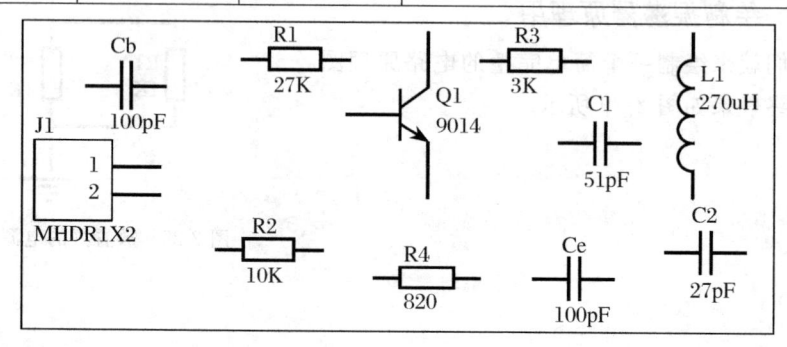

图 2-30 放置元器件

7. 调整好元器件的方向和位置,如图2-31所示.

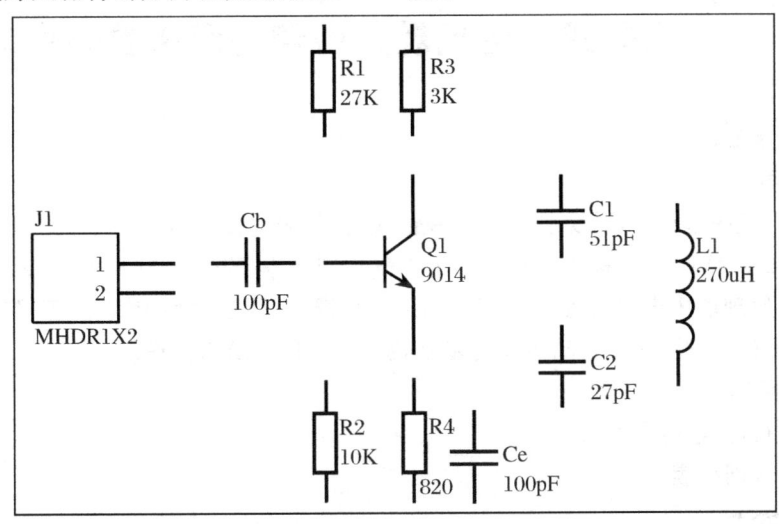

图 2-31 调整元器件的方向位置

8. 连接导线,同时根据需要对元器件再次进行调整.
9. 选择【文件】/【保存】命令.
10. 选择【文件】/【打印】命令,设置好打印参数,单击【确认】按钮,可打印原理图.

练一练:

在项目文件 LX.PrjPCB 中新建一个原理图文件 LX.SchDoc,画出以下电路图,如图 2-32 所示.

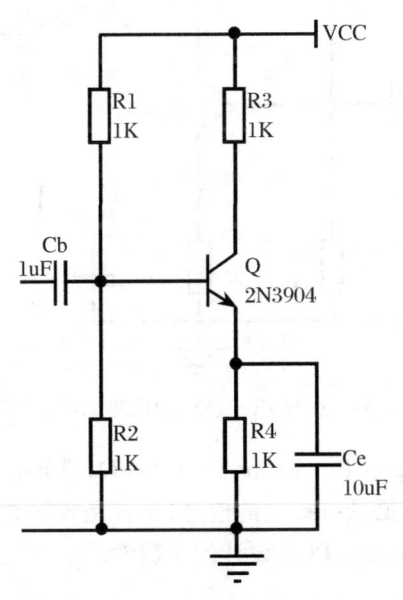

图 2-32 放大电路

任务四　电气规则检查与网络表的生成

一、任务描述

1. 情景导入

在绘制原理图过程中,难免会出现一些错误,例如未连接的电源、空的引脚、重复元件编号等。PROTEL DXP 2004 提供了一个称为电气规则检查(Electrical Rule Check,ERC)的功能,检查电路原理图中电气特性是否有不一致的情况,以保证之后 PCB 的正确性。网络表是由原理图产生的,它是 PCB 自动布线的基础,决定 PCB 布线的正确性。

2. 任务目标

（1）会进行电气规则检查。

（2）会生成网络表。

二、任务实施

★ 活动一　用电气法则测试电路原理图

以图 2-33 所示的电路原理图为例,大家看出图 2-33 中的错误了吗？让我们对它进行 ERC 测试吧！

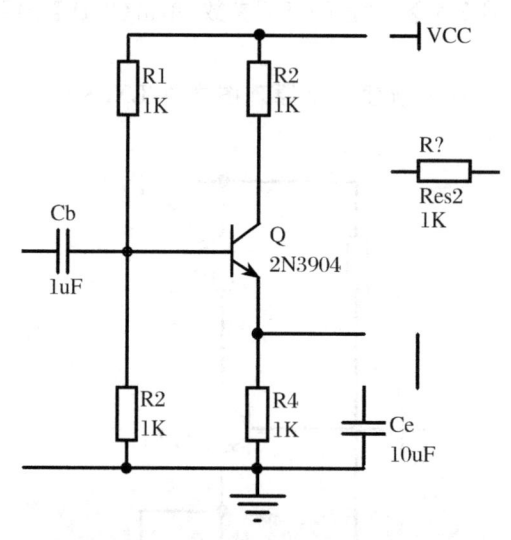

图 2-33　进行 ERC 测试的电路 my1.SchDoc

选择【项目管理】/【Compile Document my1.SchDoc】菜单,将打开 ERC 测试结果信息列表框,如图 2-34 所示。此时必须按提供的信息（尤其是错误类信息）对电路进行修改,直到完全正确为止,这样才能保证之后 PCB 设计的正确性。

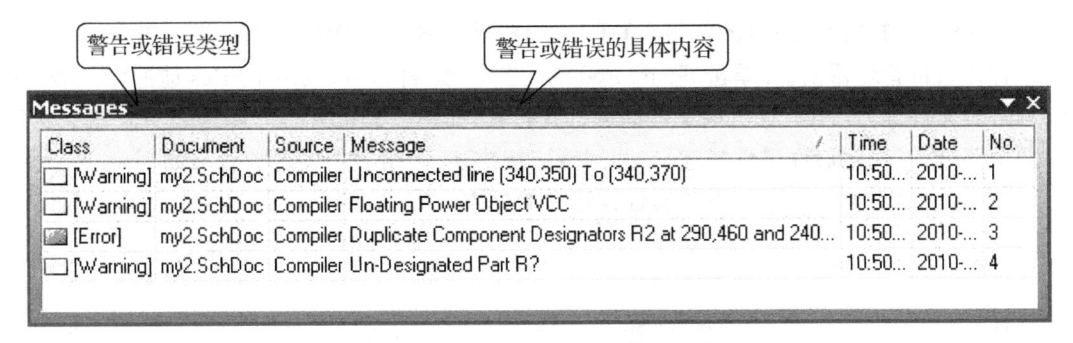

图 2-34 ERC 测试的结果信息列表

ERC 测试结果中常见警告或错误内容的代表意义参看表 2-2.

表 2-2

警告或错误信息	代表意义
Unconnected line	未连接的导线
Floating Power Object	悬空的电源符号
Floating Net Label	悬空的网络标号
Duplicate Component Designators	重复的元器件标号
Un-Designated Part	未知元器件

小贴士：
有时 ERC 检查中的警告信息并不是设计中的关键性错误，为了不影响之后网络表的生成，我们可以单击"配线"工具栏"放置忽略 ERC 检查指示符"按钮，或选择【放置】/【指示符】/【忽略 ERC 检查】命令，在不需检查的地方放置"忽略 ERC 检查指示符".

★ **活动二 生成网络表**

以图 2-35(a)所示的电路原理图为例生成网络表.

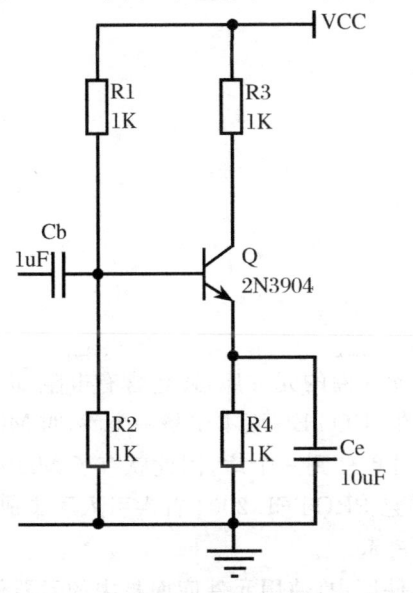

图 2-35(a) 生成网络表的原理图 my1.SchDoc

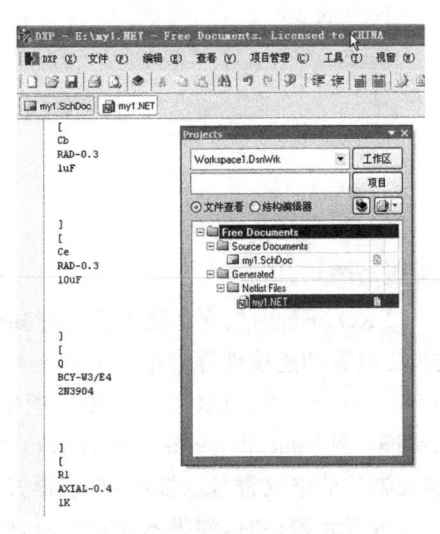

图 2-35(b) 网络表文件

选择【设计】/【设计项目的网络表】/【Protel】菜单,将生成网络表文件 my1.Net.

打开项目管理器面板.单击 Generated 前的"+"号,再单击 Netlist Files 前的"+"号,找到网络表文件 my1.Net,双击该文件即可打开查看,如图 2-35(b)所示.网络表的内容主要分为两个部分,一为元器件属性描述;二为网络连接描述.网络表中的各项含义如下:

[	——元器件属性描述开始标志
Cb	——元器件序号
RAD-0.3	——元器件封装
1uF	——元器件注释
]	——元器件属性描述结束标志
[	
Ce	
RAD-0.3	
10uF	
]	
...	
(	——网络连接描述开始标志
NetCb_2	——网络名
Cb-2	——网络的连接点(元器件 Cb 的第 2 脚)
Q-2	——网络的连接点(元器件 Q 的第 2 脚)
R1-1	——网络的连接点(元器件 R1 的第 1 脚)
R2-2	——网络的连接点(元器件 R2 的第 2 脚)
)	——网络连接描述结束标志
(	
NetCe_2	
Ce-2	
Q-1	
R4-2	
)	
...	

知识拓展

PROTEL 中包含了数十家国际知名半导体元件商的元件库,还包含有电阻、电容、二极管、三极管和连接件等常用的分立元件,在早期的 PROTEL 版本中是一个库,叫 Miscellaneous Devices,到了 PROTEL 2004 版中,将连接件单列到一个库,因此就有了 Miscellaneous Devices 和 Miscellaneous Connectors 两个库.并且 PROTEL 2004 首次引入了集成的概念,将元器件的电气符号、(推荐)封装形式绑定在了一起.

放置元器件时,如果不知道元器件在哪个元件库中,使用元件库面板中的元器件过滤器就不能快速地找到它,这时就要用到元器件的查找功能.

单击元件库面板中的【查找...】按钮,打开元件库查找对话框,如图 2-36 所示.在文本框中输入要查找的元器件名称或名称中的部分字符,选择要查找的范围,单击【查找】按钮,系统开始搜索,直到找到所有符合条件的元器件,并显示出来供我们挑选.

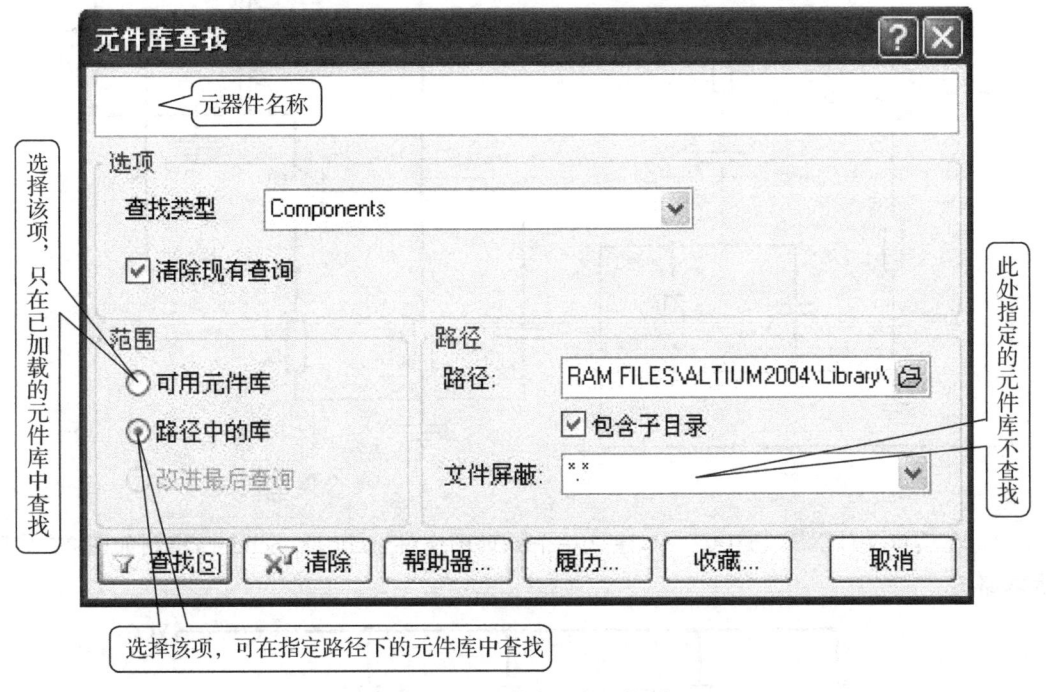

图 2-36 【元件库查找】对话框

知识回顾

本项目主要学习了如何绘制简单原理图,包含元件库的管理、放置元器件、设置元器件属性、放置导线、放置电源符号、调整对象等操作,以及对原理图进行电气规则检查和生成网络表的方法.

上机练习

1. 建立一个项目文件:XS. PrjPCB.

2. 在项目文件 XS. PrjPCB 中,建立一个原理图文件:sch001. Schdoc,绘制如图 2-37 所示电路图.

3. 在项目文件 XS. PrjPCB 中,建立一个原理图文件:sch002. Schdoc,绘制如图 2-38 所示电路图.

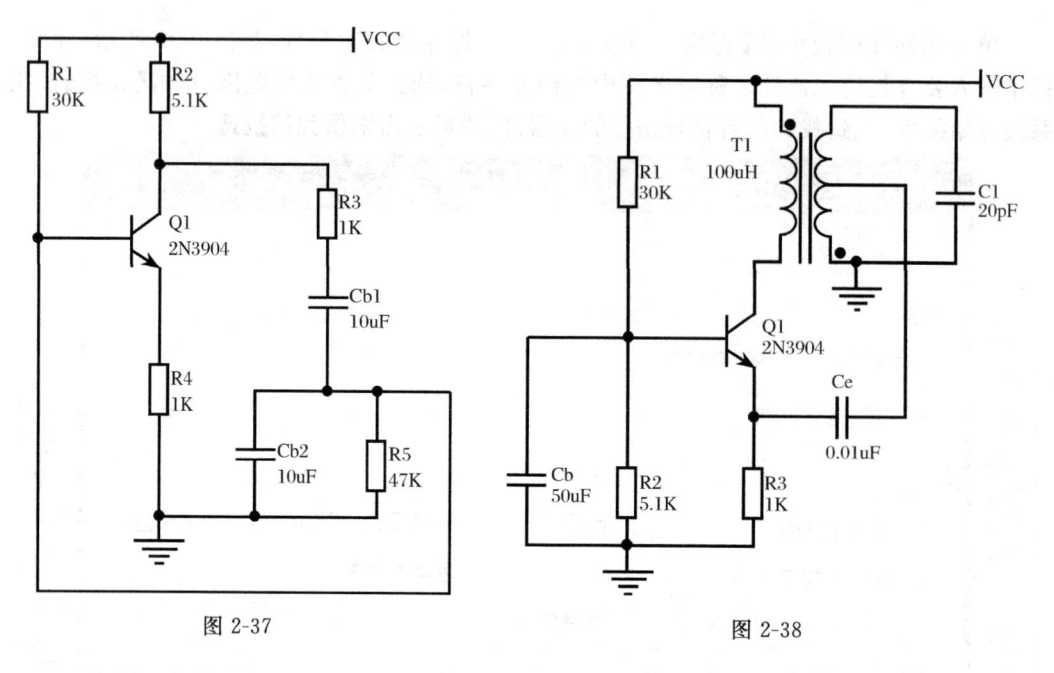

图 2-37

图 2-38

4. 在项目文件 XS. PrjPCB 中,建立一个原理图文件:sch003. Schdoc,绘制如图 2-39 所示电路图.

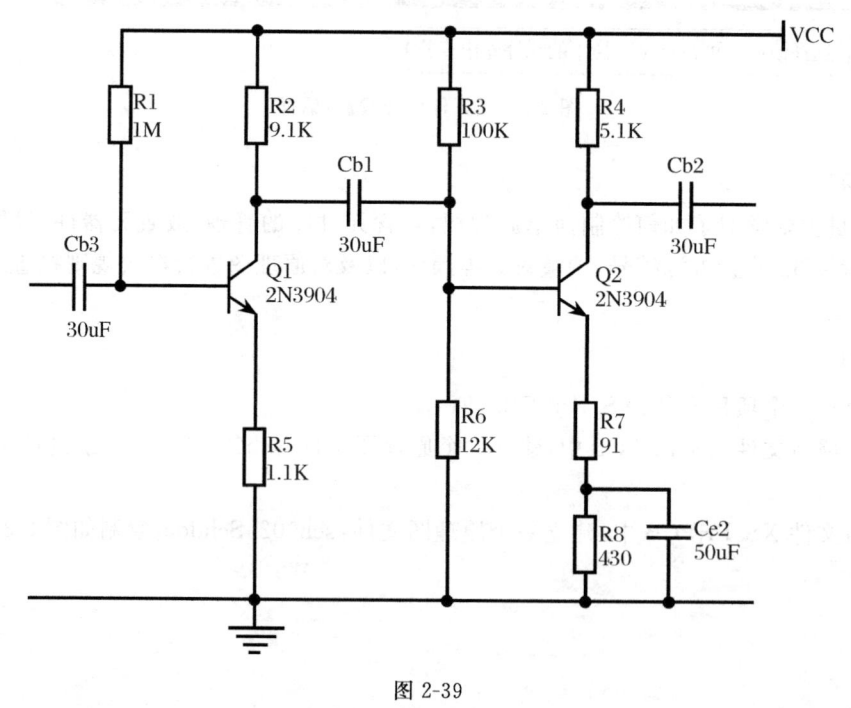

图 2-39

5. 在项目文件 XS. PrjPCB 中,建立一个原理图文件:sch004. Schdoc,绘制如图 2-40 所示电路图.

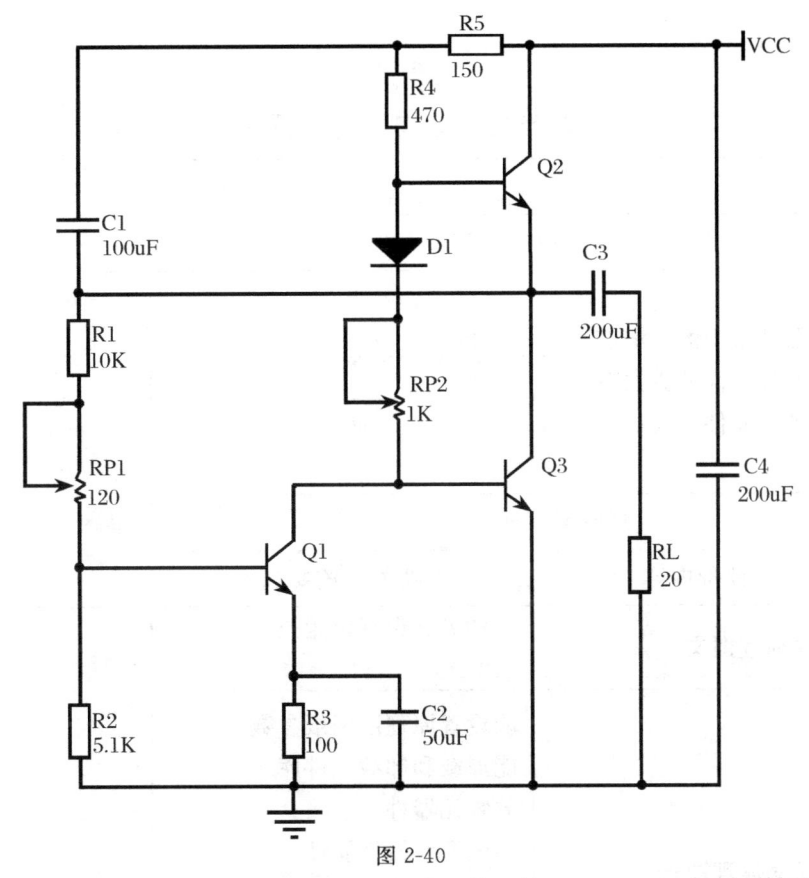

图 2-40

6. 在项目文件 XS. PrjPCB 中,建立一个原理图文件:sch005. Schdoc,绘制如图 2-41 所示电路图.

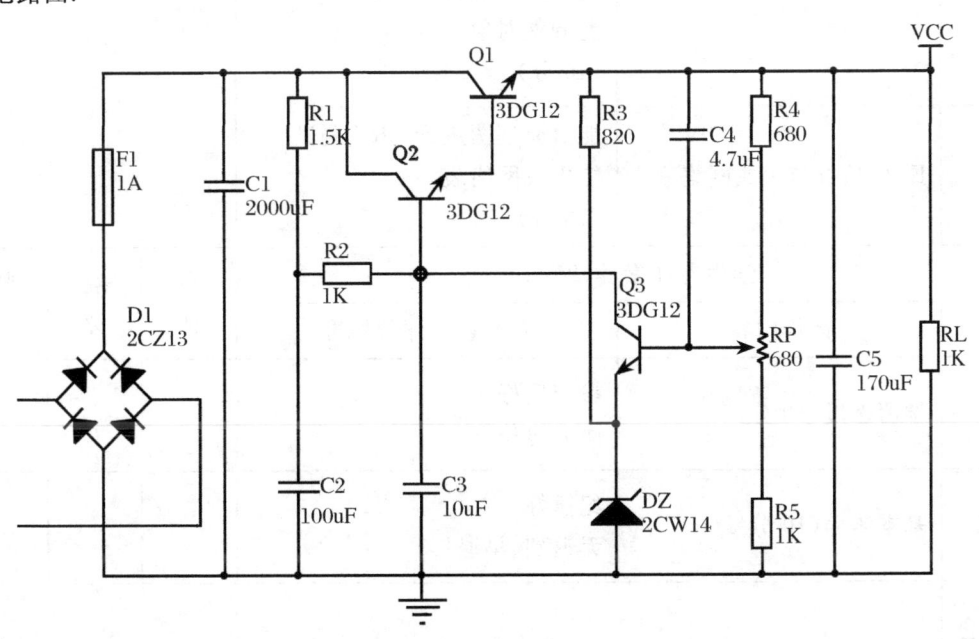

图 2-41 稳压电源电路

评价
项目二　学习任务评价表

姓名			日期		
\multicolumn{4}{c	}{理论知识(20分)}	师评	
\multicolumn{5}{l	}{1. 放置元器件常用的方法有_____和_____. 2. 设置元器件属性的方法有_____和_____. 3. 显示原理图元件库面板使用_____命令.}	
\multicolumn{6}{c}{技能操作(60分)}
序号	评价内容	\multicolumn{3}{c	}{技能考核要求}	
1	建立原理图文件	\multicolumn{3}{l	}{文件名和保存位置正确 (10分)}	
2	能绘制原理图	\multicolumn{3}{l	}{能设置原理图图纸参数 能加载和卸载元件库 放置元器件 能设置元器件属性 能放置导线 能放置电源符号 能调整对象 (40分)}	
3	ERC检查与生成网络表	\multicolumn{3}{l	}{能对原理图进行ERC测试 能生成网络表 (10分)}	
\multicolumn{3}{c	}{学生专业素养(20分)}	自评	互评	师评
序号	评价内容	专业素养评价标准			
1	学习态度(10分)	参与度好 团队协作好			
2	基本素养(10分)	纪律好 无迟到、早退			
综合评价					

项目三　制作原理图元件

本项目详细介绍绘制原理图元件的方法和步骤,并通过实例的讲解让大家全面掌握使用 PROTEL DXP 2004 制作原理图元件的方法。

本项目学习目标

1. 知识目标

(1)认识原理图元件编辑环境;

(2)会使用绘图工具。

2. 技能目标

(1)会绘制原理图元件;

(2)能正确设置元件属性。

通过前面的学习,大家已经知道绘制原理图时,一般都是从元件库中选择元件,然后进行放置。但是由于新元件的不断出现,经常会遇到元件库中没有提供的元件符号。遇到这种情况,就需要利用 PROTEL DXP 2004 提供的元件库编辑器建立新的原理图元件,或者为了使用的方便,将平时工作中常用的元件放到自己的元件库中。

任务一　认识元件库编辑环境

一、任务描述

1. 情景导入

进行原理图元件的绘制前,必须先进入到元件库编辑环境,它是制作元件的"加工基地",先让我们来认识一下元件库编辑环境吧!

2. 任务目标

认识原理图元件编辑环境,熟悉"工具"菜单和"放置"菜单中的各个命令的作用。

二、任务实施

★ **活动一　启动原理图元件库编辑器**

在进行元件制作和建立元件库之前,必须先进入到原理图元件库编辑器中,下面我们就以创建一个名为"MY.SchLib"的元件库为例。

1. 选择【文件】/【创建】/【库】/【原理图库】命令,将启动如图3-1所示原理图元件库编辑器,一个默认名为 SCHLIB1.SchLib 的新原理图库文件自动被创建,在其中已包含有一只名为 Component_1 的待编辑的新元件。

2. 选择【文件】/【保存】命令,指定原理图库文件保存的位置,并将库文件名以"MY.SchLib"保存(库文件的扩展名为.SchLib)。

★ **活动二　认识元件库编辑环境界面**

想一想:我们对图3-1所示的元件库编辑器界面是不是似曾相识呢?它与前面所学的

原理图编辑器界面很相似吧！元件库编辑器界面主要由元件库编辑器管理面板、菜单栏、常用工具栏、主工具栏、编辑区等组成.

1. 编辑区

元件库编辑器编辑区与原理图编辑器编辑区很相似,但它中间有一个"十"字坐标轴,将编辑区划分为四个象限,这与数学中的象限定义完全相同,一般在第四象限进行元件的编辑,并且尽量靠近坐标原点.

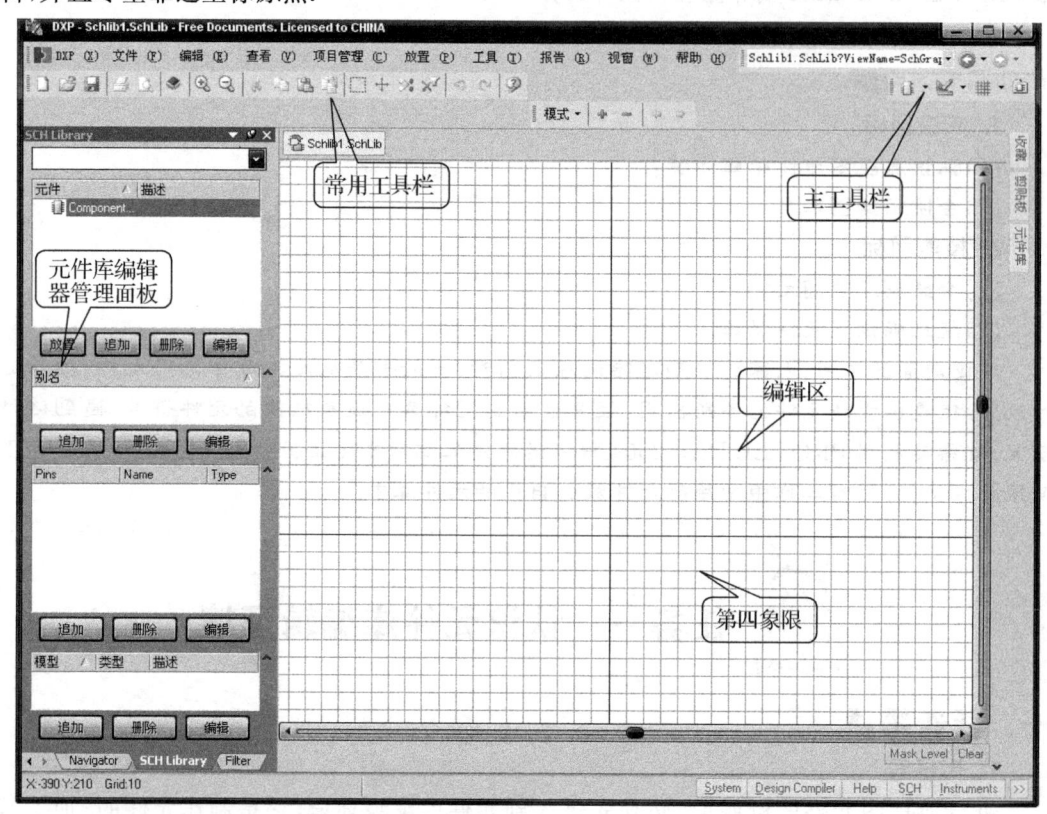

图 3-1　原理图元件库编辑界面

2. 元件库编辑器管理面板

单击元件库编辑管理器的"SCH Library"标签,可打开如图 3-2 所示的元件库编辑器管理面板.下面让我们一起来认识一下元件库编辑器管理面板吧！可以看见它由 4 个部分组成,由上到下依次是【元件】区域、【别名】区域、【Pins】(引脚)区域和【模型】区域.

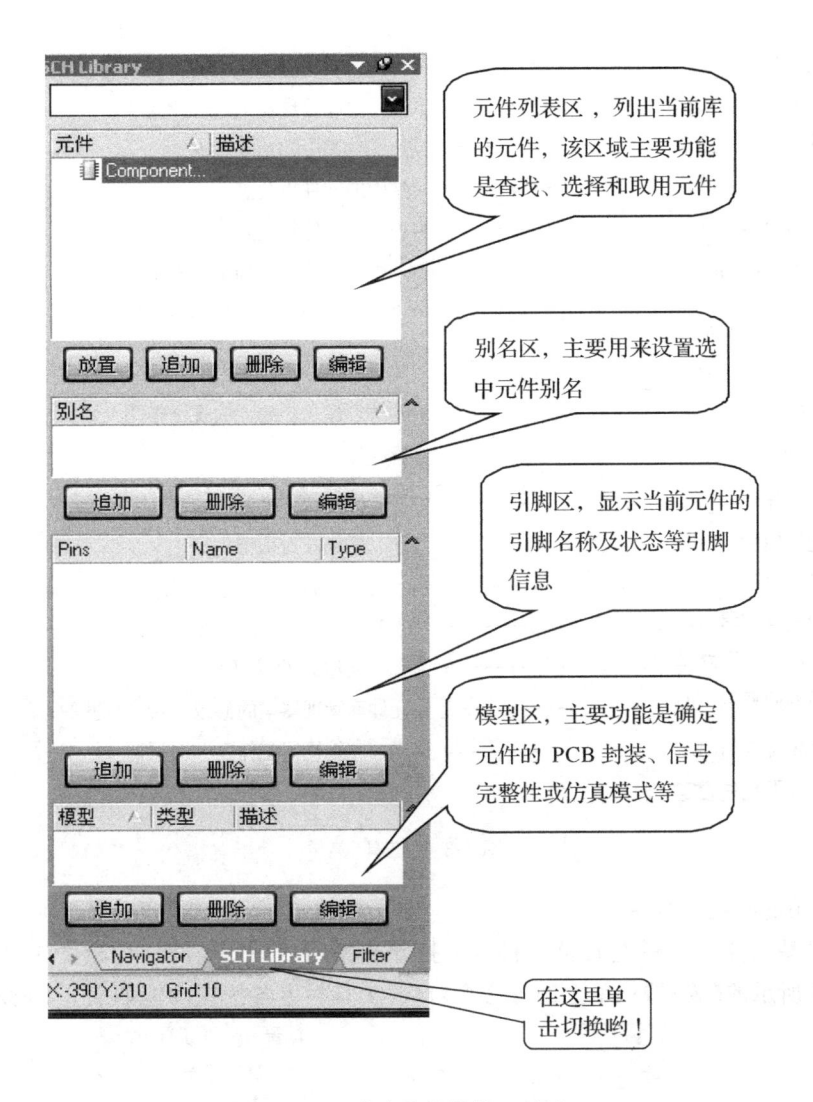

图 3-2　元件库编辑器管理面板

想一想：如果不小心单击原理图库面板右上角的关闭按钮，将其关闭后，如何再显示出来呢？

单击【查看】/【工作区面板】/【SCH】/【SCH Library】可打开元件库编辑器管理面板.

3. 绘制元件工具

PROTEL DXP 2004 提供了绘图工具、IEEE 符号工具和工具菜单下的命令来完成元件绘制.

（1）常用的"工具"菜单.

"工具"菜单中大多数命令在原理图库管理面板中都有相关命令，但有些命令是特有的，这些命令如图 3-3 所示.

菜单项	说明
新元件 (C)	在编辑的元件库中建立新元件
删除元件 (R)	删除元件库管理器中选中的元件
删除重复 (S)...	删除元件库中的重复元件
重新命名元件 (E)...	对选中的元件重命名
复制元件 (Y)...	将选中的元件复制到指定库中
移动元件 (M)...	将选中的元件移动到指定库中
创建元件 (W)	给当前选中的元件增加一个新的功能单元（子件）
删除元件 (T)	删除当前元件的某个功能单元（子件）
模式	给元件创建一个替代的视图模型
转到 (G)	转换元件
查找元件 (O)...	进行元件的搜索操作
元件属性 (I)...	打开元件属性对话框
参数管理 (R)...	用来对元件属性参数进行管理
模式管理器 (A)...	用来对元件的模式进行管理
XSpice模型向导 (X)...	为元件创建SPICE模型
更新原理图 (U)...	在元件库管理器里的修改，会在打开的原理图中更新
文档选项 (D)...	打开"库编辑器工作区"对话框
原理图优先设定 (P)...	打开元件图的"优先设定"对话框

图 3-3 "工具"菜单

（2）常用的绘图工具栏.

通过选取常用工具栏里的 图标,可打开或关闭如图 3-4 所示的绘图工具栏,各个工具与图 3-5 所示的【放置】菜单上的各命令对应.工具栏上各按钮功能如表 3-1 所示.

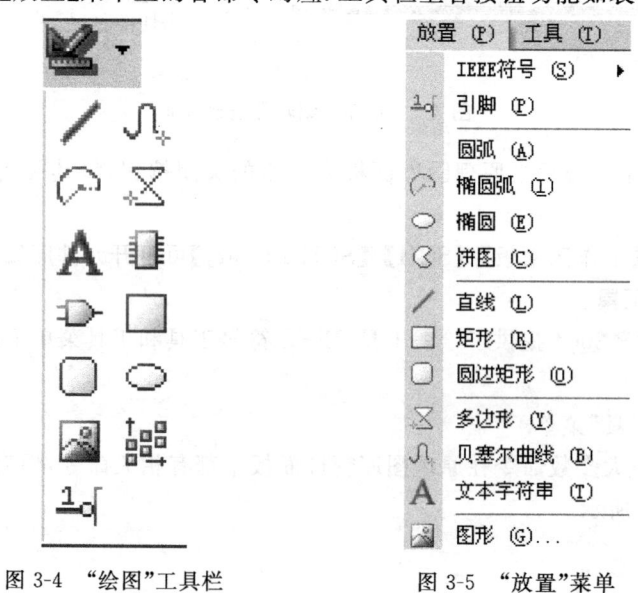

图 3-4 "绘图"工具栏

图 3-5 "放置"菜单

表 3-1 绘图工具栏上的图标功能

图标	对应的菜单命令	功能
/	【放置】/【直线】	绘制直线
⌒	【放置】/【椭圆弧】	绘制椭圆弧
A	【放置】/【文本字符串】	插入文字
⇥	【工具】/【创建元件】	在当前元件中添加子件
▢	【放置】/【圆边矩形】	绘制圆角矩形
🖼	【放置】/【图形】	插入图片
⇃₀	【放置】/【引脚】	放置引脚
∫	【放置】/【贝赛尔曲线】	绘制贝赛尔曲线
⌧	【放置】/【多边形】	绘制多边形
▯	【创建】/【新元件】	创建新元件
□	【放置】/【矩形】	绘制直角矩形
○	【放置】/【椭圆】	绘制椭圆或圆形
⋮	【设定】/【粘贴队列】	将剪贴板的内容阵列粘贴

(3) IEEE 符号工具栏.

IEEE 工具栏如图 3-6 所示,用于为元件符号加上常用的 IEEE 电气符号,主要用于逻辑电路. 通过 图标可将其打开或关闭.

图 3-6 IEEE 符号工具栏

任务二 绘制原理图元件

一、任务描述

1. 情景导入

经过前面的学习,大家是不是很想亲自动手来绘制一个原理图元件了呢?接下来让我们一起来绘制一个简单的原理图元件吧!

2. 任务目标

(1) 熟悉绘制元件的步骤.
(2) 会自己绘制元件.
(3) 会设置元件的属性.

二、任务实施

★ **活动一 绘制元件的一般步骤**

绘制元件的一般步骤是:

1. 新建一个元件库.
2. 在原点附近绘制元件外形.
3. 放置元件管脚.
4. 设置元件属性.
5. 保存元件.

★ 活动二　绘制一个稳压二极管符号

1. 启动原理图库编辑环境

打开前面创建的 MY.SchLib 原理图元件库文件,进入原理图元件库编辑器,当前默认的是即将制作的新元件,名称为 Component_1.

2. 绘制元件外形轮廓

(1)使用放置菜单下的【放置多边形】工具绘制出三角形.

将光标移到坐标(0,0)处单击左键确定三角形的一个顶点,然后将光标移到(0,−20)确定三角形第二个顶点,再将光标移到坐标(10,−10)单击左键,最后将光标移到(0,0)单击左键,三角形就画好了,单击鼠标右键退出多边形绘制状态.绘制好的三角形如图 3-7 所示.

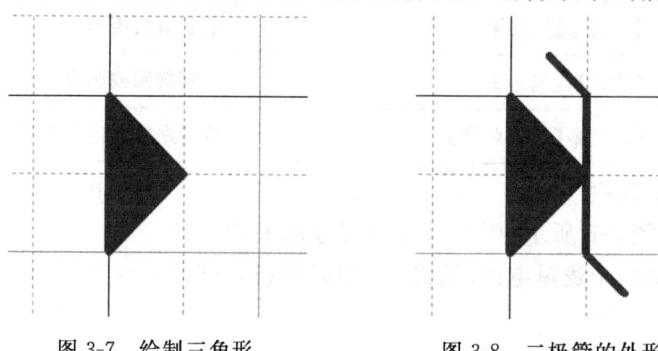

图 3-7　绘制三角形　　　　图 3-8　二极管的外形图

(2)再用【直线】工具绘制右边的竖线和斜线,注意在绘制斜线时为了方便,先单击【工具】/【文档选项】将捕获栅格值改成1,在用直线工具绘制斜线时,要同时按下"空格键",斜线画好后可恢复成原来的捕获栅格值.绘制好的外形如图 3-8 所示.

3. 放置元件管脚

选择【放置】/【引脚】菜单命令或单击　上的　工具,进入放置引脚模式,这时鼠标指针会出现一个大十字符号和一条带有两个数字的短线,在放置引脚前按 Tab 键,则打开如图 3-9【引脚属性】对话框,注意由于稳压管管脚有正负极性之分,将正极那端的引脚的显示名称设为 A,标识符设为 1;负极那端的引脚属性显示名称设为 K,标识符设为 2.

★ 小贴士:

放置引脚有几点要注意:一是管脚只有一端具有电气特性,应将不具有电气特性的一端与元件图形相连;二是字母上带横时,可以使用"*\"来实现,如在显示名称框里输入了"Q\",对应图形中显示的就是 $\overline{Q}$;三是原理图绘制中,一般会把电源引脚隐藏起来,这时可将隐藏后的框打上☑.

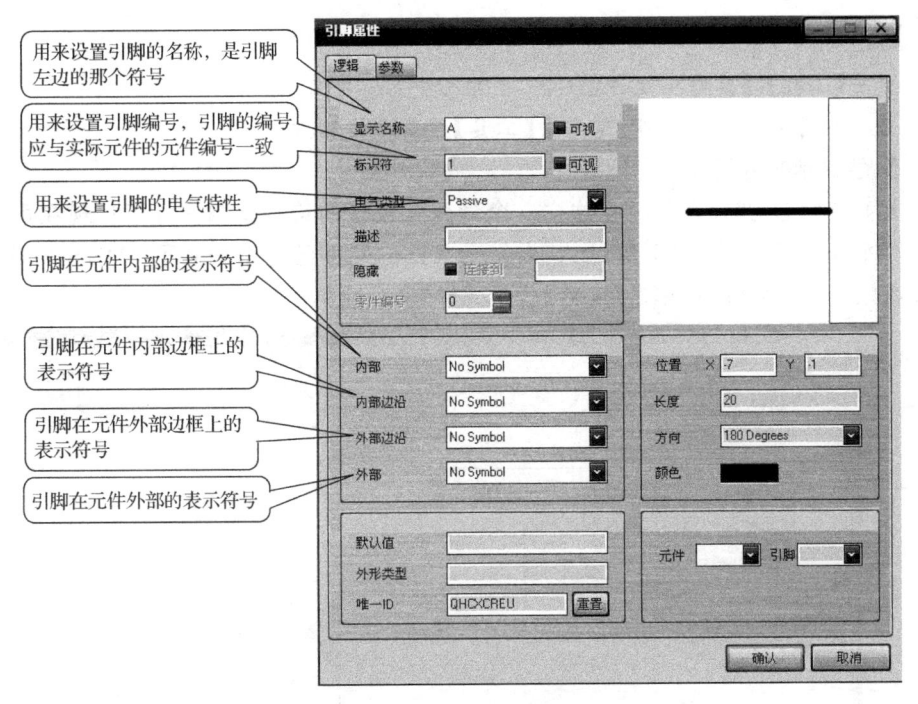

图 3-9 【引脚属性】对话框

4. 设置元件属性参数

在元件库编辑管理器面板中选中该元件,单击【工具】/【元件属性】命令,会打开如图 3-10 所示的【Library Component Properties】对话框,我们一般要设置元件的默认标号,元件名封装形式、参数等,本例中我们只将稳压二极管的默认标号设置成 V,元件名设为 VD,具体设置可参照图 3-10.有关元件封装的设置我们将在后面做单独的介绍.

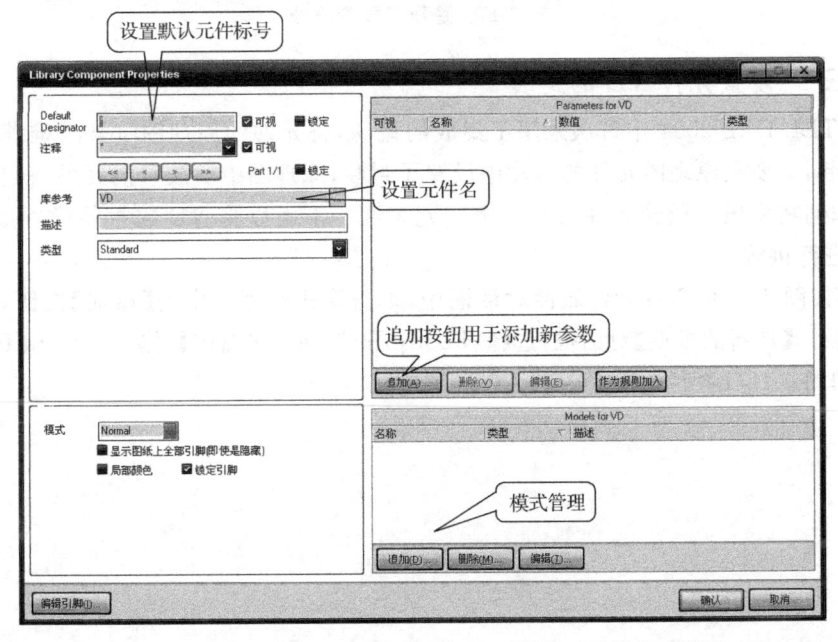

图 3-10 【Library Component Properties】库元件属性对话框

小贴士：

1. 单击【工具】/【重命名元件】命令，可对元件重新命名。
2. 若要接着做下一个元件，可单击【工具】/【新元件】命令。

5. 保存绘制好的元件

单击工具栏上的【保存】按钮。这样一个稳压二极管的符号就制作好了！现在可以查看一下元件库管理器，如图 3-11 所示，其中一个 VD 的元件已经添加到了 MY.SchLib 库中。若要接着做下一个元件，可单击【工具】/【新元件】命令或单击工具.

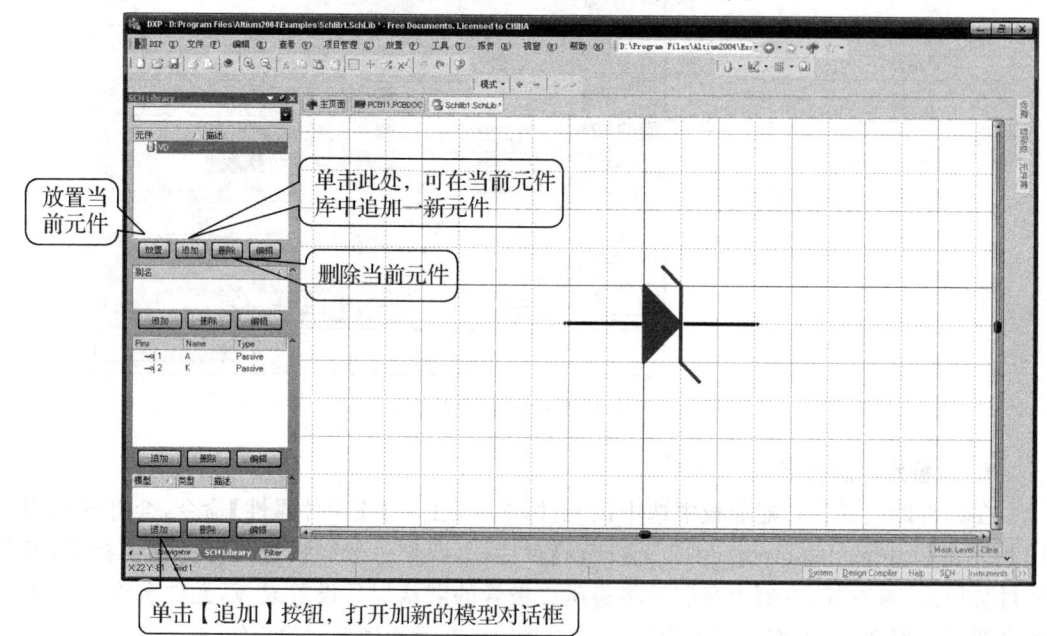

图 3-11　稳压二极管符号

★ 活动三　设置元件 VD 的封装

PROTEL DXP 2004 中首次采用了集成的概念，将元件的原理图符号与推荐的封装绑定在了一起，只要在原理图元件的属性中设置了封装，原理图中所放置的元件就自带了推荐的封装。如何将稳压二极管元件与封装绑定起来呢？下面以将 VD 的封装设置成 DIODE-0.4 为例进行讲解。

1. 在如图 3-10 的 VD 元件属性对话框中，单击模式管理区中的【追加】按钮，弹出如图 3-12(a)所示，【加新的模型】对话框，选择"Foot print"，单击【确定】，然后会弹出【PCB 模型】对话框，如图 3-12(b)所示。

图 3-12(a) 【加新的模型】对话框 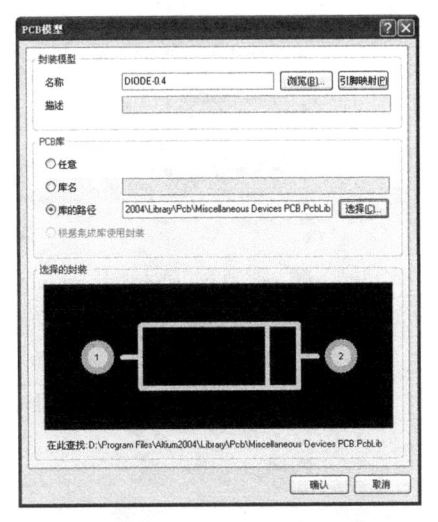　　　　图 3-12(b) 【PCB 模型】对话框

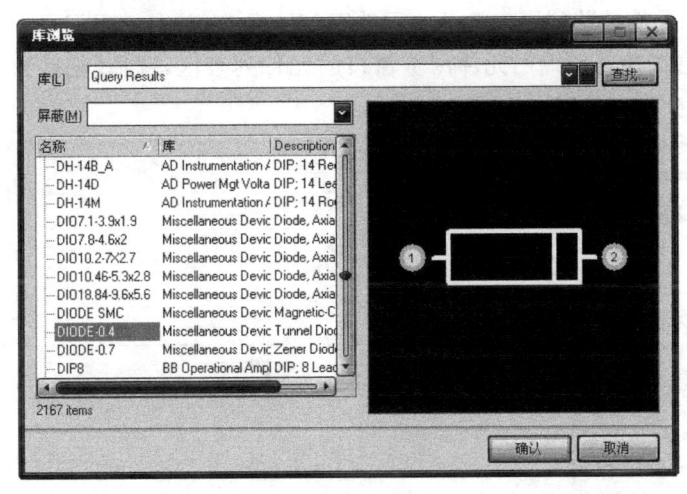

图 3-13 【库浏览】对话框

2. 在图 3-12(b)的【PCB 模型】对话框中的,可直接在名称框中输入封装名;也可单击【浏览】按钮,出现如图 3-13 所示的【库浏览】对话框,在左边的封装列表中选择封装引脚的类型为 DIODE-0.4,或者单查找按钮进行查找,如果在图 3-12(b)的"选择的封装"列表中显示了二极管的封装,则说明封装模型已找到,单击【确认】按钮。

想一想:我们除了可以自己绘制元件外,还能将其他库中的元件加到自己的专用库中来吗?

★ 活动四　将其他库中的元件添加到自己的库中

做一做:将 PROTEL 的 Miscellaneous Devices.SchLib 库中的 LED1、Mic2 两个元件添加到 MY.SchLib 中。

1. 单击【文件】/【打开】命令,打开 PROTEL DXP 2004 安装目录下的 Altium 2004\library\Miscellaneous Devices.SchLib 文件。

2. 选中需要复制的元件,在如图 3-14 所示的元件库浏览窗中找到 LED1、Mic2 两个,按住 Ctrl 键并在列表中逐个单击这 2 个元件,这时这 2 个元件都将被选中。然后单击右键,在弹出的菜单中选择【复制】命令。

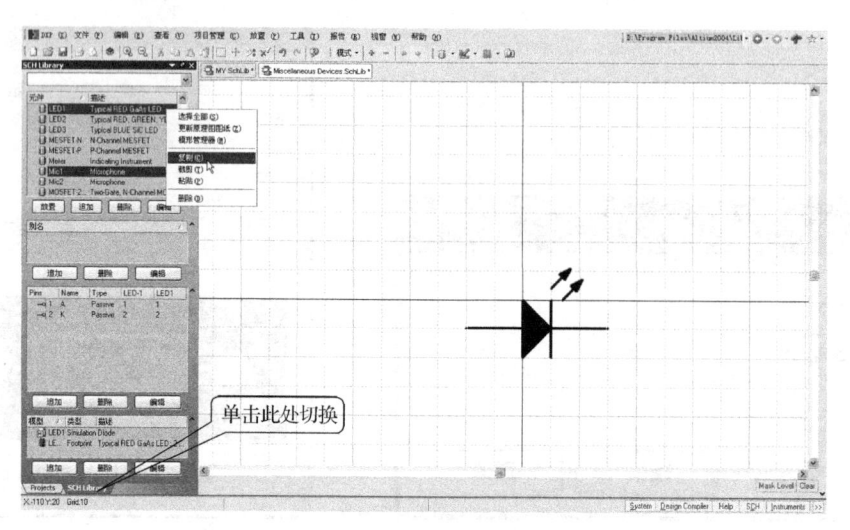

图 3-14(a)　选择要复制的元件

3. 将复制的元件粘贴到用户自己的元件库 MY.SchLib 中。打开 MY.SchLib,如图 3-14 (b)所示用鼠标右键单击原理图元件浏览窗口的元件列表区,选择【粘贴】命令,则将上一步复制的元件粘贴到自己的库中来。

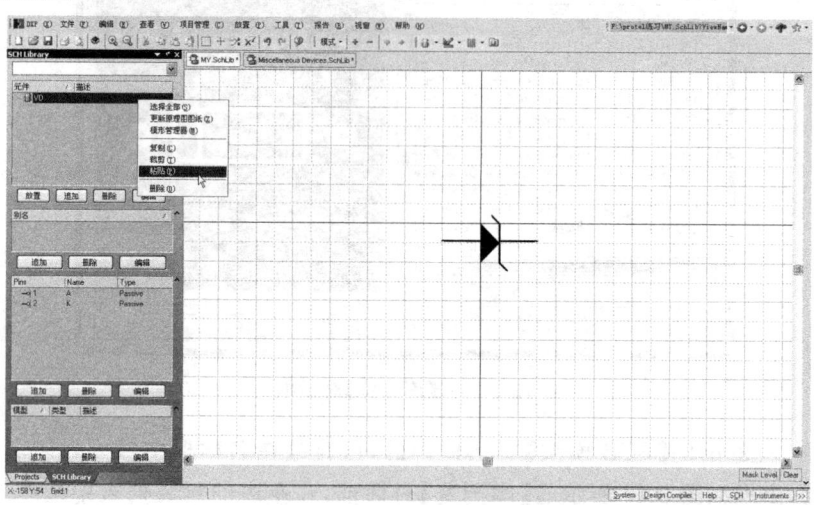

图 3-14(b)　打开自己的元件库

小贴士:

1. 若要删除库中某个元件符号,在原理图库管理面板选中该元件,单击元件列表区中的【删除】按钮。

2. 自己库中建立的元件,若想取用,可直接在元件列表区中选中要取用的元件名称,单击原理图库管理面板中的【放置】按钮;或者在原理图文件中,先将自己建立的元件库安装,再取用,具体方法参见前面的项目二。

知识拓展

在元件库编辑器里,可以产生以下 3 种报表:元件报表、元件库报表和元件规则检查报表。

1. 元件报表

选择【报告】/【元件】命令,可对元件库编辑器窗当前窗口中的元件产生元件报表,系统会自动打开文本编辑器来显示其内容.

元件报表的扩展名为 .cmp,元件报表列出了该元件的所有的相关信息,如:子元件个数、元件组名称以及各个子元件的引脚细节等内容.

2. 元件库报表

元件库报表列出了当前元件库中所有元件的名称及其相关的描述,元件库报表的扩展名为 .rep.单击【报告】/【元件库】命令即可.

3. 元件规则检测表

元件规则检测表主要用于帮助用户进行元件的基本验证工作,包括检查元件库中的元件是否有错,并将有错的元件显示出来,指明错误的原因等功能.

单击【报告】/【元件规则检查】命令,将打开"库元件规则检查"对话框,可以设置检查属性.

知识回顾

本项目学习了如何建立用户自己的元件库和绘制新元件.其中主要包括有原理图元件的绘制,以及封装等属性的设置和元件库中元件的操作等.

上机练习

1. 在 xm.PrjPCB 项目文件中,建立一个名为:lib001.SchLib 元件库文件.

2. 在 lib001.SchLib 元件库中绘制如图 3-15 所示的电位器,元件名为 POT3,Value 设置为 20k.

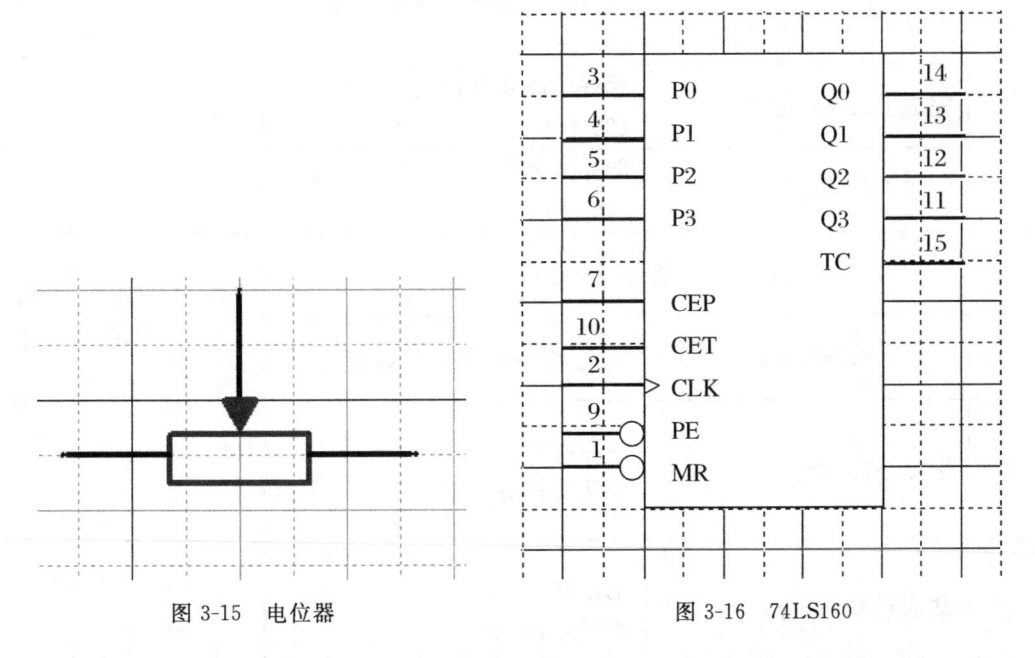

图 3-15　电位器　　　图 3-16　74LS160

3. 在 lib001.SchLib 元件库中绘制图 3-16 所示的 74LS160,元件的封装设置为 DIP16.其中:1~7 脚、9 脚、10 脚、为输入脚;11~15 脚为输出脚;8 脚为接地,隐藏;16 脚为电源,隐藏.

4. 将 PROTEL 的 Miscellaneous Devices.SchLib 库中的晶振 XTAL 和蜂鸣器 BELL 两个元件添加到 lib001.SchLib 库中.

评价

项目三 学习任务评价表

姓名		日期	

理论知识(20分)	师评
1. PROTEL DXP 2004 的原理图库文件的扩展名是_____. 2. 要设置元件属性使用_____命令. 3. 显示原理图库管理面板使用_____命令. 4. 在放置元件管脚状态下,按_____键会打开管脚属性对话框。	

技能操作(60分)			
序号	评价内容	技能考核要求	
1	完成上机练习题1	文件名和保存位置正确(10分)	
2	完成上机练习题2	元件绘制和属性设置正确(20分)	
3	完成上机练习题3	元件管脚属性设置符合要求(20分)	
4	完成上机练习题4	能完成元件库间元件的复制(10分)	

学生专业素养(20分)			自评	互评	师评
序号	评价内容	专业素养评价标准			
1	学习态度(10分)	参与度好 团队协作好			
2	基本素养(10分)	纪律好 无迟到、早退			

综合评价	

项目四　制作 PCB

本项目详细介绍 PCB 的设计流程、PCB 的主要工作层面及设置、PCB 编辑环境设置,并通过实例的操作让大家初步掌握使用 PROTEL DXP 2004 制作 PCB 的方法.

本项目学习目标

1. 知识目标

(1)认识 PCB 的基本结构;
(2)认识 PCB 编辑环境;
(3)认识 PROTEL DXP 编辑器中层的概念;
(4)会 PCB 编辑器中显示层的设置方法;
(5)认识元件封装的含义;
(6)会进行 PCB 的简单设计.

2. 技能目标

(1)会创建 PCB 文件;
(2)能正确加载 PCB 元件库;
(3)能正确导入网络表、调整元件布局及元件连线.

印制电路板(Printed Circuit Board,PCB)是电子设备的主要部件,用 PROTEL DXP 进行电路系统设计的最终目的也是生成 PCB,PCB 起到了搭载电子元器件平台的作用.使用 PCB 的主要目的是用印制板的铜膜线来实现元器件之间的连接,省去在相连元器件之间焊接导线的工作.

任务一　PCB 的设计流程

一、任务描述

1. 情景导入

在各种各样的电子产品中,我们经常会看见大大小小的装有电子元器件的电路板,那么大家是否想过这些印刷电路板(PCB)是如何设计的呢?用 PROTEL DXP 进行设计有哪些基本步骤?在本任务中我们要进行相关的阐述.

2. 任务目标

认识 PROTEL DXP 软件设计印制板的基本流程.

二、任务实施

利用 PROTEL DXP 软件来设计电路板,一般而言,可以按照以下步骤进行.

1. 绘制电路原理图、生成网络表.电路原理图的设计是进行 PCB 设计的先期准备工作,是绘制 PCB 的基础步骤,一般确定元器件的封装,ERC 校验无误后,生成网络表文件.

2. 设置 PCB 设计环境.这是印制电路板设计的重要步骤,在该步骤中,主要设置电路板的结构尺寸、板层参数、格点大小和形状及布局参数等。

3. PCB 布局。PCB 布局是进行 PCB 布线前的准备工作,主要是合理安排各元器件的位置,尽量减少网络布线之间的交叉,以便方便合理的布线,提高布通率。

4. 布线规则设置。主要用于设置 PCB 布线时遵循的各种规则。

5. 自动布线。自动布线采用无网格设计,如果设计合理并且布局恰当,系统会自动完成布线。

6. 手动调整布线。手动布线主要用于调整自动布线时的不合理因素。

7. 保存文件并输出。保存好设计的各种文件,包括 PCB 文件、元器件清单文件等,然后打印结果并输出。

PCB 设计的基本流程如图 4-1 所示。

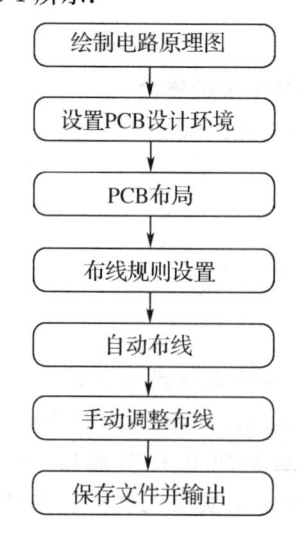

图 4-1　PCB 设计的基本流程

任务二　认识印刷电路板

一、任务描述

1. 情景导入

经过前面的学习,大家知道了 PCB 是电子电器设备中的重要部件,下面我们来看看具体的 PCB 的结构吧,以便我们在今后的设计中做到心中有数。

2. 任务目标

认识 PCB 的功能和基本概念,会设置 PCB 的板层。

二、任务实施

★ *活动一　认识 PCB 的功能*

PCB 是英文 Printed Circuit Board 的缩写,译为印制电路板,简称电路板或 PCB 板。PCB 主要有以下三个方面的功能。

1. 为电路的各种元器件提供必要的机械支撑。
2. 提供电路的电气连接。

3. 用标记符号将板上所安装的各个元器件标注出来，便于插装、检查和调试。

★ 活动二　PCB 设计的基本概念

了解印制电路板的相关概念是成功制作电路板的前提和基础，下面让我们一起来学习有关的基本概念吧！

1. 层(Layer)的概念

在 PCB 设计中常常存在的多个铜箔层或其他层。如为了方便电路的安装与维修，一般在顶层要印上一些文字或图案，这些文字和图案属于非布线层，通常称为丝印层。还有其他的一些层，在后面的课程中我们再作介绍。

2. 焊盘(Pad)

焊盘用于固定元器件管脚或引出连线、测试线等，它有圆形、方形等多种形状。

3. 过孔(Via)

过孔也称金属化孔，在双面板和多层板之间，为连通各层之间的线路，在各层需要连通的导线交汇处钻上一个公共孔，工艺上采用化学沉积的方法镀上一层金属，用以连通中间各层和上下层。

4. 连线(Track)

连线指的是有宽度、有位置方向、有形状的线条。在铜箔面上的线条一般用来完成电气连接，称为印制导线。

5. 元器件(Componet)

在 PCB 设计中的元器件指的是电路功能模块或元器件的物理尺寸，即元器件的封装。

6. 飞线

在电路进行自动布线时供观察的类似橡皮筋的网络连线，在通过网络表调入元器件并进行布局后，就可以看到该布局下的网络飞线的交叉状况，通过不断调整元器件的位置，可以使飞线的交叉状况减少，以提高布通率。要特别注意的是飞线没有电气连接意义，如图 4-2 所示。

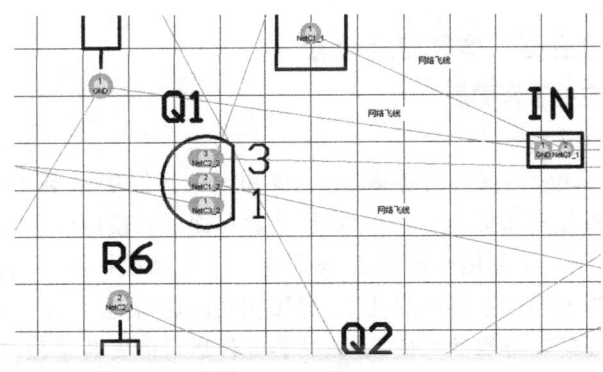

图 4-2　网络飞线

7. 安全间距

它规定了板上不同网络的布线、焊盘、过孔等之间必须保持的最小距离，如图 4-3 所示。

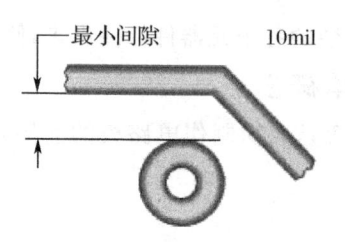

图 4-3　安全间距示意图

8. 元件封装

元件封装是指在 PCB 编辑器中为了将元器件固定、安装于电路板,而绘制的与元器件管脚相对应的焊盘、元件外形等.

制作 PCB 时要求元器件的封装、元器件实物、原理图元件引脚序号三者之间必须保持严格的对应关系,这直接关系到制作电路板的成败和质量. 图 4-4 所示是一些常用元器件的封装.

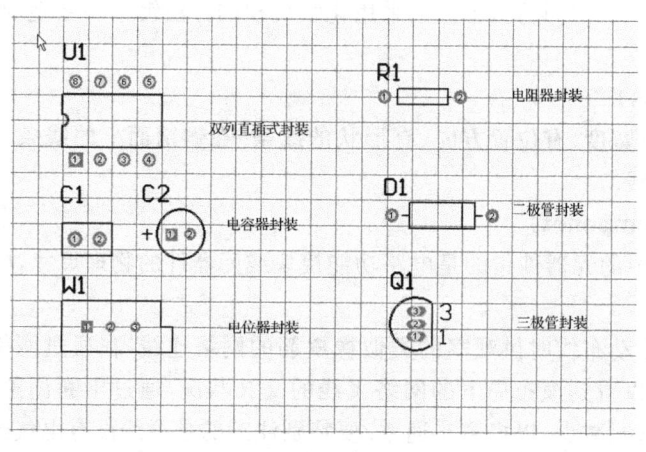

图 4-4　常用元器件的封装

★ 活动三　PCB 的主要工作层面及设置

1. 认识 PCB 的主要工作层面

(1)信号层(Signal Layers).

①底层(Bottom Layer):又称为焊锡面,主要用于制作底层铜箔导线,它是单面板唯一的布线层,也是双面板和多面板的主要布线层,注意单面板只使用底层(Bottom Layer).

②顶层(Top Layer):主要用在双面板、多层板中制作顶层铜箔导线,在实际电路板中又称为元件面,元件管脚安插在本层面焊孔中,焊接在底面焊盘上. 由于在双面板、多层板顶层可以布线,因此为了安装和维修的方便,表面贴装元件尽可能安装于顶层.

③中间信号层(Mid1~Mid14):在一般电路板中较少采用,一般只有在 5 层以上较为复杂的电路板中才采用.

(2)内电层(Internal Plane).

内电层(Internal Plane)主要用于放置电源/地线,PROTEL DXP PCB 编辑器可以支持 16 个内部电源/接地层. 因为在各种电路中,电源和地线所接的元件管脚数是最多的,所以在多层板中,可充分利用内部电源/接地层将大量的接电源(或接地)的元件管脚通过元件焊盘或过孔直接与电源(或地线)相连,从而极大地减少顶层和底层电源/地线的连线长度.

(3)丝印层(Silkscreen Layer)。

丝印层主要通过丝印的方式将元件的外形、序号、参数等说明性文字印制在元件面(或焊锡面),以便于电路板装配过程中插件(将元件插入焊盘孔中)、产品的调试、维修等。丝印层一般分为顶层(Top Overlayer)和底层(Bottom Overlayer),一般尽量使用顶层。

(4)机械层(Mechanical Layer)。

机械层没有电气特性,在实际电路板中也没有实际的对象与其对应,主要为电路板厂家制作电路板时提供所需的加工尺寸信息,PROTEL DXP PCB 编辑器可以支持16个机械层。

(5)禁止布线层(Keep Out Layer)。

禁止布线层在实际电路板中也没有实际的层面对象与其对应,该层主要用于定义电路板的边框,或定义电路板中不能有铜箔导线穿越的区域。

(6)阻焊层(Solder Mask Layer)。

阻焊层主要为一些不需要焊锡的铜箔部分(如导线、填充区、覆铜区等)涂上一层阻焊漆(一般为绿色),也分为顶部(Top Solder Mask)、底部(Bottom Solder Mask)二层。

(7)其他层(Other)。

①焊锡膏层(Paste Mask Layer)。

②复合层(Multi Layer)。

2. PCB 的主要工作层面的设置方法

进入 PROTEL DXP PCB 编辑器后,执行【设计】/【PCB 板层次颜色…】菜单命令,将弹出如图 4-5 所示的【板层和颜色】对话框,可根据不同的设计需要在相应板层后面的复选框中打上"√",选中该项,以便显示该层面。

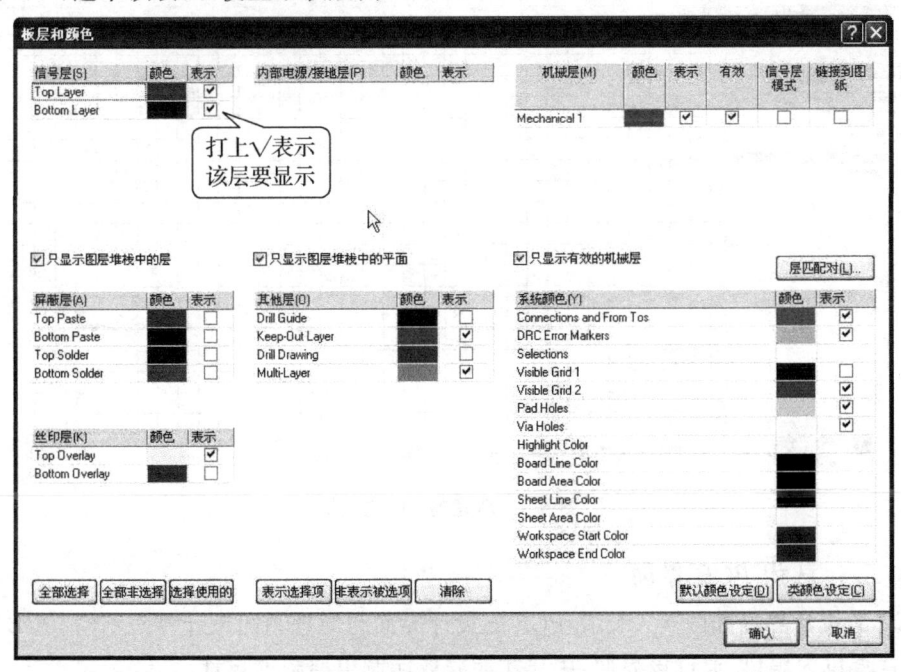

图 4-5 【板层和颜色】对话框

任务三 认识 PCB 编辑环境

一、任务描述

1. 情景导入

通过对 PCB 结构的认识和了解，知道了各层的作用。如何才能设计出符合要求的印制电路板，在进行 PCB 设计之前，我们应当了解 PCB 文件的创建和保存方法，认识其工作界面，懂得对其环境参数进行必要的设置，这对我们后续的设计工作非常重要。

2. 任务目标

会建立和保存 PCB 文件，了解其工作界面，能对其环境参数按照设计需要进行正确设置。

二、任务实施

★ **活动一 PCB 文件的创建**

创建 PCB 文档我们可以采用 3 种方式。在这里我们只介绍其中一种，其他的在知识拓展中予以介绍。

1. 根据菜单创建 PCB 文档

执行菜单命令【文件】/【创建】/【PCB 文件】。此时，系统会自动生成一个空白的 PCB 文档，且自动命名为"PCB1.PcbDoc"，如图 4-6 所示。

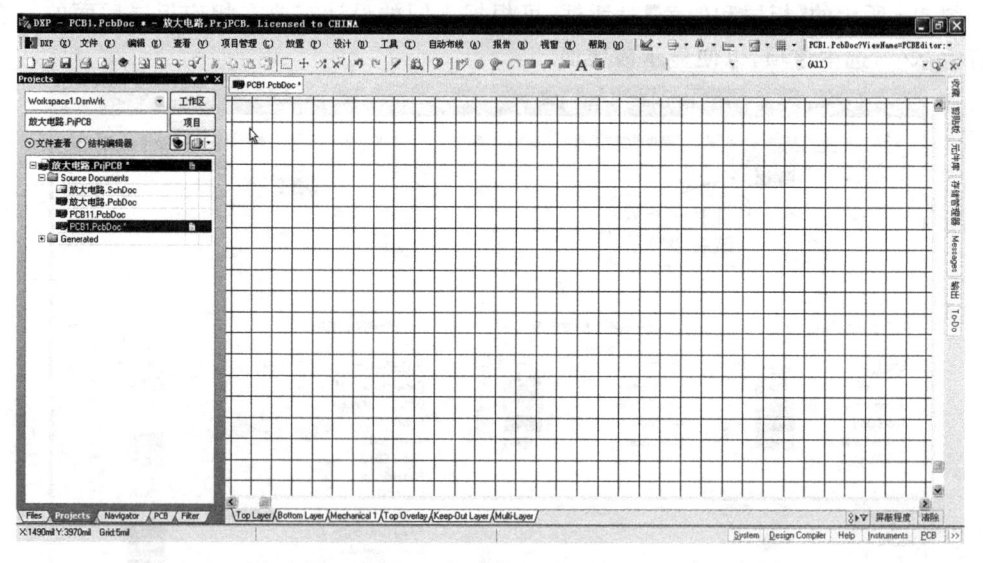

图 4-6 新建的 PCB 文档

★ **活动二 认识 PCB 界面**

PCB 的设计界面如图 4-7 所示。PCB 的设计界面与原理图的设计界面不同。PCB 的设计界面的背景色为黑色。通过该界面，用户才能完成印制电路板的设计。

从 PCB 的设计界面中可以看出，PCB 设计界面主要由主菜单、工具栏、工作区面板和工作窗口组成。

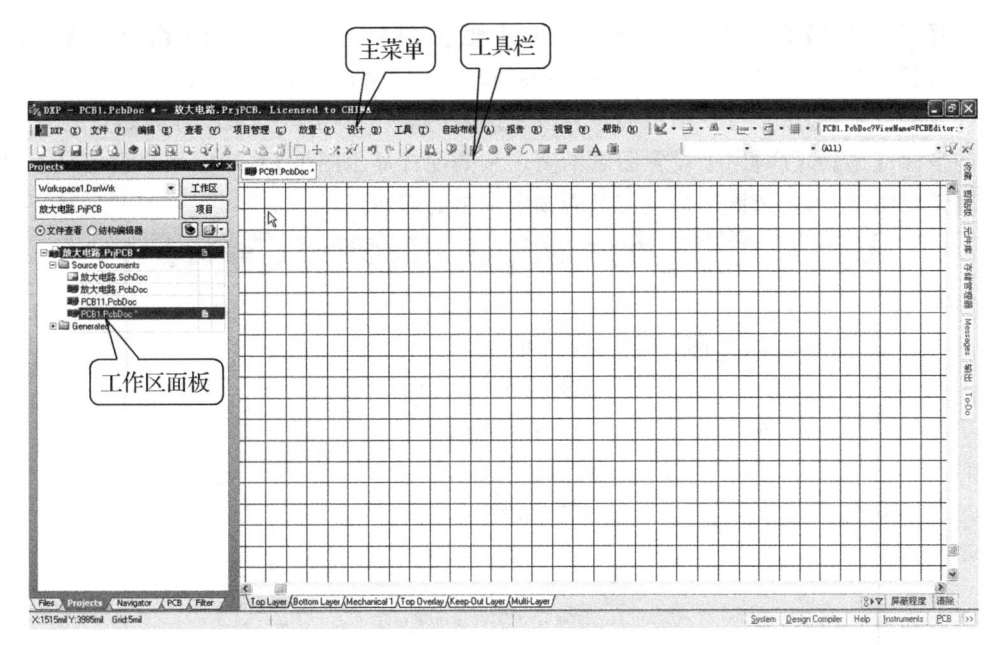

图 4-7 PCB 设计界面

主菜单:和原理图编辑界面的主菜单相似,只是多了【自动布线】菜单选项.

工具栏:主要提供一些常用命令的快捷方式,方便用户设计.

工作区面板:与原理图设计时的工作区面板相似,用户可以通过工作区面板查看打开的文件及打开文件的属性等信息(注意:为了印刷清晰,本书将 PCB 界面默认的黑色改成了白色,大家上机操作中可不修改,直接采用默认设置).

工作窗口:是 PROTEL DXP 用户设计 PCB 的主要窗口,所有的 PCB 是在该窗口设计完成的.

★ 活动三 PCB 环境参数的设置

用户要想熟练运用 PROTEL DXP 进行正确、合理的设计,熟悉和掌握 PCB 的环境参数的设置是非常必要的. PCB 环境环境参数的设置包括图纸参数和 PCB 编辑器参数两个方面.

1. 图纸参数的设置

正确地设置图纸参数是 PCB 设计的重要步骤. 在 PCB 设计环境下,执行菜单命令【设计】/【PCB 板选择项】,弹出"PCB 板选择项"对话框,如图 4-8 所示.

用户可以通过对话框,完成图纸参数的有关设置.

(1)【测量单位】用于设置系统单位,系统为用户提供了两种单位,分别是"Imperial(英制)"和"Metric(公制)".

(2)【捕获网格】用于设置系统可以捕获到的网格的大小. 在设计 PCB 时,元器件的移动是以设置的捕获网格的大小为单位进行移动的.

(3)【元件网格】元器件网格与捕获网格设置的方法相同,只不过元器件网格是针对元器件而言的.

(4)【电气网格】用于设置热点捕获. 如果使用热点捕获,则用户操作时,系统将以光标为中心,在以【范围】文本框内数值为半径的圆形区域内自动寻找电气节点. 如果存在电气节点则光标自动移到电气节点上并提示一个红色的叉,这个节点称为热点.

(5)【可视网格】用于设置可视网格间距.主要包括【标记】、【网格 1】和【网格 2】的设置.单击【标记】文本框的下拉按钮,将出现"Dots"和"Lines"两种类型的可视网络线型.

(6)【图纸位置】用于设置图纸的位置.【X】和【Y】文本框分别用来设置起始点的 X 轴和 Y 轴的坐标;【宽】和【高】用于设置图纸的宽度和高度;【显示图纸】复选框用来设定是否显示图纸;【锁定图纸元】复选框用来设定是否锁定图纸的起始点.

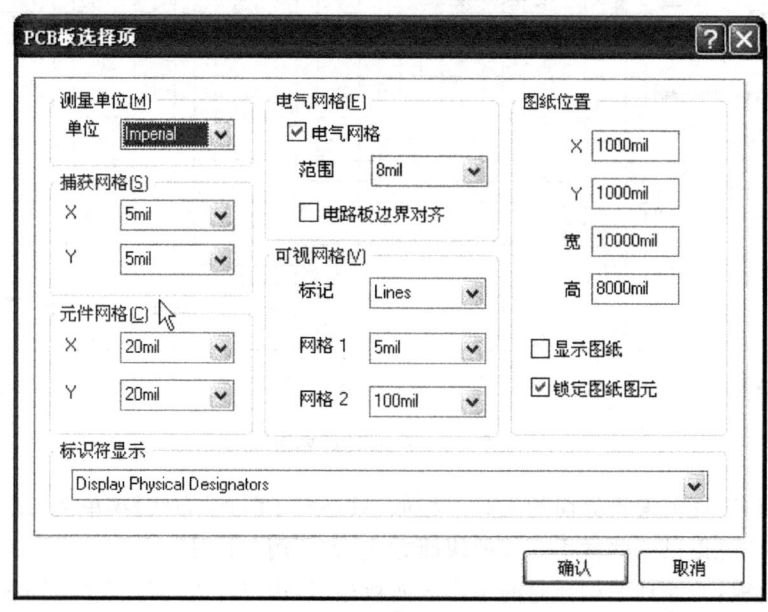

图 4-8 【PCB 板选择项】对话框

2.设置 PCB 编辑器的参数

执行菜单命令【工具】/【优先设定】,系统弹出"优先设定"对话框,如图 4-9 所示.用户通过优先设定对话框【Protel PCB】选项,可以对 PROTEL DXP 的"General""Display""Show/Hide"和"PCB 3D"各选项卡进行设置.

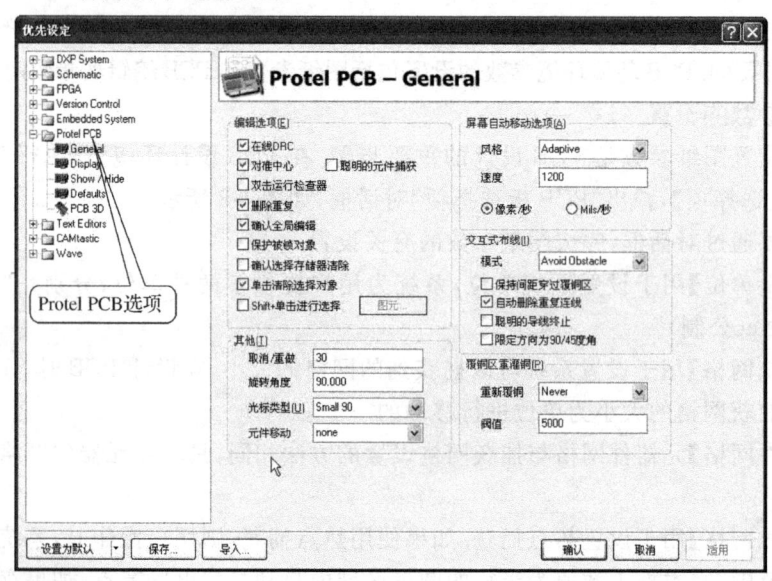

图 4-9 【优先设定】对话框

(1)【General】选项卡.如图 4-10 所示,主要包括【编辑选项】的各项参数的设置,【屏幕自动移动选项】各项参数的设置,【交互式布线】各参数的设置,【覆铜区重灌铜】参数的设置,以及【其他】选项的设置.

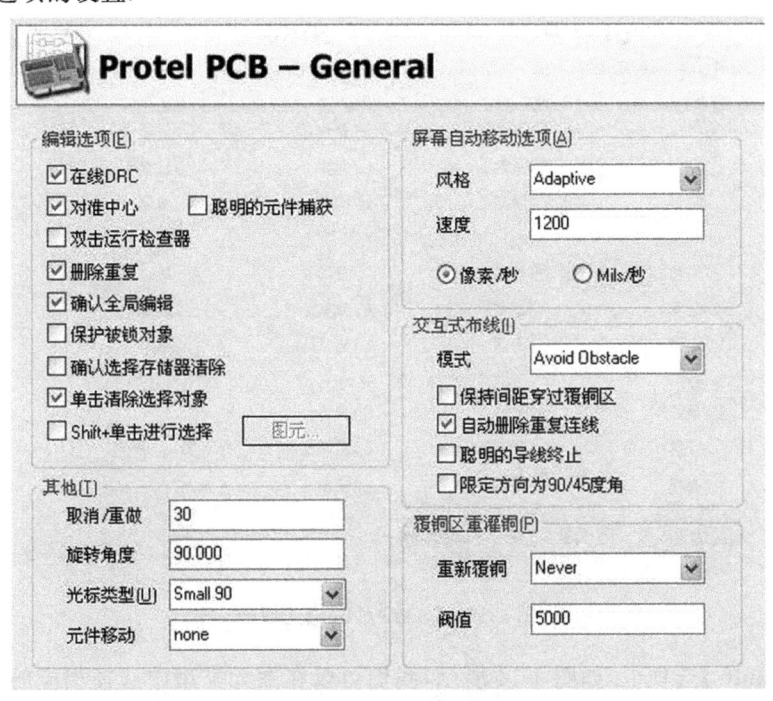

图 4-10 【General】选项卡

(2)【Display】选项卡.如图 4-11 所示,主要包括【显示选项】各参数的设置,【表示】各参数的设置,【内部电源/接地层描画】类型的选择,以及【层描画顺序】的设置.单击 层描画顺序... 按钮,弹出"层描画顺序"设置对话框,如图 4-12 所示.

图 4-11 Display 选项卡

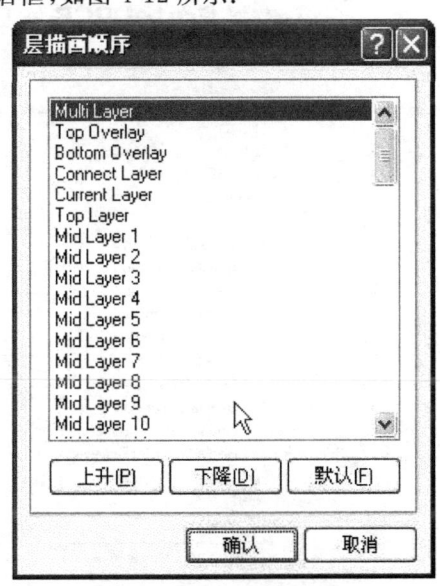

图 4-12 【层描画顺序】对话框

(3)【Show/Hide】选项卡.如图 4-13 所示,该对话框中,对应每个电气对象下面都有 3 个单选按钮,分别为【最终】、【草案】和【隐藏】.同时用户也可以对所有的对象用下面的 3 个按钮 [全为最终(F)]、[全为草案(D)] 和 [全部隐藏(H)] 一次性完成相同的设置.

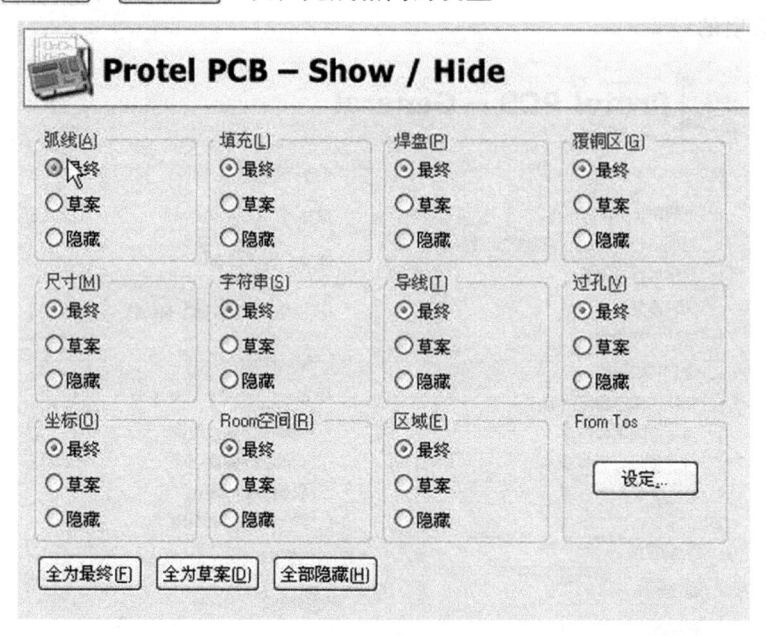

图 4-13 【Show/Hide】选项卡

(4)【Defaults】选项卡.如图 4-14 所示,我们可以在图元类型中选择相应的图元,然后单击 [编辑值(V)...] 按钮定义该图元的默认值.例如,选择图元类型为"Track",单击 [编辑值(V)...] 按钮后,系统弹出"导线"编辑对话框,如图 4-15 所示,通过该对话框,用户可以详细设置导线的宽度、开始坐标、结束坐标、所属层等内容.

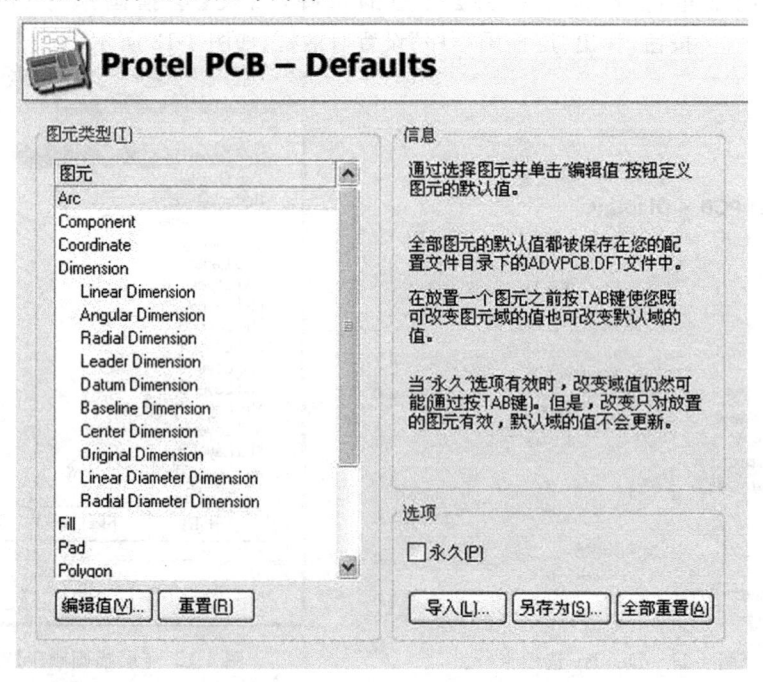

图 4-14 【Defaults】选项卡

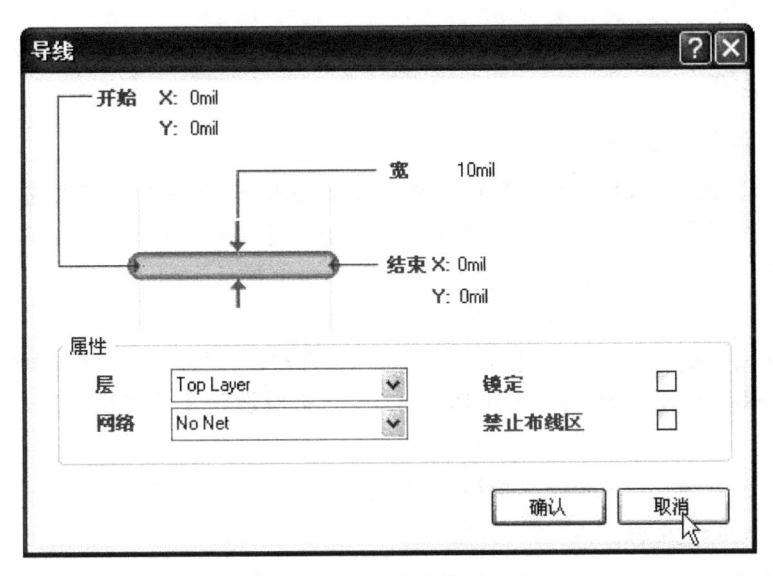

图 4-15 【导线】编辑对话框

(5)【PCB 3D】选项卡.如图 4-16 所示,主要用来设置 PCB 3D 模型的高亮及打印质量等属性,该对话框的参数一般不用修改,保留默认的设置即可.

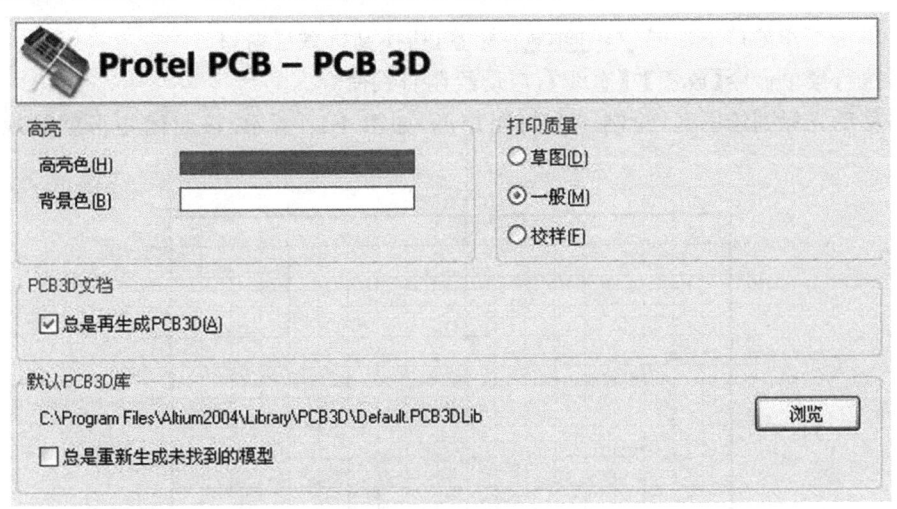

图 4-16 【PCB 3D】选项卡

任务四　制作简单 PCB

一、任务描述

1. 情景导入

通过前面的知识学习,我们对 PCB 的制作有了一些基础的了解,接下来让我们一起来学习制作 PCB 吧!

2. 任务目标

掌握 PCB 板的制作步骤及基本方法.主要包括 PCB 图件的放置、电路板的规划、库文件的加载、网络表的导入、元件布局及元件布线、线宽设置等知识.

二、任务实施

★ 活动一　电路板的规划

在制作 PCB 的时候,我们要根据电路板的设计要求、电路板上元器件的多少以及在产品中的安装尺寸的大小等因数来综合考虑电路板的尺寸、外形、禁止布线边界等信息.我们可以利用 PCB 文档向导来创建文档,在创建过程中根据提示进行;也可以在创建 PCB 文档之后,自行规划电路板的物理边界和电气边界等.

在学习规划印制板之前,首先执行菜单命令【文件】/【创建】/【PCB 文件】,创建一个新的 PCB 文档,并保存为 E：\Study\PCB.PcbDoc.关于板层设置及层堆栈管理,在知识拓展中有所介绍.

为了画图的方便我们先设定坐标原点,单击 里面的 ,光标变成十字光标,并在 PCB 工作界面单击以确定坐标原点.

1.规划物理边界

电路板的物理边界要在机械层中进行.

下面以刚才创建的 PCB 文档 E：\Study\PCB.PcbDoc 为例,讲解物理边界的规划步骤.

(1)单击工作窗口下部的 Mechanical 1 标签,切换到机械层窗口.

(2)执行菜单命令【放置】/【直线】,启动绘制直线命令.

(3)移动光标到绘图区,绘制一个封闭矩形,如图 4-17 所示.该封闭矩形就是规划的物理边界.

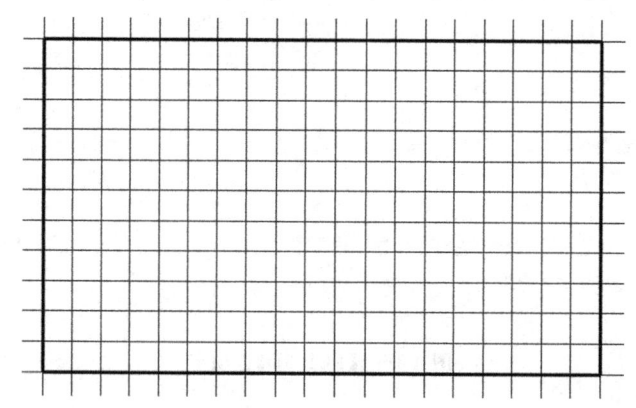

图 4-17　规划物理边界

2.规划电气边界

电气边界用于设置电路板上元器件和布线的范围,电气边界必须在禁止布线层上实现.规划电气边界时,将 PCB 编辑器的当前层置于 Keep-Out Layer ,该禁止布线层确定了电路板的电气边界,操作步骤与确定物理边界类似.如图 4-18 所示,为某 PCB 规划的物理边界和电气边界.

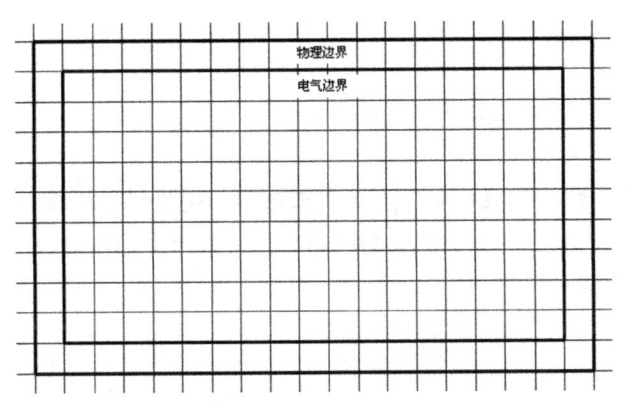

图 4-18　规划好的物理边界和电气边界

★ **活动二　PCB 图件的放置**

图件是构成 PCB 的所有元素,包括各种元器件、导线过孔及标志等.在 PCB 设计中,我们可以通过工具栏放置图件或菜单命令来进行图件的放置.

执行菜单命令【放置】,其子菜单如图 4-19 所示.下面我们选择常用的几种图件的放置给大家做一个简要的介绍.

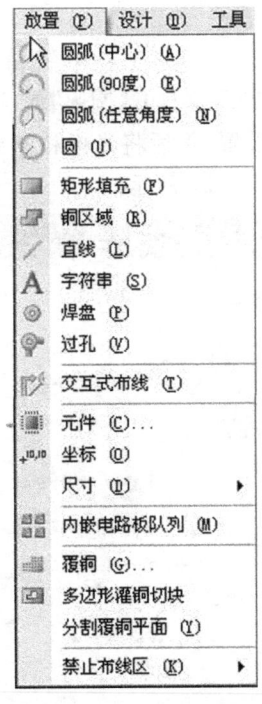

图 4-19　【放置】子菜单

1.放置圆弧

我们可以通过启动不同的放置圆弧命令完成圆弧的放置.主要有中心法绘制圆弧、绘制 90°圆弧、边缘法绘制圆弧和绘制圆四种.

下面我们以中心法绘制圆弧为例进行介绍.该圆弧的属性如下:

◎ 半径:200mil

◎ 圆弧宽:15mil

◎ 起始角：20°
◎ 结束角：150°
◎ 中心位置坐标：(3100mil,2300mil)

步骤如下：

(1)执行菜单命令【放置】/【圆弧（中心）】，启动中心法绘制圆弧命令．

(2)移动光标到绘图区，可以看到光标变成"十"字形状（光标设为"十"字形的情况），并且在改变的中心点附着一个红色实心小方块，如图 4-20 所示．

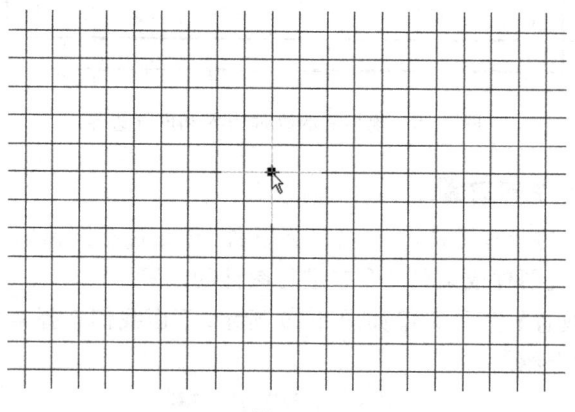

图 4-20

(3)此时我们可以按键盘上的 Tab 键打开【圆弧】属性设置对话框，如图 4-21 所示，设置圆弧的属性；也可以绘制完成之后设置．然后将光标移动到(3100mil,2300mil)或附近位置．光标的位置会在状态栏中显示，如图 4-22 所示．

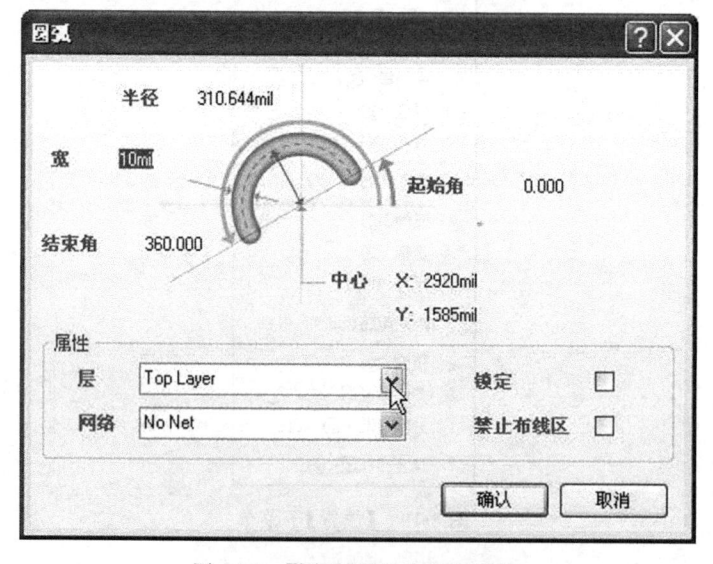

图 4-21 【圆弧】属性设置对话框

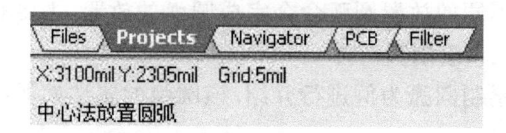

图 4-22 状态栏

(4)单击鼠标左键放置圆弧的中心位置,然后移动光标,此时可以看到在移动光标的同时,在绘图区以刚才放置的中心为圆心,以光标移到的位置为半径绘制了一个圆,同时用户可以从状态栏上查看当前半径的大小,如图 4-23 所示.该状态栏选项上还显示当前绘制圆弧的起始角度"A1"和结束角度"A2"的大小.

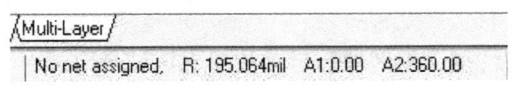

图 4-23　状态栏

(5)当光标移到半径为 200mil 时,单击鼠标左键确定圆弧半径的大小.

(6)移动鼠标,可以看到圆弧起始角的大小随光标变化,在 20°附近,单击鼠标左键确定,完成起始角的绘制,如图 4-24 所示.此时,光标自动跳到结束角的位置.

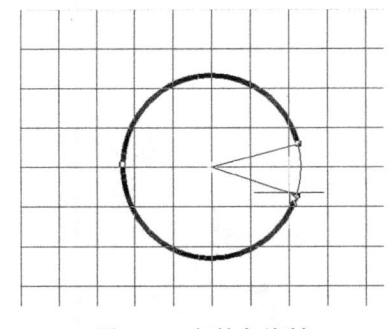

图 4-24　起始角绘制　　　图 4-25　结束角绘制

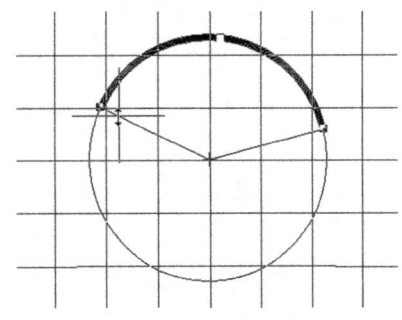

(7)移动光标调整结束角的大小为 150°,单击鼠标左键确定,完成结束角的绘制,从而完成圆弧的绘制,如图 4-25 所示.

(8)完成绘制之后,可以看到光标上还附着一个实心方块点,此时我们可以用同样的方法绘制下一个圆弧,也可以单击鼠标右键退出圆弧绘制命令.

(9)在绘制完圆弧后,我们可以移动光标到圆弧上双击,打开【圆弧】属性对话框,如图 4-26 所示.设置相应参数,精确调整圆弧的大小.

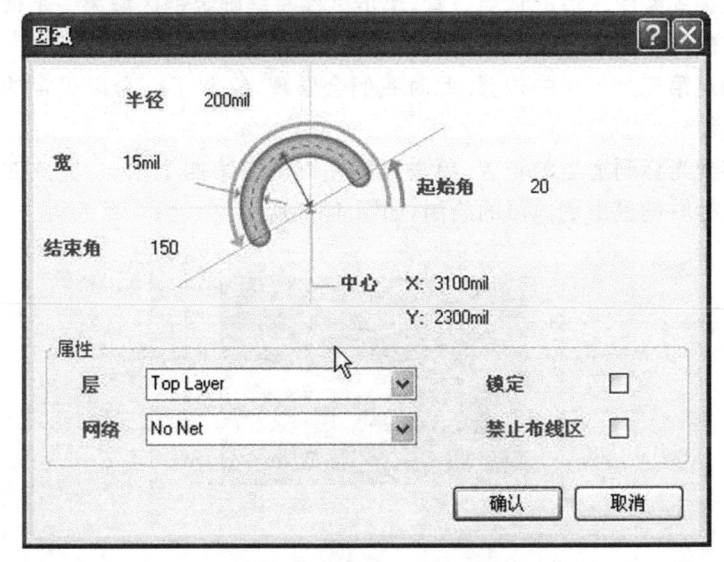

图 4-26　【圆弧】属性对话框

其他圆弧的绘制方法与此类似,留给大家自学.

2. 放置铜区域

放置铜区域主要用来设置大面积的电源和接地区域,以提高系统的抗干扰性能.下面我们以在放置顶层放置一个四边形铜区域为例,介绍其操作方法.

步骤如下:

(1)执行菜单命令【放置】/【铜区域】,启动放置铜区域命令.

(2)光标移到绘图区,光标变为"十"字形状.

(3)此时我们可以按键盘上的 Tab 键打开【区域】属性设置对话框,如图 4-27 所示.根据要求设置层为"Top Layer".单击 确认 按钮,关闭对话框.

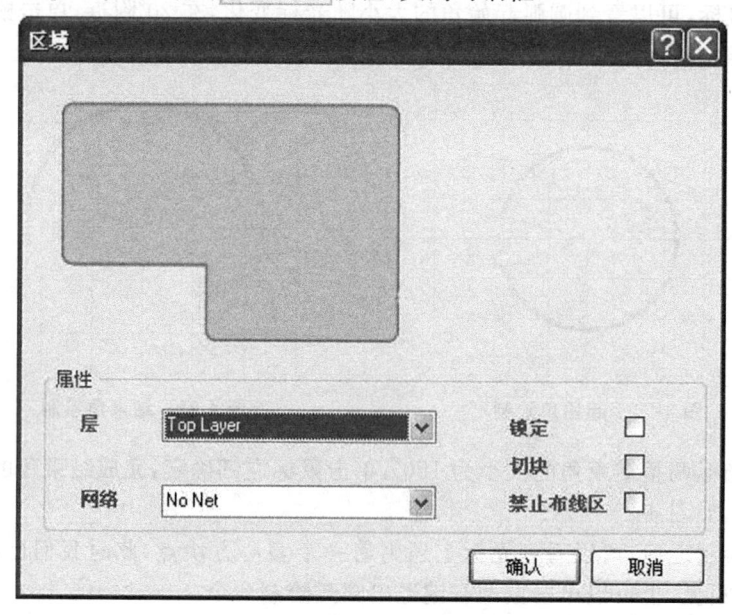

图 4-27 【区域】属性设置对话框

(4)移动光标到绘图区域的适当位置,单击鼠标左键确定铜区域第一个顶点的位置.

(5)用同样的方法确定第二个顶点的位置.

(6)依次确定第三个顶点的位置.此时我们会发现,绘制了一个以确定的三个点为顶点的填充的三角形.

(7)继续移到光标到适当的位置,单击鼠标左键确定第四个顶点,完成四边形填充区域的绘制.单击鼠标右键退出铜区域的绘制,如图 4-28 所示.

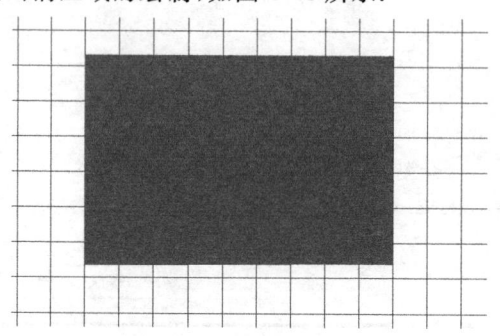

图 4-28 铜区域

3. 放置字符串

字符串一般放置在丝印层上,通常用来对电路板进行说明或注释等,是我们在 PCB 设计中要经常使用到的操作.

下面我们以在顶层丝印层上放置一个字符串为例,进行介绍.

步骤如下:

(1)执行菜单命令【放置】/【字符串】,启动放置字符串命令.

(2)移动光标到绘图区,光标变为十字形状,并且后面黏附有一个字符串"String".在放置字符串状态,我们可以按键盘上的 Tab 键打开【字符串】属性设置对话框,如图 4-29 所示.

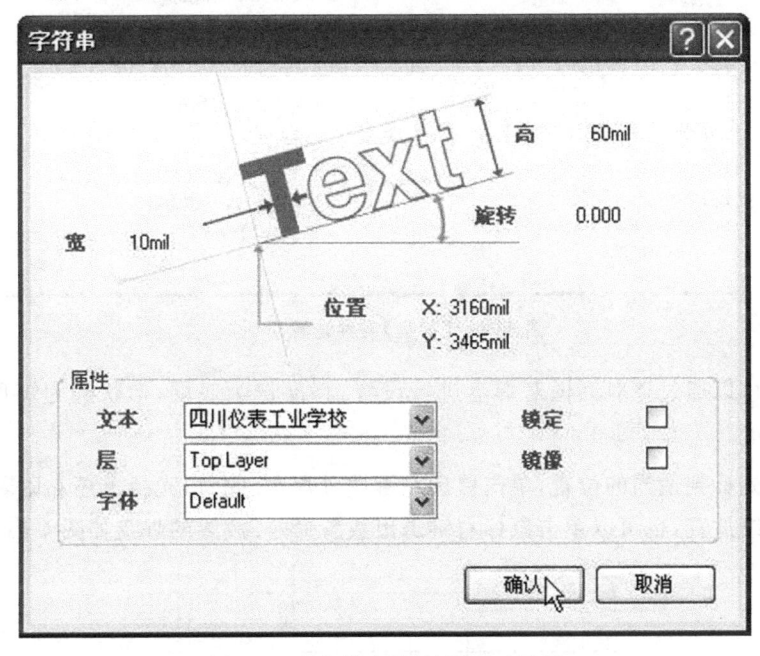

图 4-29 【字符串】属性设置对话框

(3)通过该对话框,可以对字符串的高、宽、字体等以及放置层次进行设置.对于本例,我们将层设为"Top Overlay",然后单击 确认 按钮.

(4)将光标移动到合适的位置,单击鼠标左键放置字符串.此时,光标上还黏附着一个字符串,可以继续放置,也可以单击鼠标右键退出放置命令.

4. 放置焊盘

焊盘用于焊接 PCB 中的元器件.焊盘的中间是一个内孔,孔外是覆铜区.焊盘的形状有 3 种,分别是圆形(Round)、矩形(Rectangle)和八边形(Octagonal).我们以在底层放置一个矩形焊盘为例,介绍其操作方法.

步骤如下:

(1)执行菜单【放置】/【焊盘】,启动放置焊盘命令.

(2)移到光标到绘图区,光标变为"十"字形状,并且在上面黏附有一个焊盘的轮廓.

(3)我们可以按键盘上的 Tab 键打开【焊盘】属性设置对话框,如图 4-30 所示.

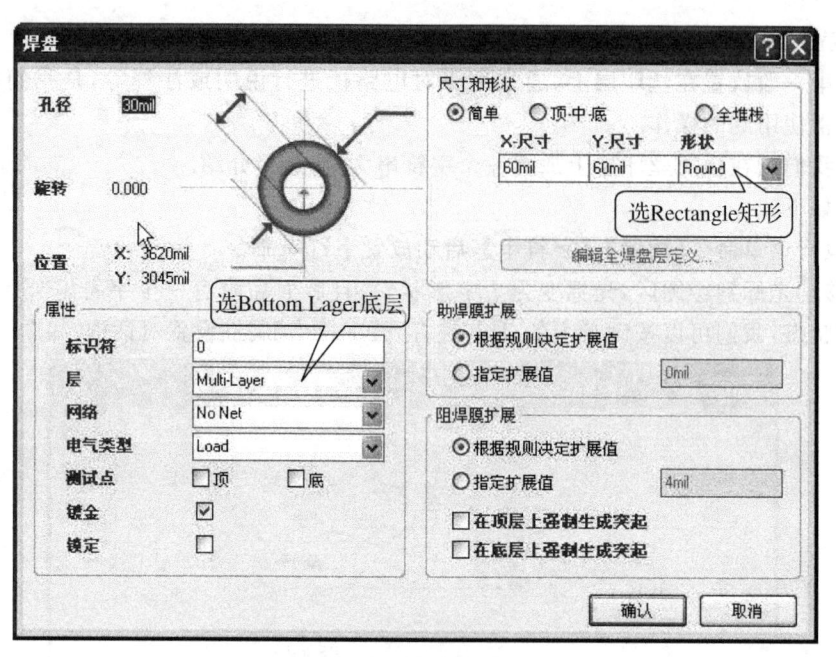

图 4-30　【焊盘】属性设置对话框

（4）我们可以通过该对话框对焊盘进行设置，将层选为底层，形状选为矩形，然后单击 确认 按钮。

（5）移动光标到适当的位置，单击鼠标左键放置焊盘。此时，光标上还黏附着一个焊盘的轮廓，可以继续放置，也可以单击鼠标右键退出放置命令。放置的焊盘如图 4-31 所示。

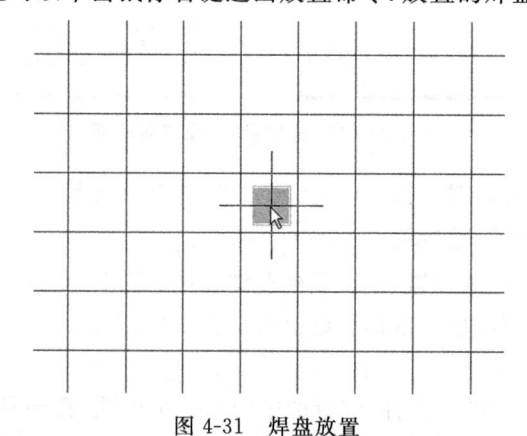

图 4-31　焊盘放置

5. 放置导线

导线是我们在 PCB 设计中经常要使用的一种图元。通过菜单命令【放置】/【交互式布线】，或者单击工具栏上的按钮都可以启动放置导线命令。命令启动后，移到光标到绘图区，光标变成十字形状，我们可以绘制导线，导线的绘制方法与直线的绘制方法相同。

在绘制导线的过程中，我们可以按键盘上的 Tab 键打开【线约束】对话框，如图 4-32 所示。通过该对话框可以设置导线的线宽和放置层次。绘制结束后，我们可以移到光标到导线上，双击鼠标左键，打开【导线属性】对话框，如图 4-33 所示。在该对话框中设置导线的层、网络、线宽等参数。

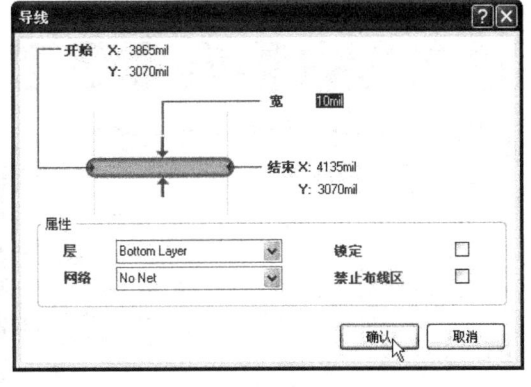

图 4-32 【线约束】对话框　　　　图 4-33 【导线属性】对话框

在布线时我们可以通过快捷键 Shift 和 Space 切换布线模式。我们有以下几种模式可供选择：①Any Angle(任意角度)；②90 Degree(90°角)；③90 Degree with Arc(90°圆弧)；④45 Degree(45°角)；⑤45 Degree with Arc(45°圆弧)。

6. 放置元器件

元器件的放置在 PCB 设计中经常要操作，对 PCB 的设计有至关重要的作用，下面我们以一个具体元件的放置进行详细介绍。

(1)执行菜单命令【放置】/【元件】，启动放置元件命令，打开放置元件对话框，如图 4-34 所示。

图 4-34 【放置元件】对话框

(2)该对话框要求我们输入元器件的封装形式、序号及注释等参数。

(3)选择放置类型为封装，单击封装文本框后面的按钮 ，打开库浏览对话框，如图 4-35 所示，从中选择元器件所在的库，并从名称中选择放置的封装形式。例如，库设置为"Miscellaneous Devices.IntLib"，名称设置为"AXIAL_0.4"。然后单击 确认 按钮，关闭库浏览对话框，回到放置元件对话框。

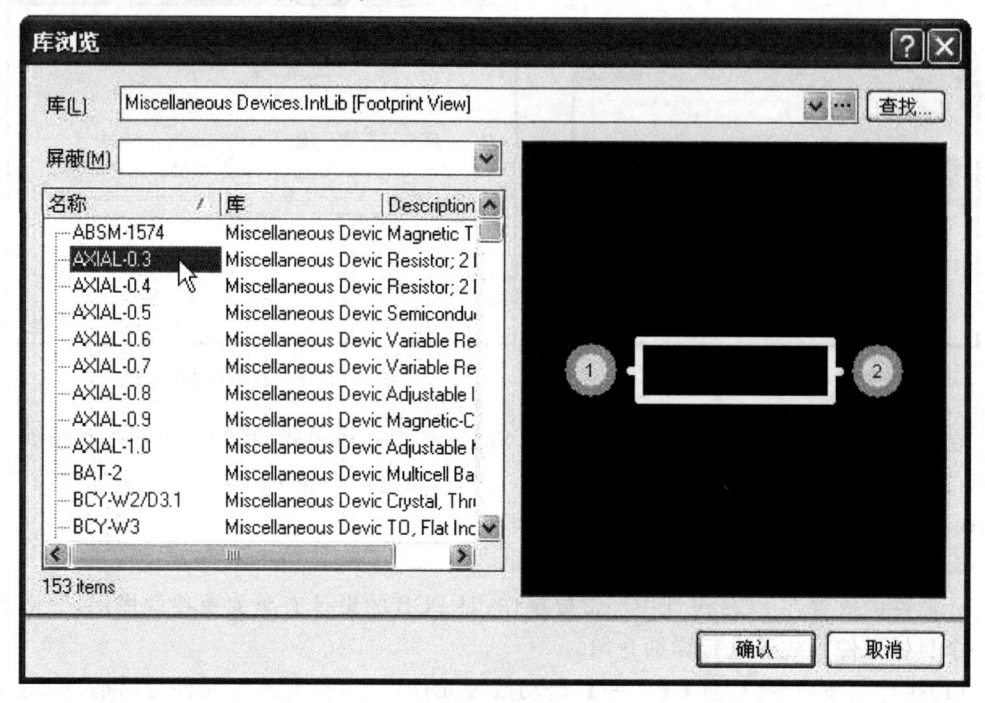

图 4-35 【库浏览】对话框

(4)单击确认按钮，关闭放置元件对话框。

(5)此时光标上黏附着一个封装为 AXIAL_0.4 的元器件轮廓，如图 4-36 所示。

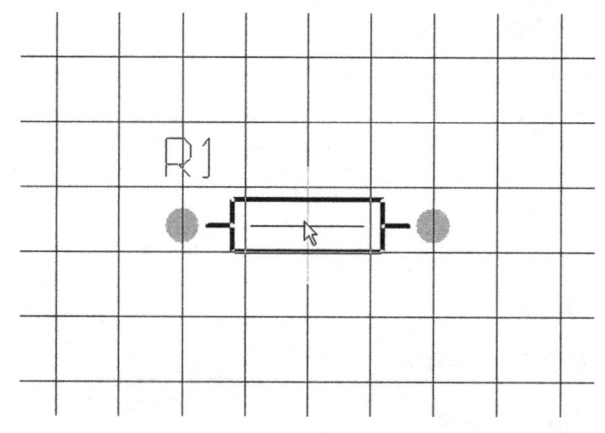

图 4-36 待放置的元件

(6)我们可以按键盘上的 Tab 键，打开元件属性对话框，如图 4-37 所示。

(7)在该对话框中可以对元器件的封装形式、序号、注释、放置的工作层、方向、位置等属性进行设置。

(8)单击元件属性设置对话框的"确认"按钮，移动元器件到需要放置的位置，单击左键，即可完成该元器件的放置。

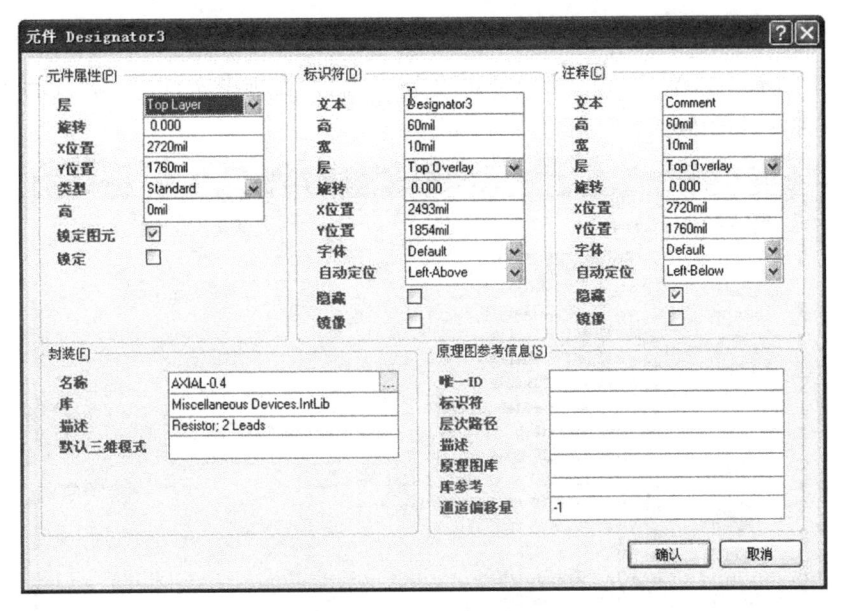

图 4-37 元件属性对话框

(9)继续单击左键,可实现对该元器件的连续放置.要退出单击鼠标右键.

★ 活动三 加载和删除 PCB 元件库

在 PROTEL DXP 中,元件库的加载和删除与 Protel 99 类似,有多种方法,现选择其中一种操作方法介绍如下:

1. 执行菜单命令【设计】/【追加删除元件库】,弹出如图 4-38 所示【可用元件库】对话框.

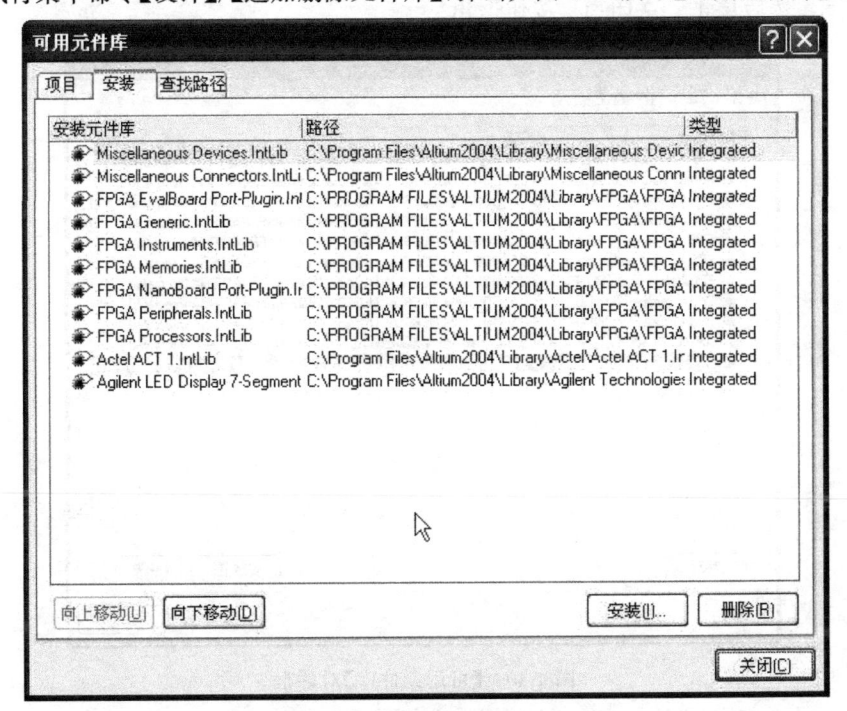

图 4-38 【可用元件库】对话框

2. 单击 安装(I)... 按钮,弹出如图 4-39 所示的库文件选择对话框。现在我们需要打开的库文件,比如 Actel\Actel 40MX.IntLib 文件,我们只要选中文件,单击 打开(O) 按钮,便可完成该库文件的安装。

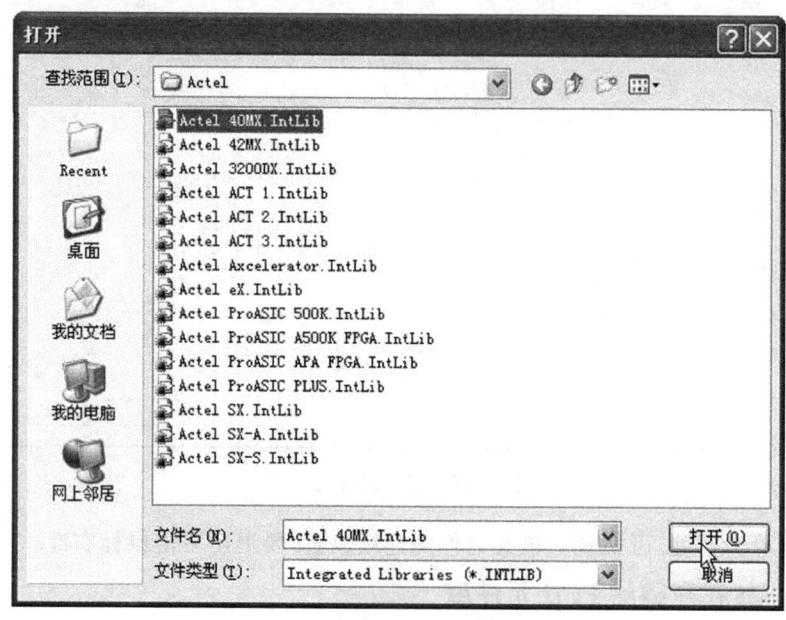

图 4-39 库文件选择对话框

3. 库文件安装完成之后,我们可以在可用元件库里面看到我们刚才加载的库文件。如图 4-40 所示。然后单击 关闭(C) 按钮退出。

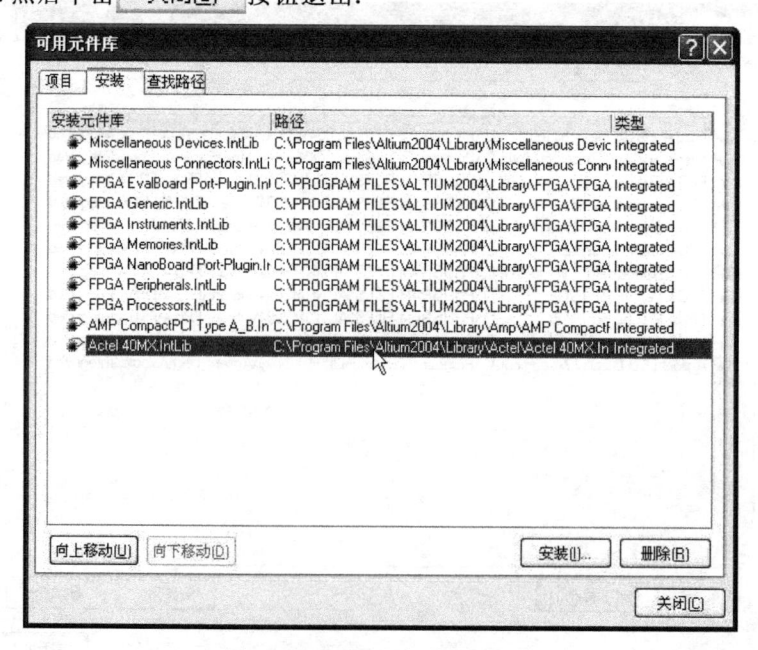

图 4-40 【可用元件库】对话框

4. 库文件的删除方法与加载方法类似。在可用元件库中选择需要删除的元件库按 删除(R) 按钮即可。

★ **活动四　导入网络表**

网络表是原理图与 PCB 联系的纽带,在 PROTEL DXP 2004 中,网络表的导入非常简单.以前面制作过的振荡器项目为例,进行说明,如图 4-41 所示.

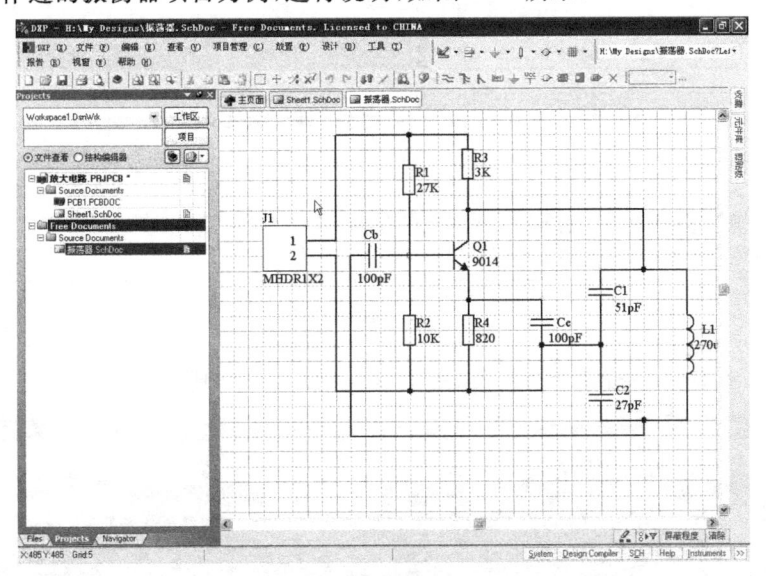

图 4-41　振荡器项目

1. 在已建设计项目中,创建 PCB 文件,设置好物理边界和电气边界,在 PCB 编辑状态下,执行菜单命令【设计】/【Import Changes From 振荡器.PrjPcb】,系统会弹出【工程变化订单(ECO)】对话框,如图 4-42 所示.

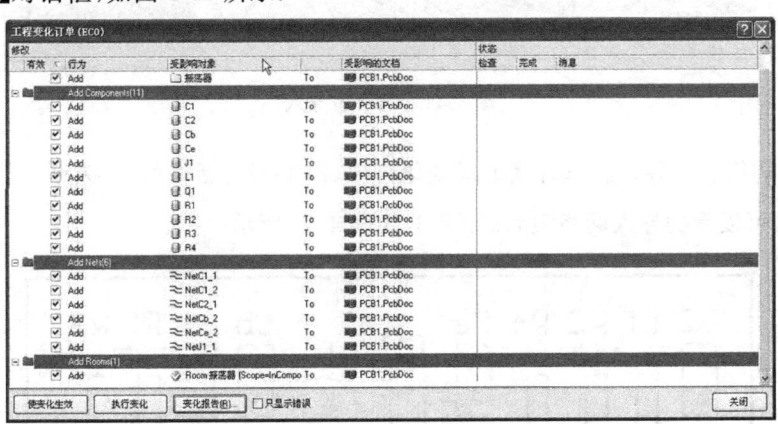

图 4-42　【工程变化订单(ECO)】对话框

2. 单击 使变化生效 按钮,进行状态检查,检查的状态会在【工程变化订单(ECO)】对话框的【状态】项目的"检查"一栏显示.根据检查信息修改错误,直到没有错误为止,如图 4-43 所示.

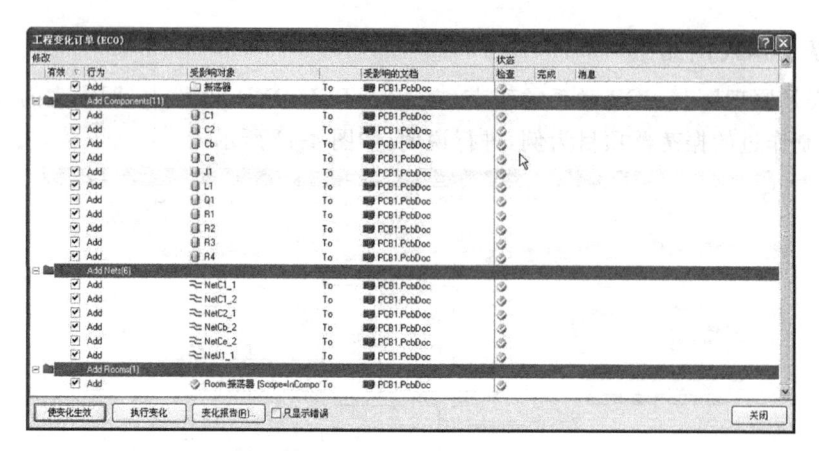

图 4-43　状态检查

3. 单击 执行变化 按钮,完成网络表的导入,如图 4-44 所示.

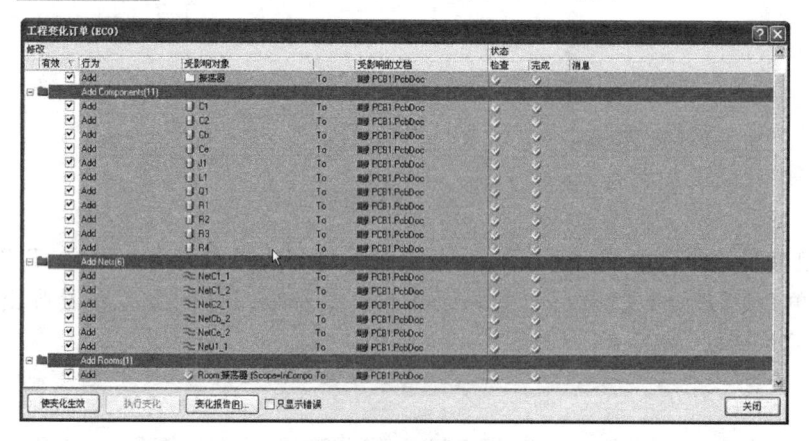

图 4-44　网络表导入

4. 完成网络表的导入后,单击【工程变化订单(ECO)】对话框的 关闭 按钮. 在 PCB 编辑状态下,可以看到导入网络表后的 PCB,如图 4-45 所示.

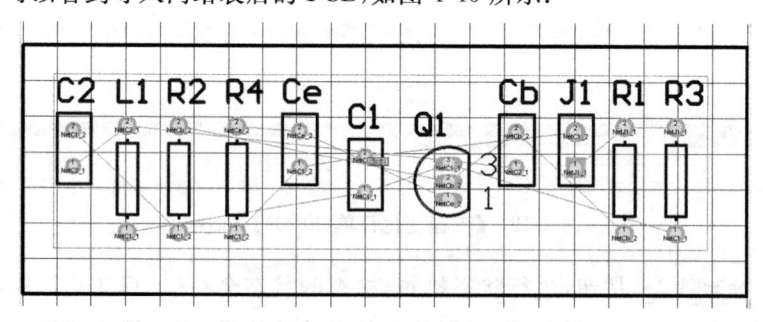

图 4-45　导入网络表后的 PCB

★ **活动五　元件布局**

在图 4-45 中,元器件的布局不能满足我们的要求,我们必须将元器件的位置作一些调整,即所谓的元器件布局. PCB 的布局一般先采用自动布局,然后根据电气特性及布线方便等手动调整元件布局. 元件布局的操作步骤如下:

1. 执行菜单命令【工具】/【放置元件】/【自动布局…】,弹出【自动布局】对话框,如图 4-46 所示.

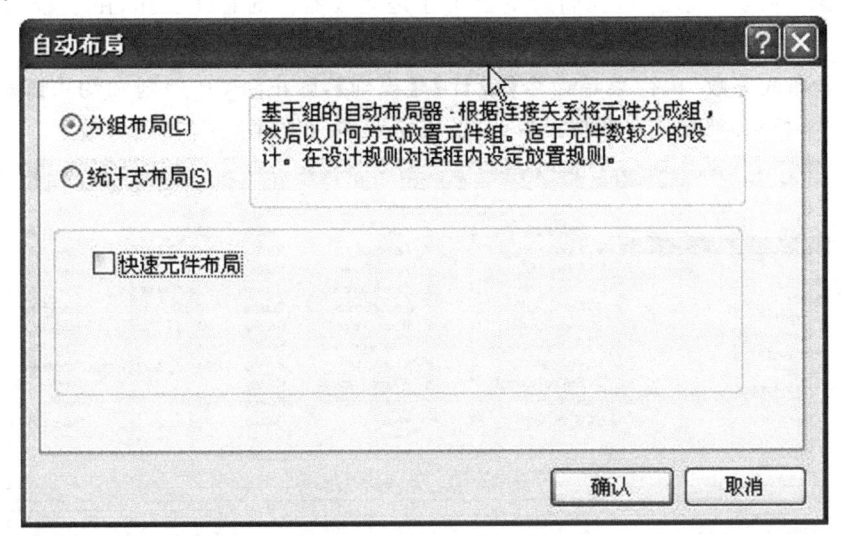

图 4-46 【自动布局】对话框

2. 选择"分组布局"选项,然后单击 确认 按钮,进行 PCB 布局,自动布局的结果如图 4-47 所示.

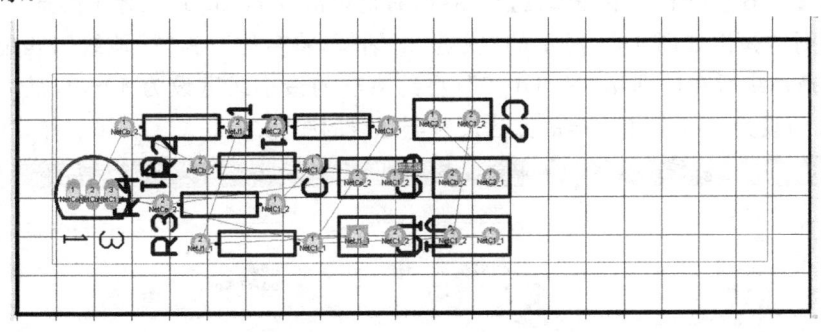

图 4-47 自动布局的结果

3. 元器件自动布局结束后,为了布局美观及电路连接需要,需要对 PCB 进行手动调整布局.本例因自动布局不理想,因此需要进行手动调整.手动布局的调整方法与原理图绘制中调整元器件的方法相同,这里不再赘述.手动调整后的布局如图 4-48 所示.

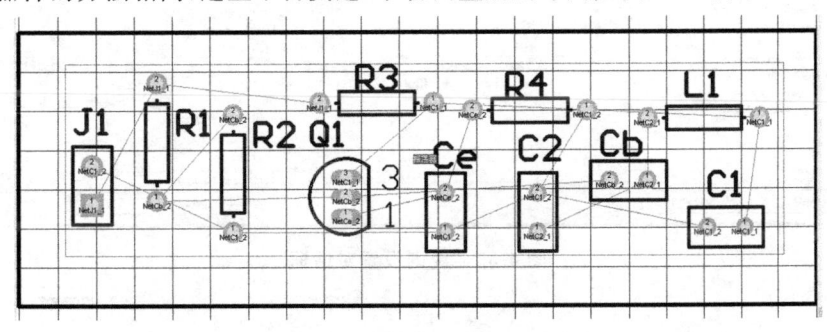

图 4-48 手动调整后的布局图

★ **活动六　元件布线**

在元器件布局完成之后,我们的重要工作是完成器件的布线工作,由于涉及的内容较多,我们仍然以具体的实例为例进行介绍,便于大家理解.执行步骤如下:

1. 设置布线参数.执行菜单命令【设计】/【规则】,弹出【PCB 规则和约束编辑器】对话框,如图 4-49 所示.通过该对话框设置线宽、安全距离、布线拐弯等布线参数.

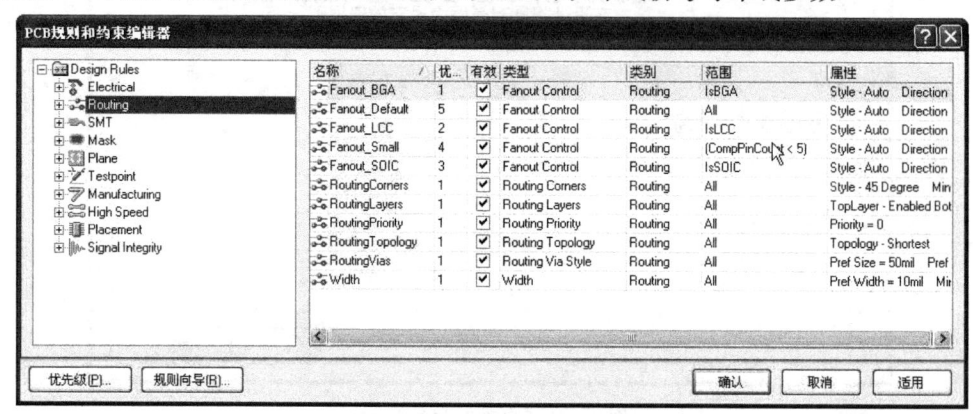

图 4-49　【PCB 规则和约束编辑器】对话框

2. 在这里我们简单地介绍一下线宽的设置.执行菜单命令【设计】/【规则】,弹出如图 4-50 所示的【PCB 规则和约束编辑器】对话框.右键单击"Width_1"在弹出的选择菜单中,选择"新建规则",弹出如图 4-51 所示的"线宽"对话框,将名称改为"接地线",匹配对象选择"网络",选择地线所在的网络"NetC1_2",将约束项的最小线宽设为 40mil,最大线宽设为 50mil,推荐值设为 45mil.用同样的方法设置电源线的线宽.

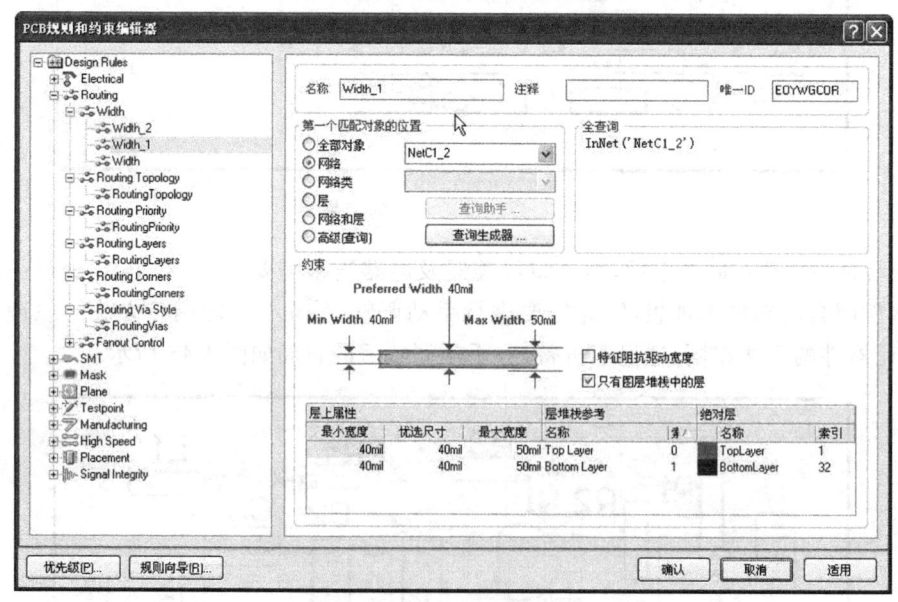

图 4-50　规则设置对话框

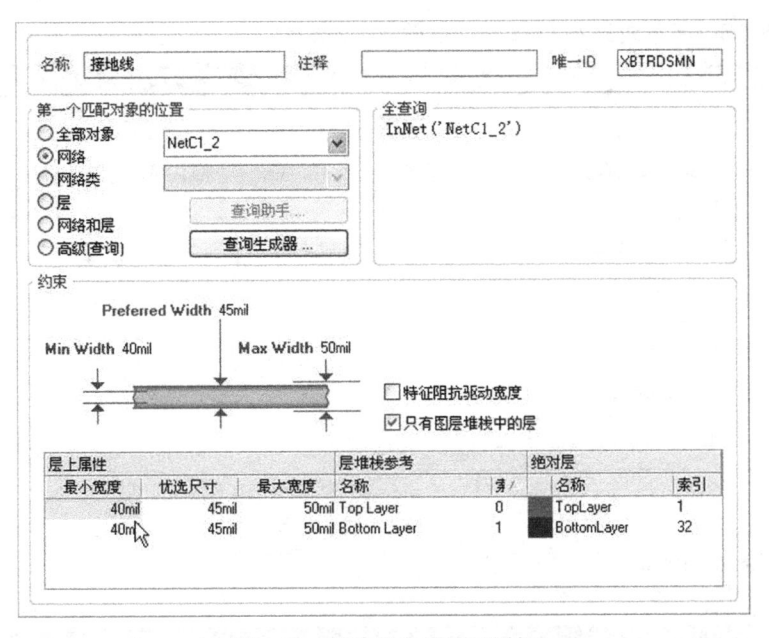

图 4-51 新建线宽设置对话框

3. 布线层的设置,单击图 4-50 中的"Routing Layers"选项,在右边窗口中将弹出【布线层设置】对话框,如图 4-52 所示,将"Top Layer"后面复选框中的"√"去掉,把布线层设为底层布线,完成后单击 确认 按钮,退出规则设置.

图 4-52 【布线层设置】对话框

4. 规则设置完成之后,可进行自动布线,进行布线操作.执行菜单命令【自动布线】/【全部对象】,弹出【Situs 布线策约】对话框,如图 4-53 所示.

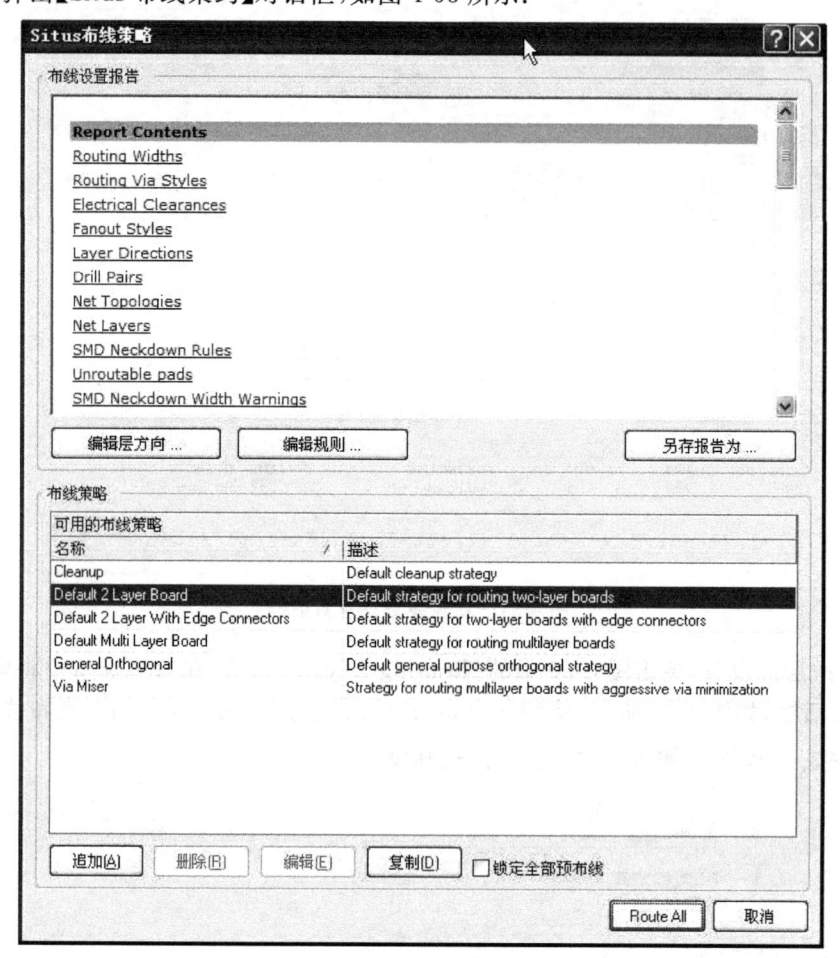

图 4-53 【Situs 布线策约】对话框

5. 单击 Route All 按钮,对 PCB 进行自动布线.自动布线结果如图 4-54 所示.

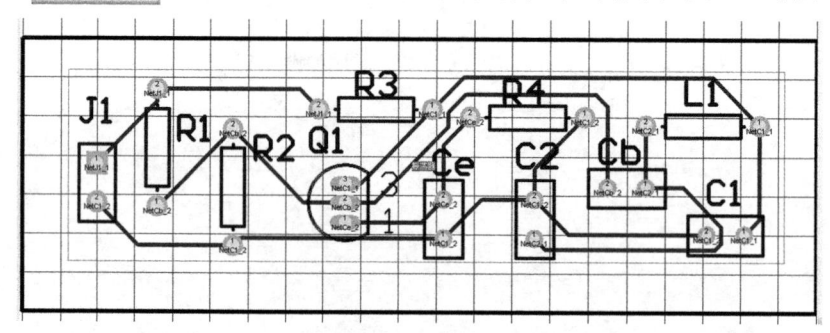

图 4-54 自动布线结果

6. 手动调整布线.在自动布线结束后,用户可以调整布线不合理的地方,进行手动调整,在本例中自动布线的结果比较理想,不需要进行手动调整.

任务五 综合实例

通过前面的介绍,我们对 PROTEL DXP 有了一定的了解,下面我们将通过一个具体的实例向大家介绍 PCB 的设计方法和设计步骤.

某两级放大电路原理图如图 4-55 所示,元件清单如图 4-56 所示,要求设计一块 5cm×5cm 的 PCB 板,铜膜线宽 0.5mm,间距 0.5mm,单面布线.

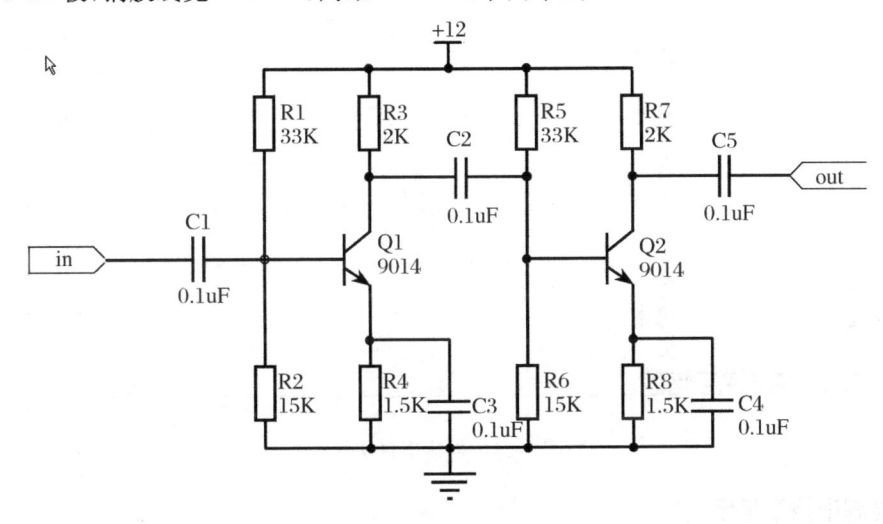

图 4-55 原理图

Description	Designator	Footprint	LibRef	Library Name
Capacitor	C1	RAD-0.3	Cap	Miscellaneous Devices.IntLib
Capacitor	C2	RAD-0.3	Cap	Miscellaneous Devices.IntLib
Capacitor	C3	RAD-0.3	Cap	Miscellaneous Devices.IntLib
Capacitor	C4	RAD-0.3	Cap	Miscellaneous Devices.IntLib
Capacitor	C5	RAD-0.3	Cap	Miscellaneous Devices.IntLib
NPN General Purpo	Q1	BCY-W3/E4	2N3904	Miscellaneous Devices.IntLib
NPN General Purpo	Q2	BCY-W3/E4	2N3904	Miscellaneous Devices.IntLib
Resistor	R1	AXIAL-0.4	Res2	Miscellaneous Devices.IntLib
Resistor	R2	AXIAL-0.4	Res2	Miscellaneous Devices.IntLib
Resistor	R3	AXIAL-0.4	Res2	Miscellaneous Devices.IntLib
Resistor	R4	AXIAL-0.4	Res2	Miscellaneous Devices.IntLib
Resistor	R5	AXIAL-0.4	Res2	Miscellaneous Devices.IntLib
Resistor	R6	AXIAL-0.4	Res2	Miscellaneous Devices.IntLib
Resistor	R7	AXIAL-0.4	Res2	Miscellaneous Devices.IntLib
Resistor	R8	AXIAL-0.4	Res2	Miscellaneous Devices.IntLib

图 4-56 元件清单

设计过程如下:
1.创建项目文件

执行菜单命令【文件】/【创建】/【项目】/【PCB 项目】,创建一个新的 PCB 项目,保存到硬盘上,并命名为"放大电路.PrjPCB".存放于 D:\放大电路\这个目录下.然后在项目中添加一个原理图文件,命名为"放大电路.SchDoc",保存在同一目录下,如图 4-57 所示.

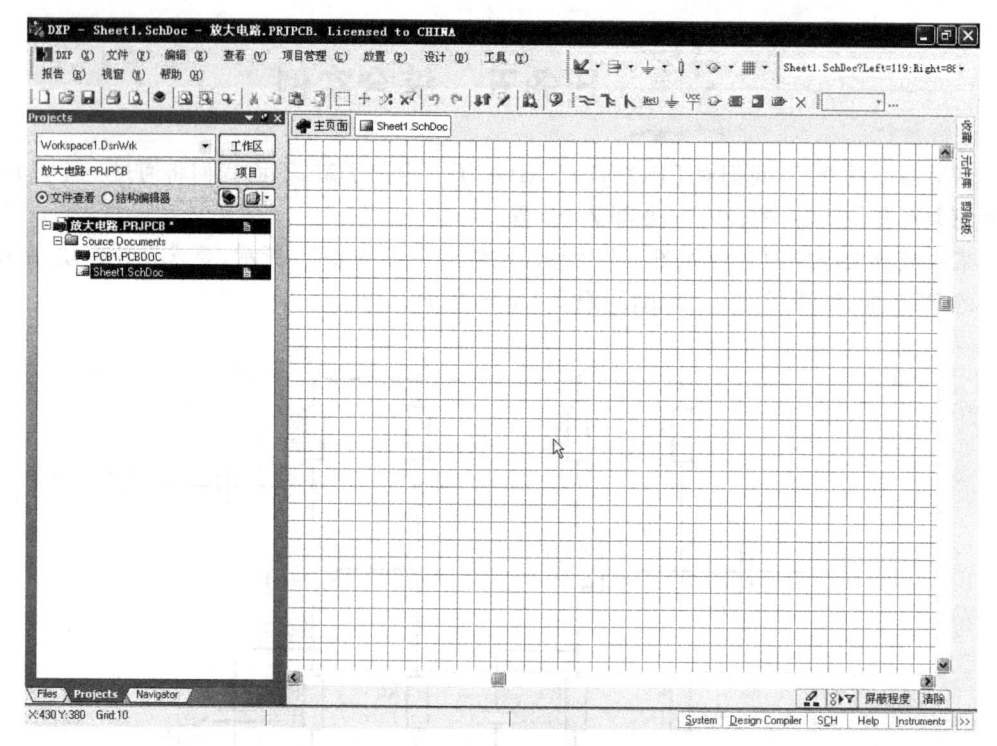

图 4-57　创建项目文件

2. 绘制电路原理图

在创建的原理图文件中,绘制好电路原理图,在绘制的过程中设置好元件的标号、封装形式等.同时为了实际应用的方便,可在信号输入端、输出端、电源接入端加入接线座.绘制好的电路原理图如图 4-58 所示.元器件列表如图 4-59 所示.

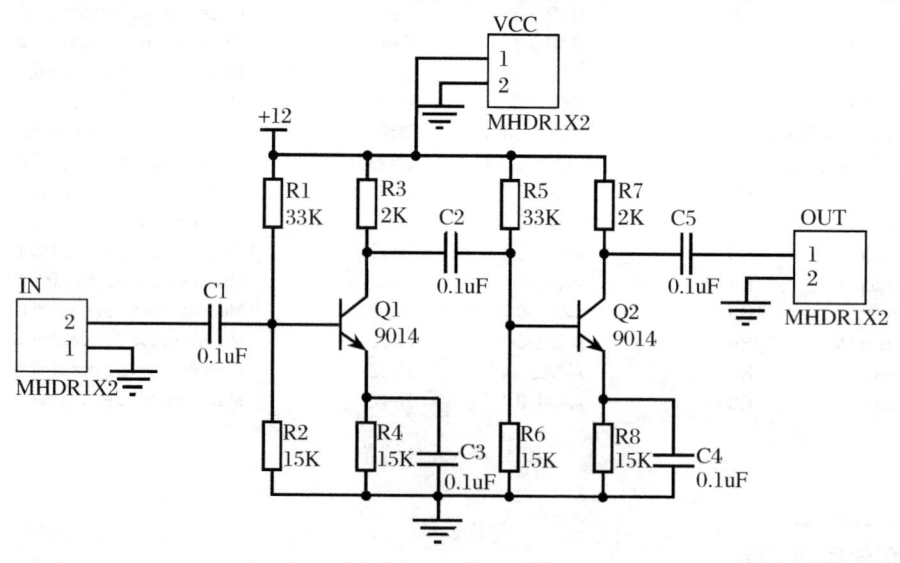

图 4-58　电路原理图

Description	Designator	Footprint	LibRef	Quantity
Capacitor	C1	RAD-0.3	Cap	1
Capacitor	C2	RAD-0.3	Cap	1
Capacitor	C3	RAD-0.3	Cap	1
Capacitor	C4	RAD-0.3	Cap	1
Capacitor	C5	RAD-0.3	Cap	1
Header, 2-Pin	IN	MHDR1X2	MHDR1X2	1
Header, 2-Pin	OUT	MHDR1X2	MHDR1X2	1
NPN General Purpo	Q1	BCY-W3/E4	2N3904	1
NPN General Purpo	Q2	BCY-W3/E4	2N3904	1
Resistor	R1	AXIAL-0.4	Res2	1
Resistor	R2	AXIAL-0.4	Res2	1
Resistor	R3	AXIAL-0.4	Res2	1
Resistor	R4	AXIAL-0.4	Res2	1
Resistor	R5	AXIAL-0.4	Res2	1
Resistor	R6	AXIAL-0.4	Res2	1
Resistor	R7	AXIAL-0.4	Res2	1
Resistor	R8	AXIAL-0.4	Res2	1
Header, 2-Pin	Vcc	MHDR1X2	MHDR1X2	1

图 4-59　元器件列表

3. 建立网络表文件

执行菜单命令【设计】/【设计项目的网络表】/【Protel】,系统自动生成设计项目的网络表文件"放大电路.NET",如图 4-60 所示。

图 4-60　网络表文件

4. 创建 PCB 文件

在项目下创建 PCB 文件,并保存为"放大电路.PcbDoc",由于是采用公制尺寸,我们需要对 PCB 板选择项进行相应设置.执行菜单命令【设计】/【PCB 板选择项】对 PCB 板选择项进行以下设置,如图 4-61 所示.

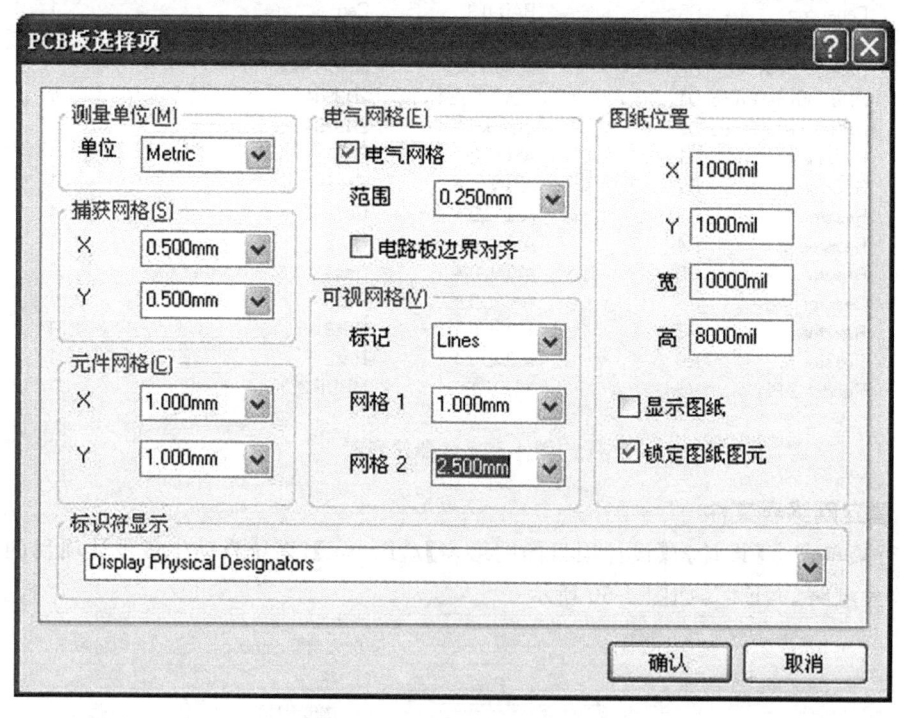

图 4-61　PCB 板选择项设置

5. 设定物理边界和电气边界

在本例中,我们只设定电气边界.将 PCB 编辑器的当前层置于 keep out lay 层,绘制一个 5cm×5cm 的电气边界,如图 4-62 所示.

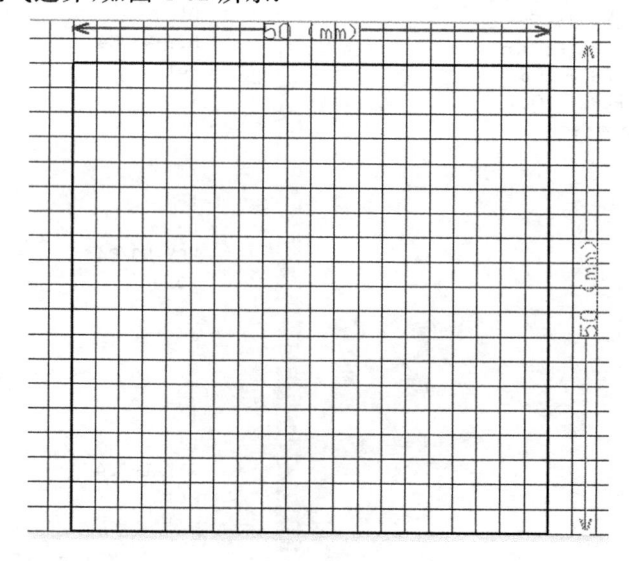

图 4-62　设定电气边界

6. 导入网络表及元器件

在 PCB 编辑状态下,执行菜单命令【设计】/【Import Changes From 放大电路.PrjPcb】,导入项目网络表,如图 4-63 所示.

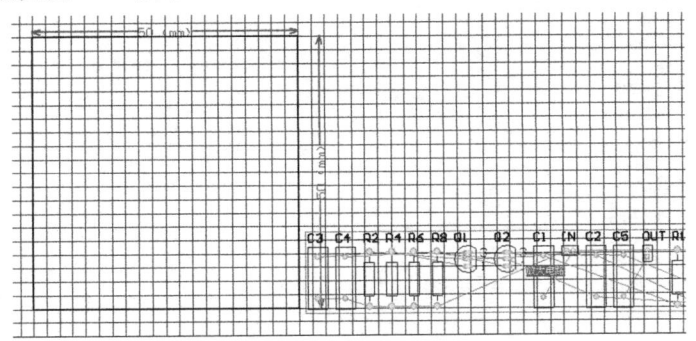

图 4-63 导入网络表后的 PCB 文件

7. 元件布局及调整

执行自动布局命令,并进行手工调整,完成布局之后的结果如图 4-64 所示.

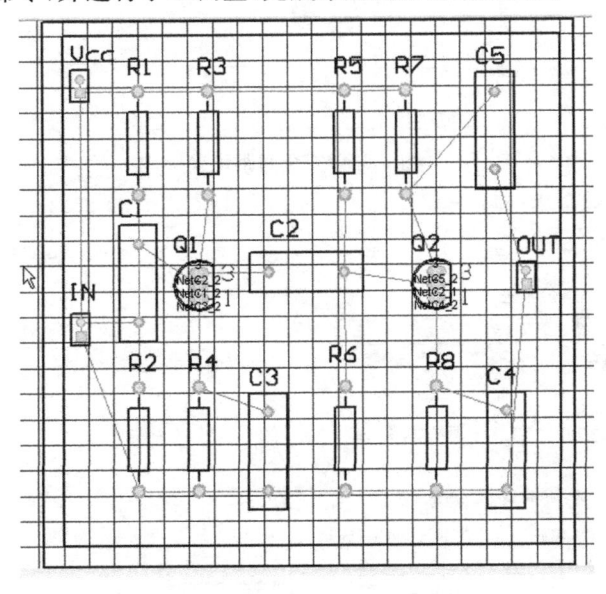

图 4-64 元器件布局图

8. PCB 布线

元件布局完成之后,可以进行布线规则设置,在本例中我们主要进行安全间距和线宽的设置.执行菜单命令设计规则,打开 PCB 规则和约束编辑器对话框.将安全间距设为 0.5mm,如图 4-65 所示.将线宽设为 0.5mm,如图 4-66 所示.将布线层设为底层,去掉 Top Layer 后复选框的"√",如图 4-67 所示.然后执行自动布线命令,执行结果如图 4-68 所示.对布线不合理的地方进行手动调整,最后布线结果如图 4-69 所示.

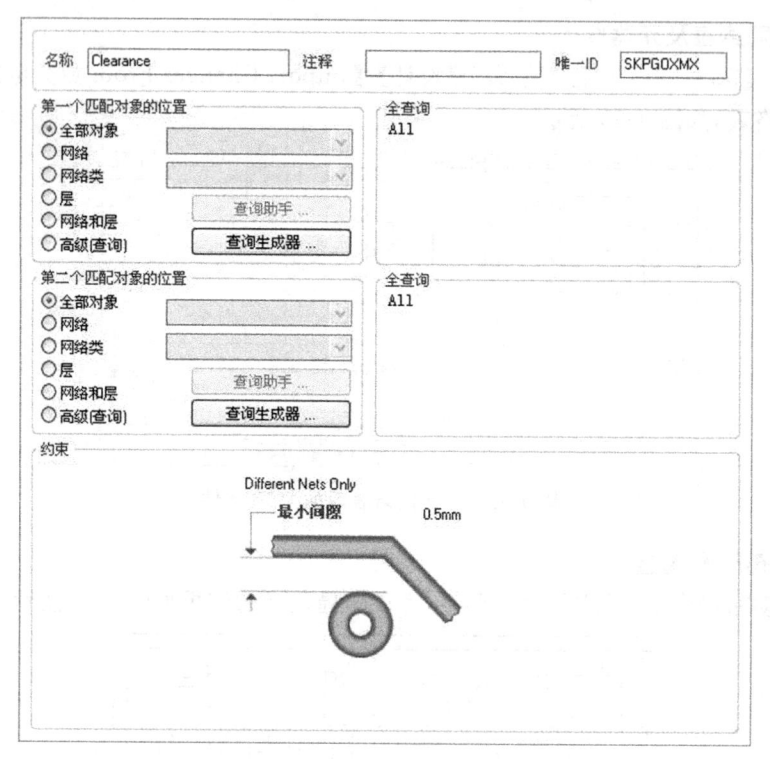

图 4-65　安全间距设置

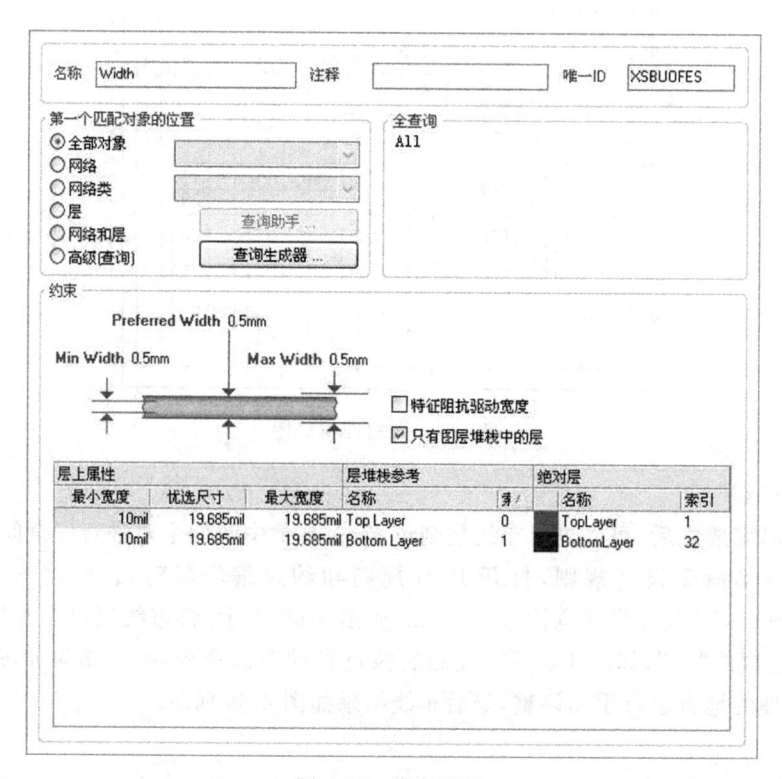

图 4-66　线宽设置

图 4-67　布线层设置

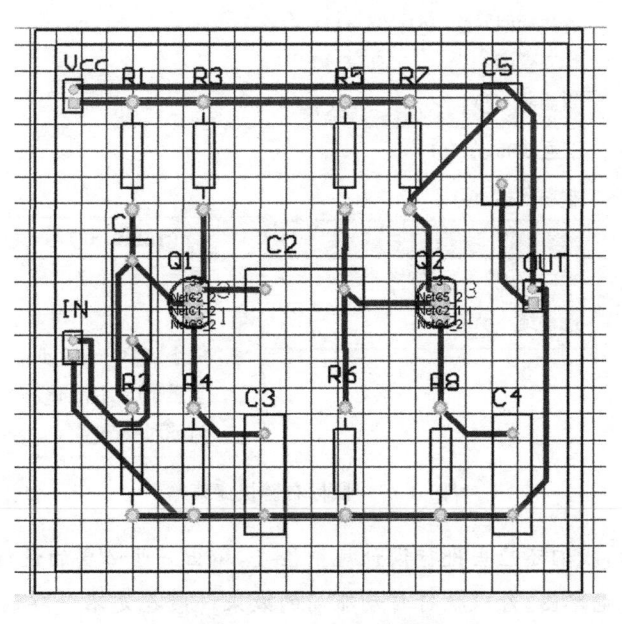

图 4-68　自动布线效果图

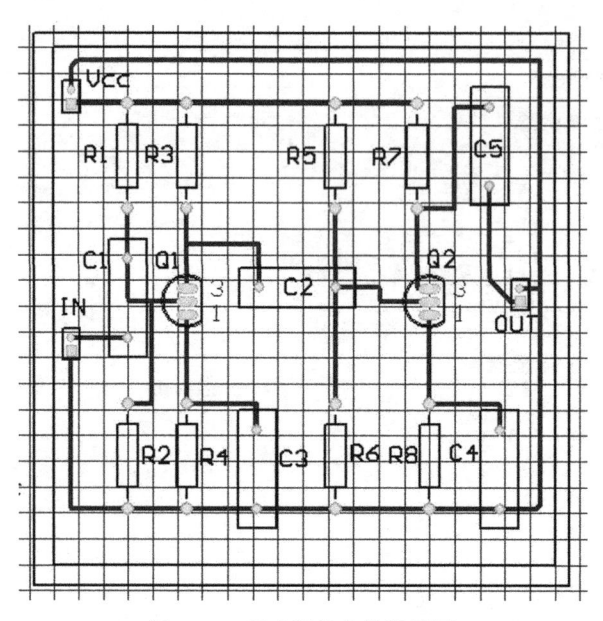

图 4-69 手动调整布线效果图

通过执行以上操作,我们已制作成了相应的 PCB 板,完成了相应的设计任务.

小贴士:

1. 在进行 PCB 设计的过程中,进入各设置选项,我们还可以通过在工作区点击鼠标右键来进行,如图 4-70 所示.

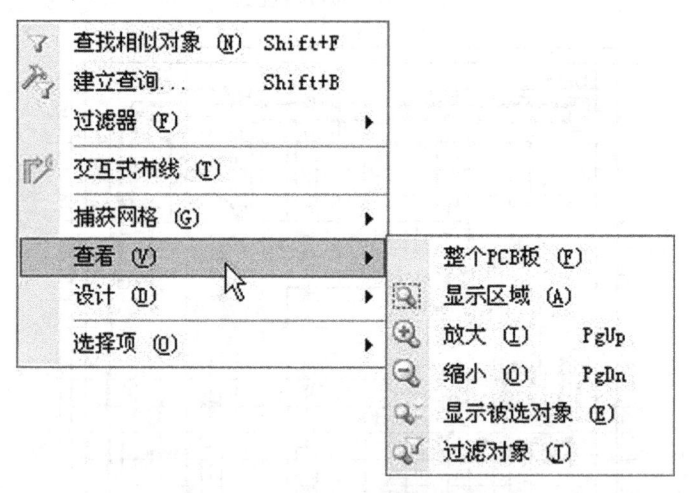

图 4-70 鼠标右键快捷菜单

2. 设计完成后,我们还应当进行设计规则检查,输出一些必要的设计文档.

3. 即使对同一电路图,每次执行自动布局的效果一般也是不一样的,因此,我们应当多进行几次自动布局,从而选择一个合理的布局.

知识拓展

1. 板层和颜色的设置

执行菜单命令【设计】/【PCB 板层次颜色】,打开【板层和颜色】对话框,如图 4-71 所示.

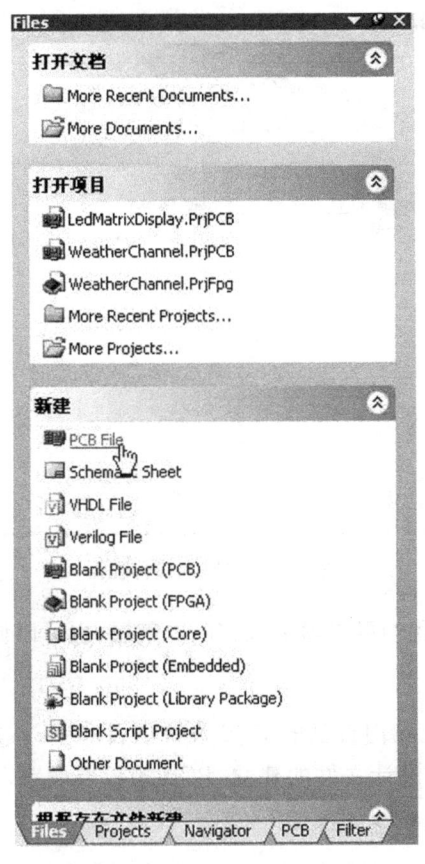

图4-71 【板层和颜色】对话框

PROTEL DXP 2004 的 PCB 编辑器的板层类型主要有 3 种.

◎电气层:主要包括信号层和内部电源/接地层.系统可以支持的信号层为 32 层,其中包括顶层(Top Layer)、底层(Bottom Layer)各 1 层,中间层(Mid-Layer)30 层;内部电源/接地层最多 16 层.信号层主要用于放置元件和布线,一般情况下,顶层用于放置元件,底层用于布线.电源/接地层主要用来放置电信号和接地符号.

◎机械层:机械层共有 16 层.机械层用于定义 PCB 的物理参数,如电路板的物理边界等.

◎特殊层:特殊层包括屏蔽层、丝印层和其他层.屏蔽层主要用于分割电路板上不希望镀焊锡的地方,主要有顶层锡膏层(Top Paster)、底层锡膏层(Bottom Paster)、顶层防焊层(Top Solder)、底层防焊层(Bottom Solder).丝印层包括顶层丝印层和底层丝印层,主要用于元器件注释和电路板设计完成后,放置作者信息及其他一些信息.其他层包括钻孔引导层(Drill Guide)、禁止布线层(Keep-Out Layer)、钻孔图层(Drill Drawing)和复合层(Multi-Layer).

在 PCB 设计中电气层的增加和移除可以通过层堆栈管理器来完成.执行菜单命令【设计】/【层堆栈管理器】可以打开如图 4-72 所示的【图层堆栈管理器】.

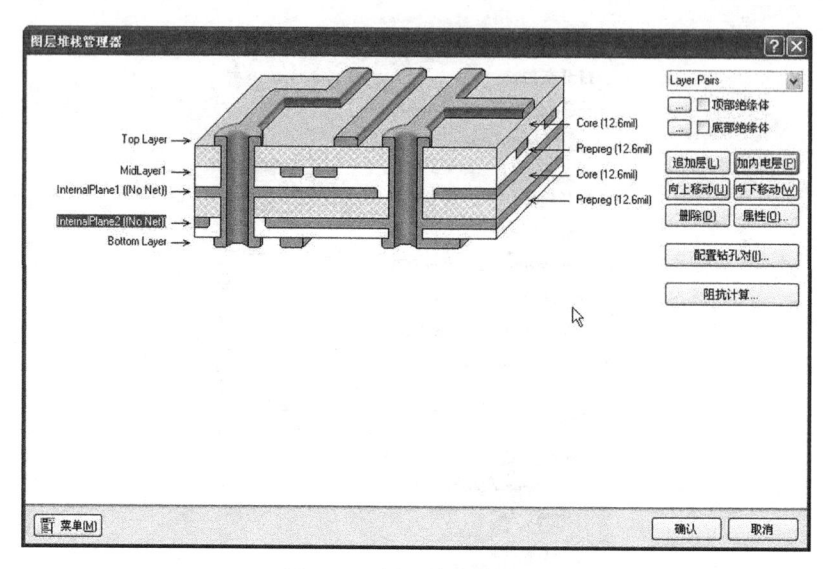

图 4-72 图层堆栈管理器

通过图层堆栈管理器,我们可以增加或移除电气层,也可以调整层之间的位置.

知识回顾

本项目学习了如何建立我们自己的 PCB 设计项目和 PCB 文件.主要包括有对 PCB 结构的认识,PCB 设计项目及设计文件的建立,PCB 的板层设置,布线规则的设置,网络表的导入以及元器件布局和自动布线的操作等.

上机练习

1. 在"我的文档"中建立 study. PrjPCB 项目文件,并在项目中建立一个名为:"study1. PcbDoc"的 PCB 文件.

2. 在 PCB 文件中练习 PCB 图件的放置、PCB 环境参数、PCB 编辑器参数的设置.

3. 给图 4-73 所示的调频发射电路制作 PCB 板.要求:底层布线,大小 4000mil×1300mil,线宽 15mil(其中电源、地 30mil).元件清单如表 4-1 所示.

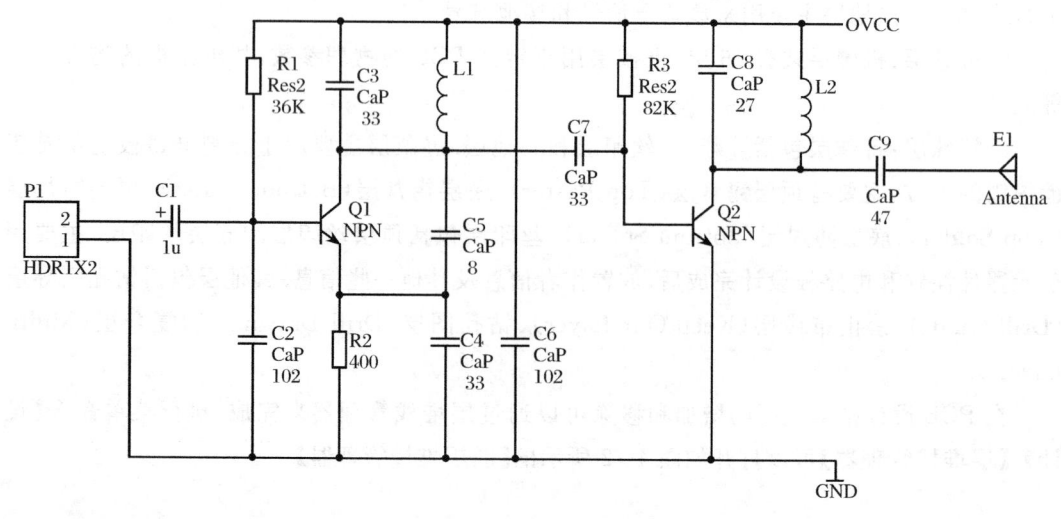

图 4-73 调频发射电路

表 4-1 元器件清单

Designator	Value	Footprint	LibRef	Quantity
C1	1u	CAPPA14.05-10.5x6.3	Cap Pol2	1
C2	102	RAD-0.3	Cap	1
C3	33	RAD-0.3	Cap	1
C4	33	RAD-0.3	Cap	1
C5	8	RAD-0.3	Cap	1
C6	102	RAD-0.3	Cap	1
C7	33	RAD-0.3	Cap	1
C8	27	RAD-0.3	Cap	1
C9	47	RAD-0.3	Cap	1
E1		PIN1	Antenna	1
L1	10mH	INDC1005-0402	Inductor	1
L2	10mH	INDC1005-0402	Inductor	1
P1		MHDR1X2	MHDR1X2	1
Q1		BCY-W3	NPN	1
Q2		BCY-W3	NPN	1
R1	36k	AXIAL-0.4	Res2	1
R2	400	AXIAL-0.4	Res2	1
R3	82k	AXIAL-0.4	Res2	1

评价

项目四 学习任务评价表

姓名			日期		
理论知识(20分)					师评
1. PROTEL DXP 2004 的 PCB 文件的扩展名是_____. 2. 自动布线使用_____命令. 3. 编辑布线规则使用_____命令. 4. 自动布局使用_____命令.					
技能操作(60分)					
序号	评价内容	技能考核要求			
1	完成上机练习题1	文件名和保存位置正确(10分)			
2	完成上机练习题2	能正确设置 PCB 参数会能完成 PCB 各图件的放置(20分)			
3	完成上机练习题3	会正确调用库文件 会正确调用 PCB 元件 能正确调用网络表 能对元器件进行合理布局 能根据要求进行规则设置 会自动布线(30分)			
学生专业素养(20分)			自评	互评	师评
序号	评价内容	专业素养评价标准			
1	学习态度(10分)	参与度好 团队协作好			
2	基本素养(10分)	纪律好 无迟到、早退			
综合评价					

项目五　制作 PCB 元器件封装

PCB 元器件封装对于印制电路板的设计成功非常重要. 如果制作或选择错误,将导致印制板制作完成后,电路元器件无法安装,造成印制板报废. 本项目将详细介绍制作元器件封装的方法和步骤,并通过实例的讲解让大家全面掌握使用 PROTEL DXP 2004 制作元器件封装的方法.

本项目学习目标

1. 知识目标

(1) 认识元器件封装库编辑环境;

(2) 知道元器件封装的创建方法.

2. 任务目标

(1) 会创建元器件封装;

(2) 能正确设置元器件封装属性.

通过前面的学习,大家已经知道在设计 PCB 印制电路图时,一般都是从元器件封装库中加载元器件封装,然后进行自动或手动设计. 但是由于新元器件的不断出现,同时元器件的封装也千差万别,所以经常会遇到元器件封装库中没有提供的元器件封装. 遇到这种情况,就需要利用 PROTEL DXP 2004 提供的元器件封装库编辑器,自己建立新的元器件封装或者为了自己使用的方便,将自己平时设计中常用的元器件封装放到自己的元器件封装库中.

任务一　认识 PCB 元器件编辑环境

一、任务描述

1. 情景导入

进行 PCB 元器件封装的制作前,必须先进入到 PCB 元器件封装库编辑环境,它是制作元器件封装的"加工基地",先让我们来认识一下元器件封装库编辑环境吧!

2. 任务目标

认识 PCB 元器件封装编辑环境,熟悉"工具"菜单和"放置"菜单中的各个命令的作用.

二、任务实施

★ **活动一　创建一个名为 MY.PCBLIB 的元器件库**

1. 选择【文件】/【创建】/【库】/【PCB 库】命令,将启动如图 5-1 所示元器件封装库编辑器,一个默认名为 PCBLIB1.PCBLIB 的新原理图库文件自动被创建(并自动生成有一个名为 PCBCOMPONENT_1 的新元器件).

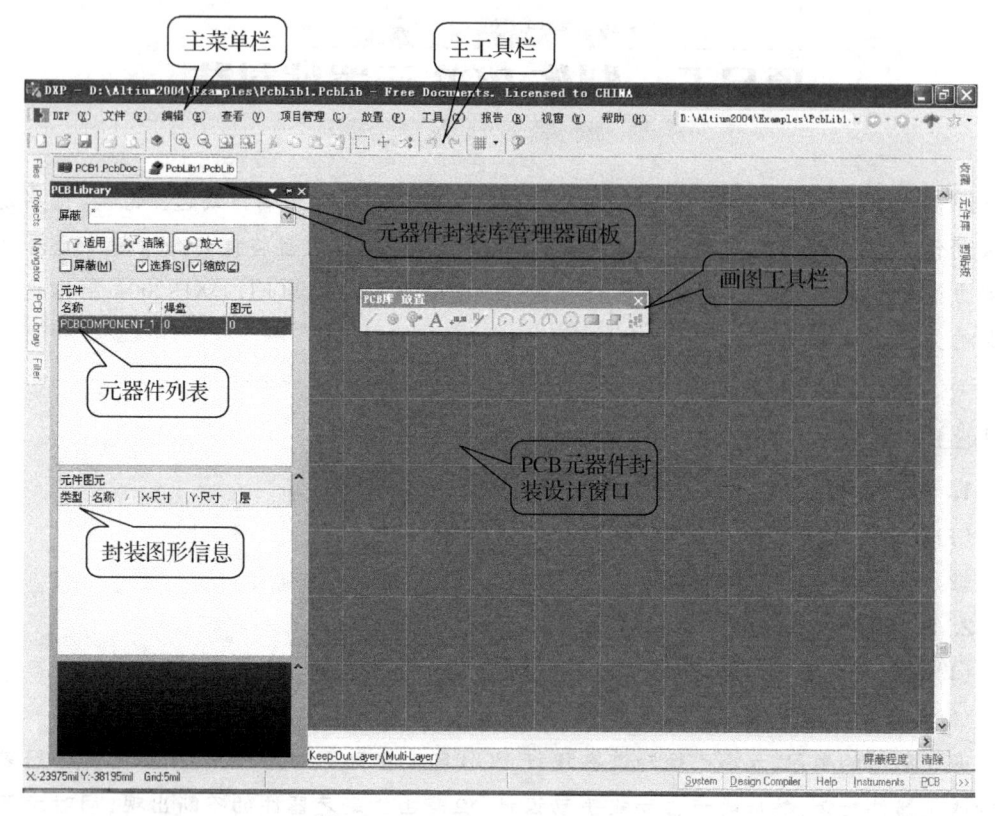

图 5-1　PCB 元器件封装库编辑界面

2. 选择【文件】/【保存】命令,指定 PCB 元器件封装库文件保存的位置,并将库文件名以 MY.PCBLIB 保存(库文件的扩展名为 .PCBLIB)。

★ **活动二　认识元器件封装库编辑环境界面**

想一想:我们对图 5-1 所示的元器件封装库编辑器界面是不是似曾相识呢?它与前面所学的 PCB 设计编辑器界面很相似吧!元器件封装库编辑器界面主要由元器件封装库管理器面板、主菜单栏、画图工具栏、主工具栏、设计窗口等组成。

1. 元器件封装库管理器面板

单击元器件封装库编辑管理器的"PCB Library"选项卡,可打开如图 5-2 所示的印制板图元器件封装库面板。

下面让我们一起来认识一下元器件封装库面板界面,它由 4 个部分组成,由上到下依次是【元器件封装信息控制】区域、【元器件】区域、【元器件图元】区域和【图元模型】区域。

2. 绘制元器件封装工具

PROTEL DXP 2004 提供了绘图工具、IEEE 符号工具和工具菜单下的命令来完成元器件绘制。

(1) 常用的"工具"菜单。

"工具"菜单中大多数命令在原理图库管理面板中都有相关命令,但有些命令是特有的,这些命令如图 5-3 所示。

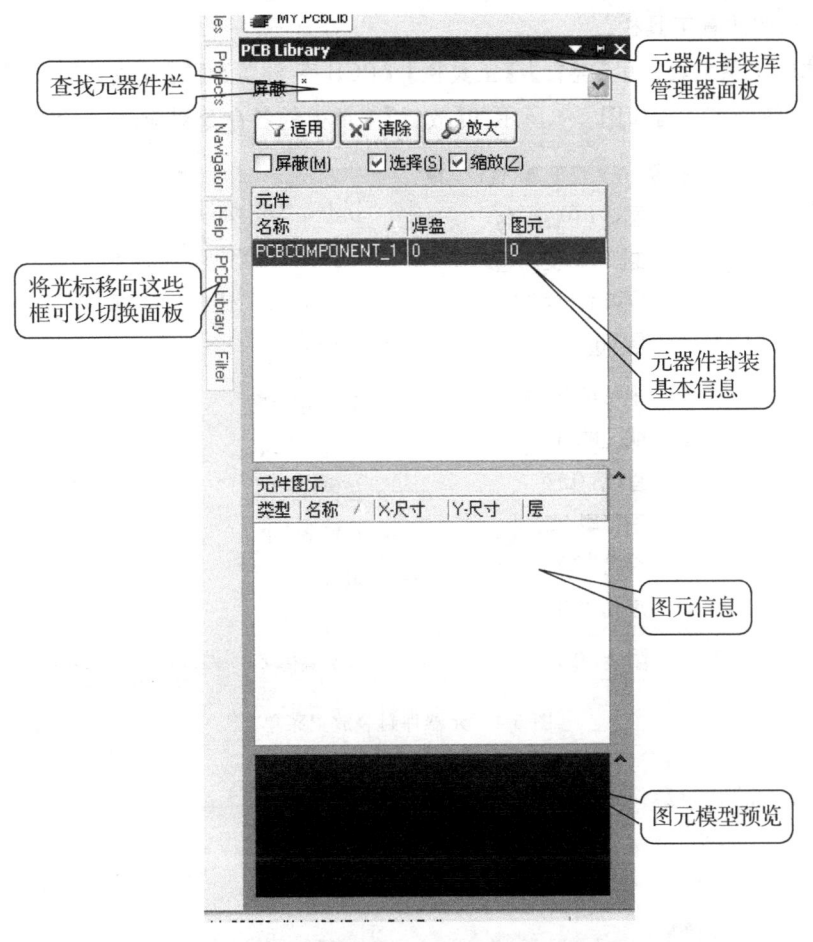

图 5-2　PCB 印制板图元器件封装库面板界面

图 5-3　元器件封装工具菜单

(2)常用的放置工具栏.

通过选取实用工具栏里【查看】/【工具栏】/【PCB库 放置】可打开或关闭如图5-5所示的放置工具栏,各个工具与如图5-4所示的【放置】菜单上的各命令对应.

图5-4 元器件封装放置菜单

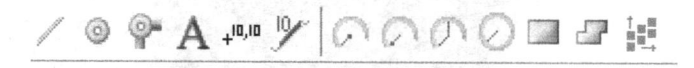

图5-5 元器件封装放置工具栏

任务二　手工绘制 PCB 元器件

一、任务描述

1. 情景导入

经过前面的学习,大家是不是很想亲自动手来绘制一个 PCB 元器件封装了呢？接下来让我们一起来绘制一个 PCB 元器件封装吧！

2. 任务目标

(1)熟悉制作 PCB 元器件封装的步骤.
(2)会自己绘制 PCB 元器件封装.
(3)会设置 PCB 元器件的封装属性.

二、任务实施

★ *活动一　绘制 PCB 元器件封装的一般步骤*

1. 新建一个 PCB 元器件封装库.
2. 修改 PCB 元器件封装名称.
3. 设置合适的参数.
4. 放置 PCB 元器件焊盘.

5. 绘制 PCB 元器件封装外形.

6. 设置参考点并保存 PCB 元器件封装.

★ 活动二　绘制一个名为"按钮开关"的 PCB 元器件

要求:焊盘为圆形,焊盘内径为 40mil,外径为 80mil,元器件具体尺寸如下图 5-6 所示:

1. 新建一个 PCB 元器件封装库

打开前面创建的 MY.PCBLIB 封装库文件,进入封装库编辑器,当前默认的是即将制作的新元器件,名称为 PCBCOMPONENT_1.

2. 修改 PCB 元器件封装名称

单击【工具】/【元器件属性】命令,将弹出如图 5-7 的元器件属性对话框,将元器件改名为"按钮开关".

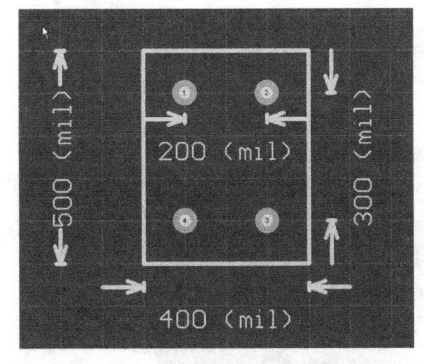

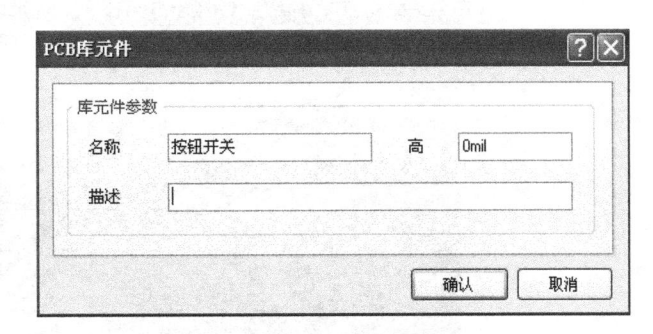

图 5-6　"按钮开关"元器件封装　　　　图 5-7　PCB 元器件封装属性对话框

3. 设置合适的电气网格和可视网格

单击【工具】/【库选择项…】命令,将弹出 PCB 板选择项对话框,可参考图 5-8 进行设置.

如果要显示可视网格 1,还要单击【工具】/【层次颜色…】命令,将弹出板层和颜色对话框,再将系统颜色中的 Visible Grid 1 选项打上√即可.

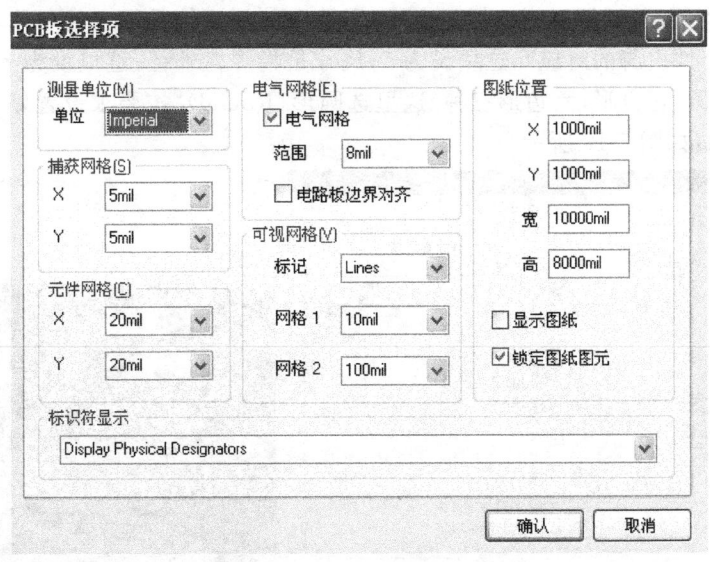

图 5-8　设置 PCB 板选项对话框

4. 放置 PCB 元器件焊盘

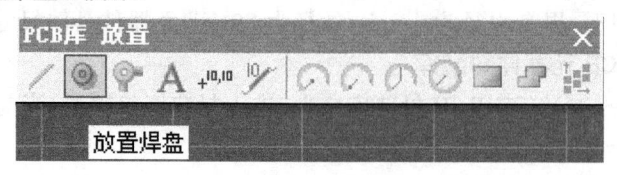

(1) 在工具栏上单击 ⊙ 放置焊盘 图标,或单击【放置】/【焊盘】命令,就可以开始放置焊盘,如图 5-9 放置焊盘 1 所示。

图 5-9 放置焊盘 1

(2) 进入放置焊盘模式后,这时鼠标指针会出现一个大十字符号和一个带有一个数字的焊盘,如图 5-10 放置焊盘 2 所示。

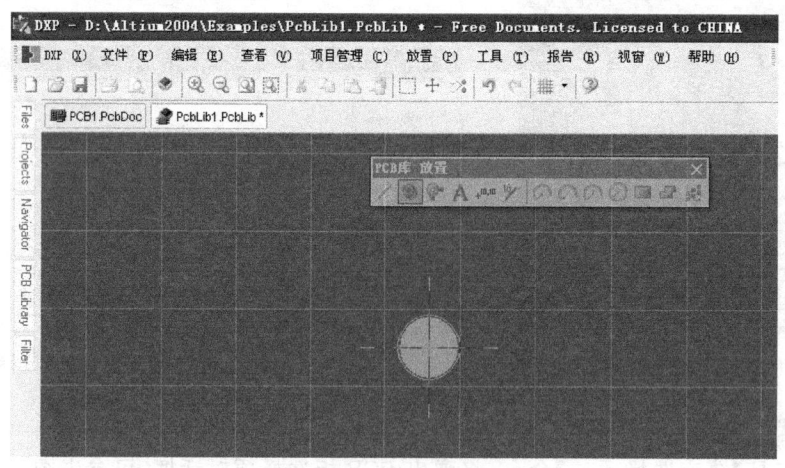

图 5-10 放置焊盘 2

在放置焊盘前按 Tab 键,则打开如图 5-11 焊盘属性对话框。其中孔径是指焊盘内径大小,这里设为 40mil;位置用于指定焊盘坐标;属性中的标识符是焊盘的名称(注意与元器件符号库相同元器件引脚的对应),这里设为 1;尺寸是指焊盘外径,这里设为 80mil;形状是指焊盘形状(可选圆,正方形,六边形三种)这里选圆形(Round)。按要求设置好焊盘属性,放置焊盘 1 到焊盘 4,如图 5-12 所示。

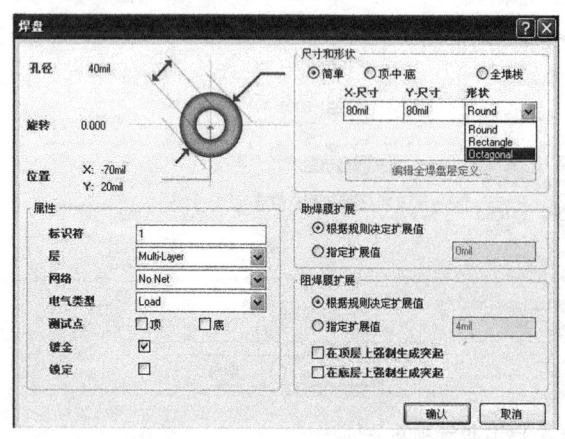

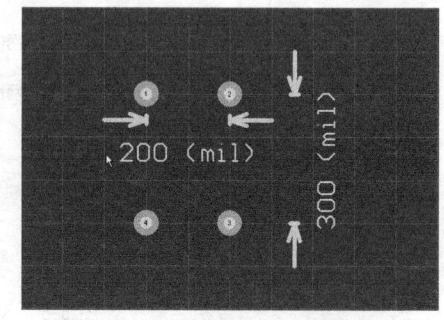

图 5-11 焊盘属性对话框   图 5-12 放置好的"按钮开关"焊盘

5. 绘制 PCB 元器件封装外形

先选择 PCB 元器件封装界面下方的"Top Overlay"层,用【直线】工具绘制直线和斜线.注意线条颜色默认为黄色.在用直线工具绘制任意角度斜线时,可同时按下"Shift"键和"空格"键进行转换.

6. 设置参考点并保存 PCB 元器件封装

(1) 要能正常调用自制元器件封装,必须设定参考点.单击【编辑】/【设定参考点】,可选择"引脚1""中心""位置"三项设定选项,一般可选择"引脚1",如图 5-13 所示.

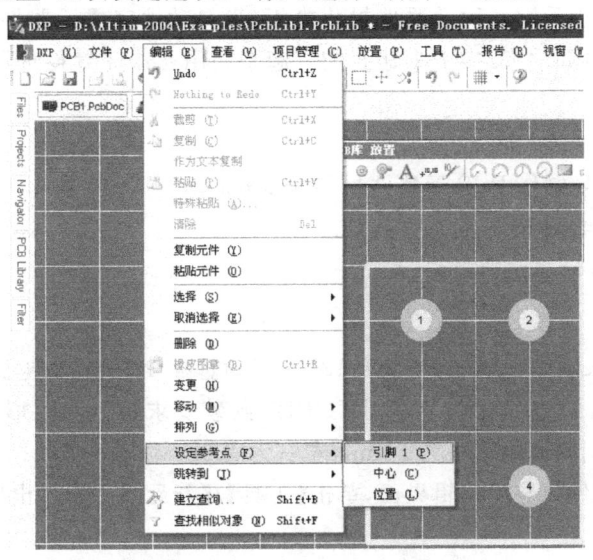

图 5-13 设置元器件封装参考点

(2)单击工具栏上的【保存】按钮.

这样一个名为"按钮开关"的 PCB 元器件封装就制作好了! 现在可以查看一下元器件库管理器,如图 5-14 所示,其中一个名为"按钮开关"的元器件封装已经添加到了 MY.PCBLIB 库中.若要接着做下一个元器件,可单击【工具】/【新元器件】命令.

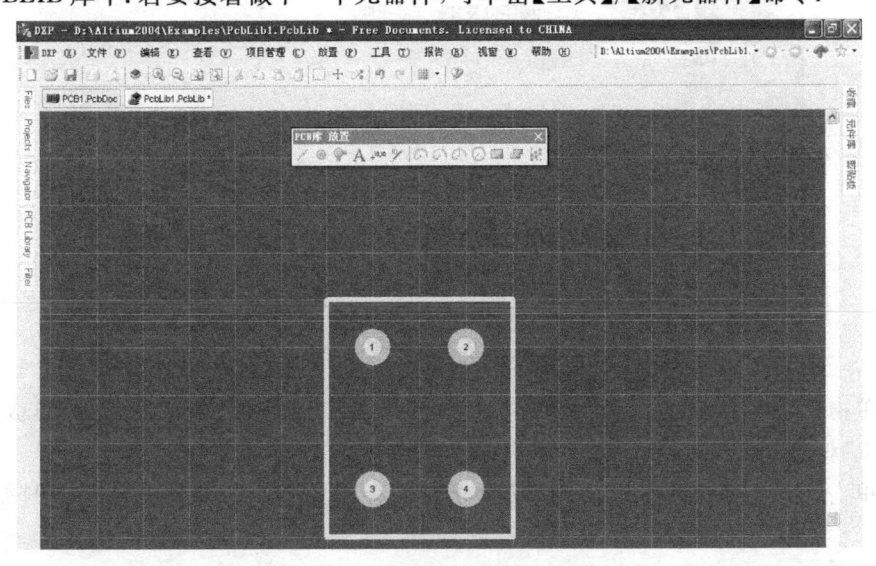

图 5-14 完成的"按钮开关"封装

任务三 利用向导绘制 PCB 元器件

一、任务描述

1. 情景导入

PROTEL 2004 DXP 除了可以手工绘制元器件封装外,还可以利用元器件封装制作向导绘制封装。它相当于采用各种元器件封装模板,半自动地完成元器件封装制作,可以提高元器件封装制作质量和效率。接下来让我们一起来利用元器件封装向导来绘制一个 PCB 元器件封装吧!

2. 任务目标

(1)熟悉利用向导制作 PCB 元器件封装的步骤。
(2)会利用向导绘制 PCB 元器件封装。
(3)会调用 PCB 元器件的封装。

二、任务实施

下面我们一起来制作一个名为"TOP12"的双列直插 12 脚集成电路的封装并将封装库"My PcbLib"载入到 PCB 板设计界面。"TOP12"封装要求焊盘为圆形,焊盘内径为 30mil,焊盘外径为 60mil,引脚间距上下为 80mil,左右为 400mil。

1. 在 PCB 元器件封装库编辑界面,单击【工具】/【新元器件】,就出现元器件封装向导对话框,如图 5-15 所示。

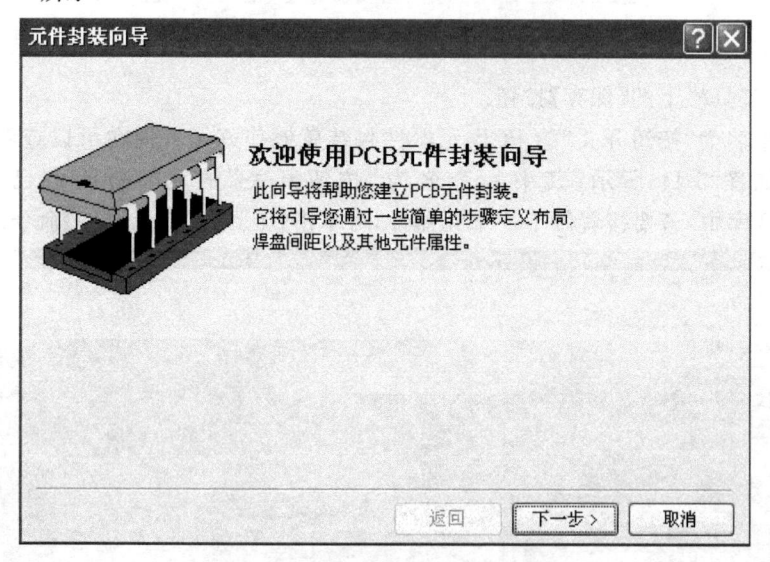

图 5-15 PCB 元器件封装向导对话框

2. 单击【下一步】,选择元器件封装类型(电阻、电容、二极管、集成电路等)模板,这里选择为"DIP"双列直插式封装,如图 5-16 所示。

3. 单击【下一步】,指定焊盘尺寸,按要求将内径设为 30mil,外径设为 60mil,如图 5-17 所示。

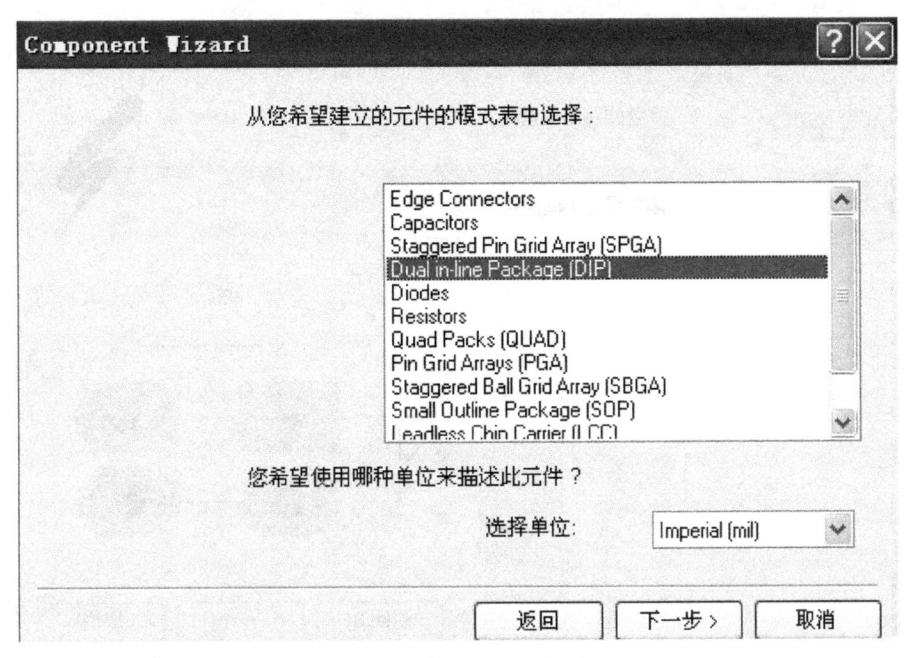

图 5-16　选择元器件封装类型

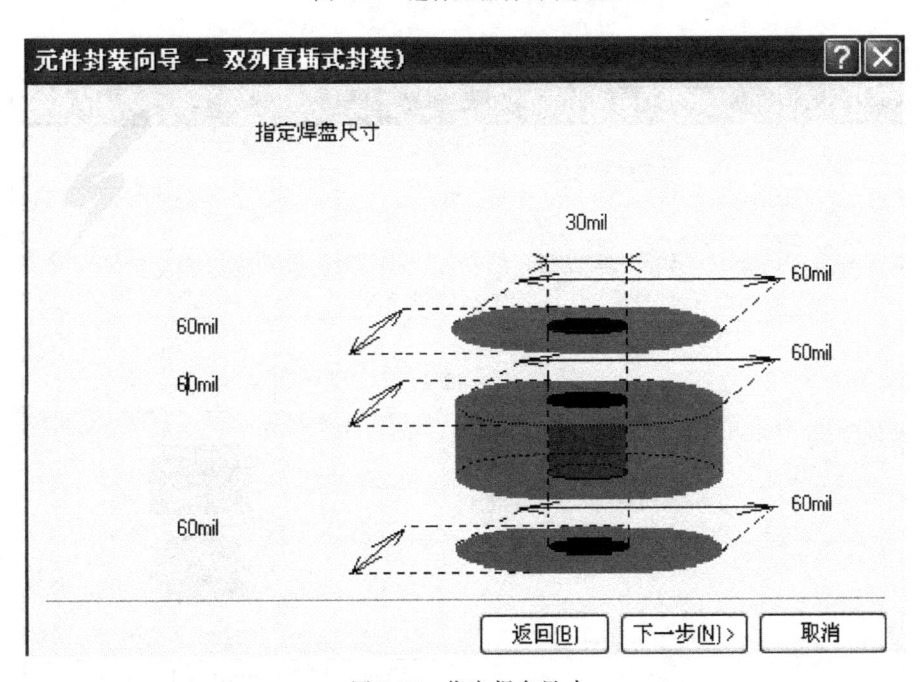

图 5-17　指定焊盘尺寸

4. 单击【下一步】,指定焊盘相对位置,按要求将焊盘间距值设为 80mil 和 400mil,如图 5-18 所示.

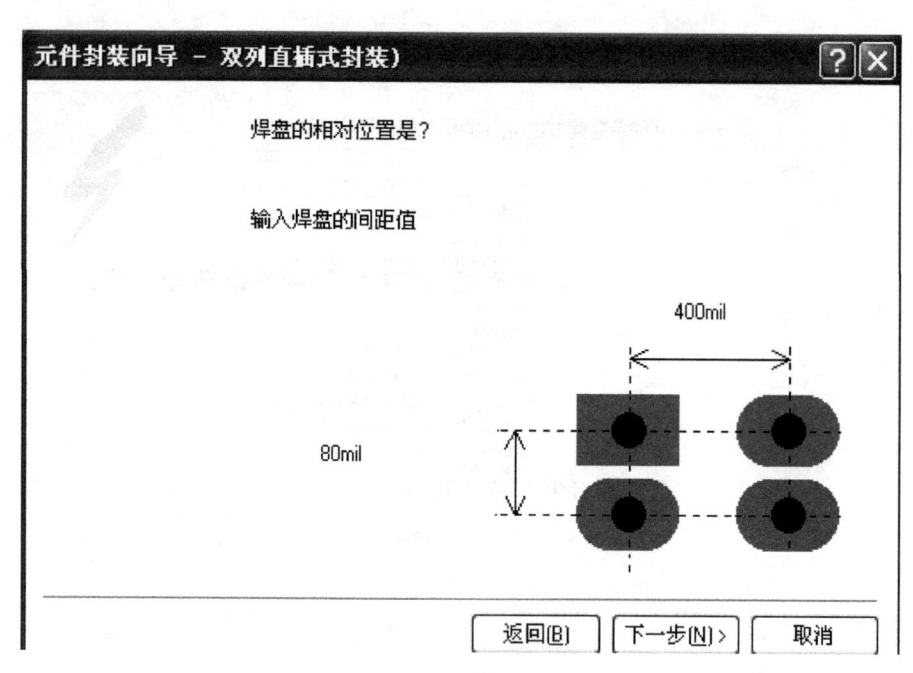

图 5-18　指定焊盘相对位置

5. 单击【下一步】,指定轮廓线宽,设为默认值 10mil,如图 5-19 所示。

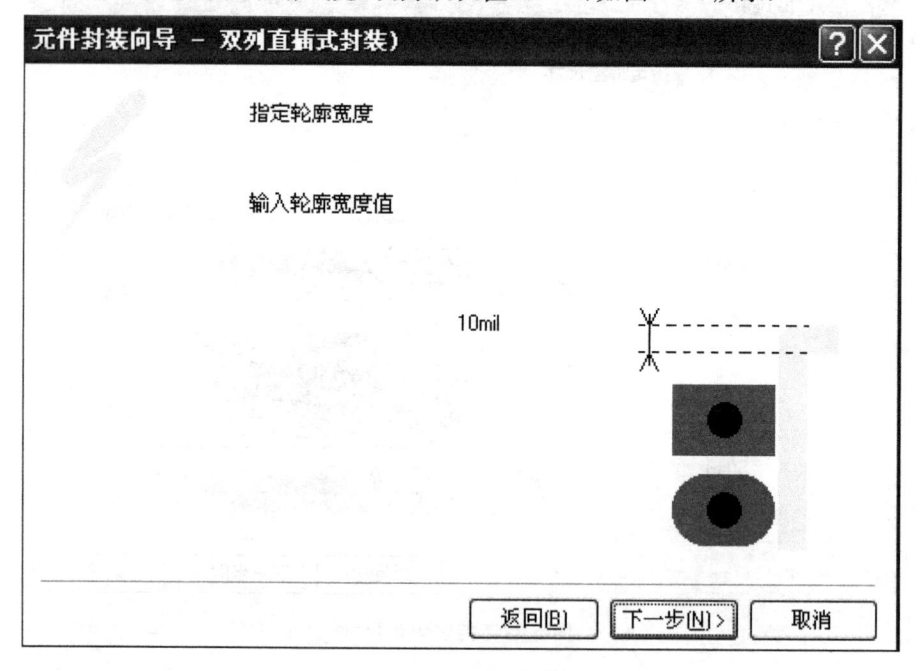

图 5-19　指定轮廓线宽

6. 单击【下一步】,指定焊盘数,设为 12,如图 5-20 所示。

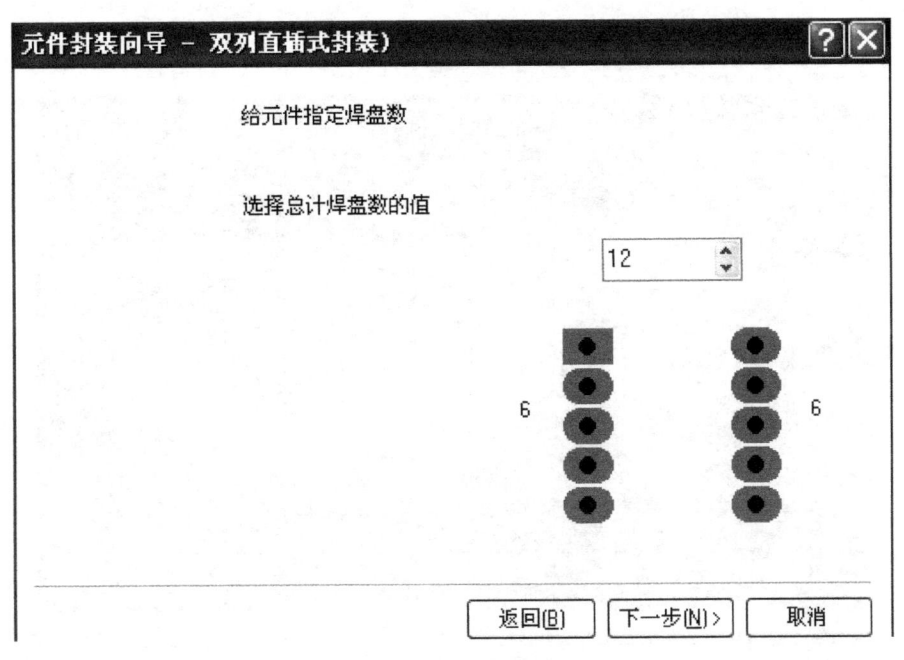

图 5-20　指定焊盘数

7. 单击【下一步】，指定元器件名称，设为"TOP12"，如图 5-21 所示。

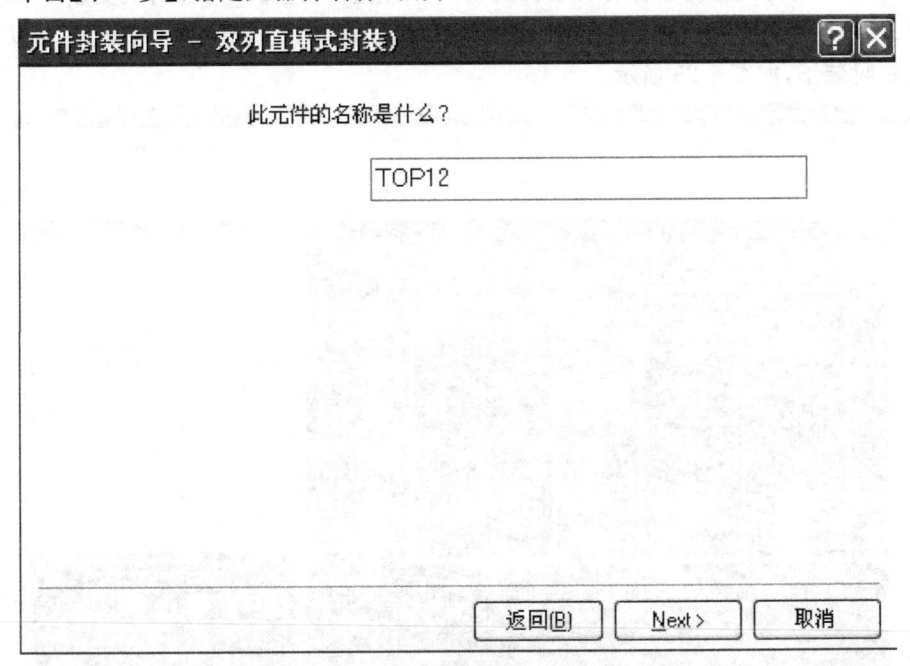

图 5-21　指定元器件名称

8. 单击【下一步】，再单击"Filish"按钮，此时编辑器界面将出现名为"TOP12"的双列直插 12 脚集成电路的封装，如图 5-22 所示。

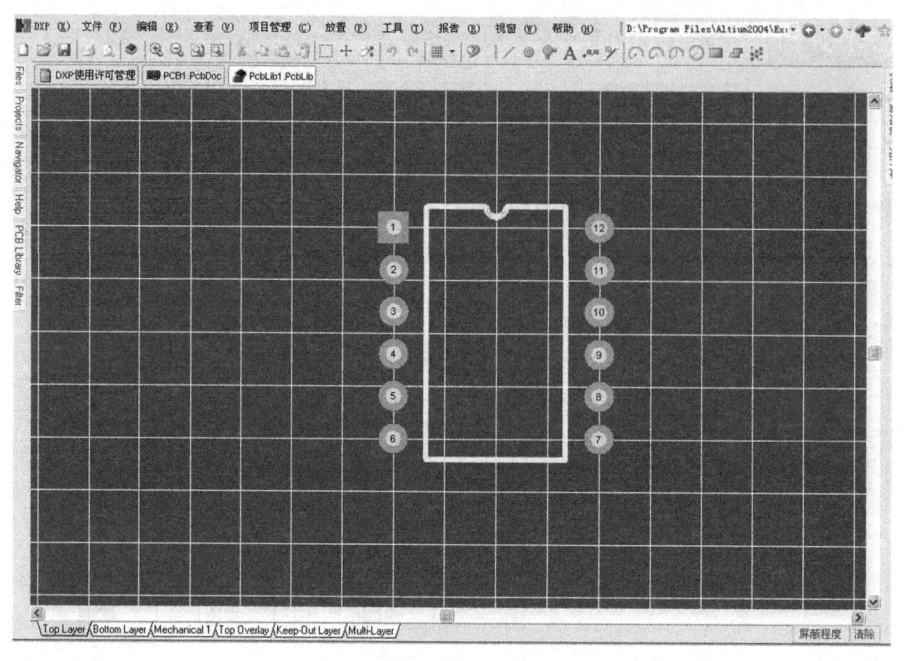

图 5-22 完成的双列直插 12 脚集成电路的封装

9. 单击【文件】/【保存】,保存元器件封装.再单击【工具】/【以当前封装更新 PCB】按钮,此时 PCB 设计界面就已经加载了自制封装库的封装.这时在 PCB 设计界面,就可以看到并调用自制封装了,如图 5-23 所示.

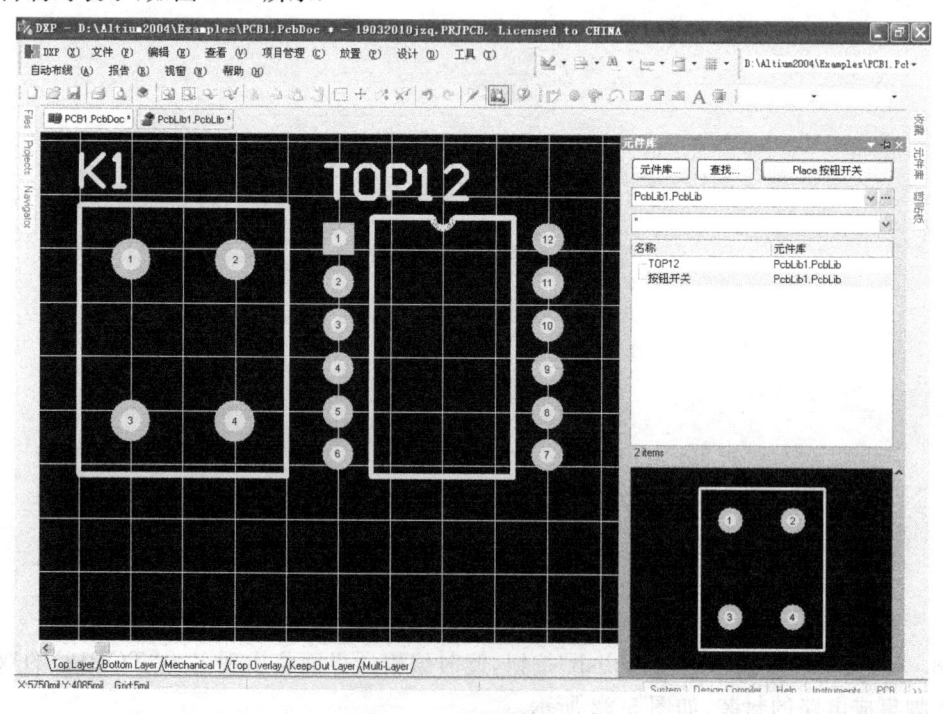

图 5-23 调用自制封装

请大家参考上机练习,加强操作!

任务四　综合实例

一、任务描述

1. 情景导入

经过前面的学习,大家是不是基本掌握了绘制 PCB 元器件封装的方法和技能呢?接下来让我们一起来更进一步,绘制一个较复杂的 PCB 元器件封装吧!

2. 任务目标

(1) 知道制作 PCB 元器件封装的步骤。
(2) 会自己绘制 PCB 元器件封装。
(3) 会加载 PCB 元器件的封装库。

二、任务实施

要求:建立一个 PCB 库文件,制作一个元器件封装并取名为 CZ-6,焊盘内径为 30mil,外径为 70mil,见图 5-24 所示,系统参数中的 Visible Grid2＝100mil。

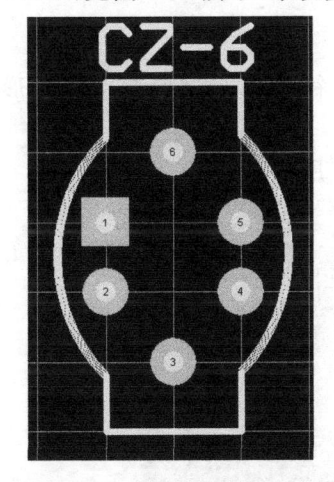

图 5-24　自制元器件封装 CZ-6　　　　图 5-25　修改元器件名称

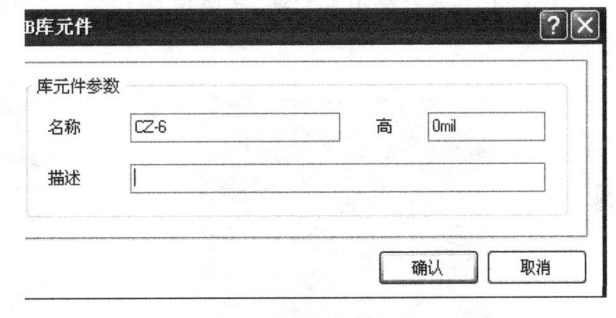

1. 新建一个 PCB 元器件封装库

创建一个名为 MY01.PCBLIB 封装库文件,进入封装库编辑器。

2. 修改 PCB 元器件封装名称

单击【工具】/【元器件属性】命令,将弹出如图 5-25 所示的元器件属性对话框,将元器件改名为"CZ-6"。

3. 设置合适的电气网格和可视网格

单击【工具】/【库选择项…】命令,将弹出 PCB 板选择项对话框,将网格 2 设为 100mil。

4. 放置 PCB 元器件焊盘

(1) 在工具栏上单击 放置焊盘 图标,或单击【放置】/【焊盘】命令,就可以开始放置焊盘。

(2) 进入放置焊盘模式后,这时鼠标指针会出现一个大十字符号和一个带有一个数字的焊盘,在放置焊盘前按 Tab 键,则打开如图 5-26【焊盘】属性对话框。

107

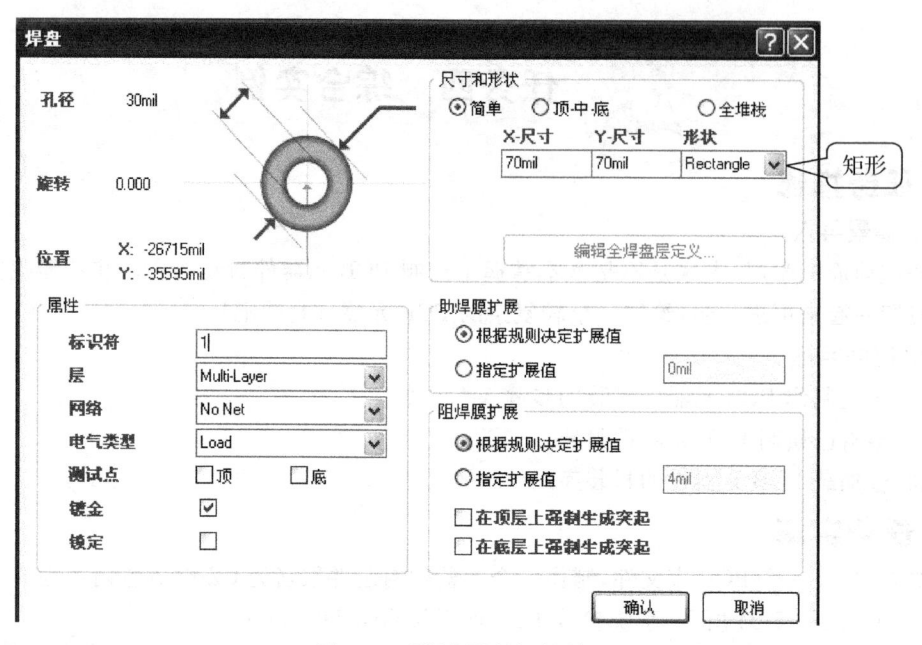

图 5-26 【焊盘】属性对话框

以焊盘 1 为例,其中孔径设为 30mil,属性中的标识符是 1,尺寸设为 70mil,形状为"Rectangle"(矩形).

按要求设置好各焊盘属性,放置焊盘 1 至 6,如图 5-27 所示.

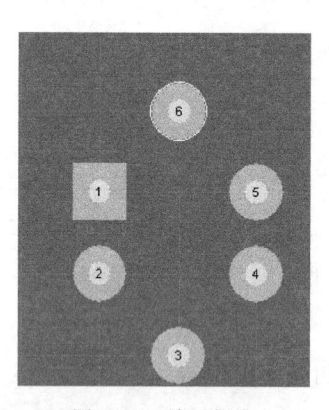

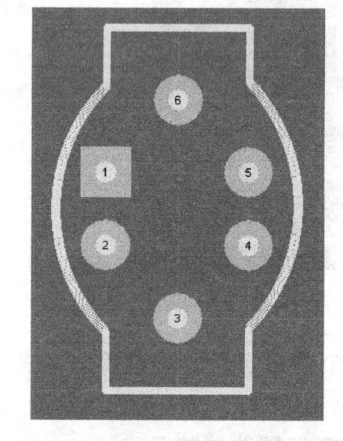

图 5-27　放置焊盘　　　　图 5-28　绘制 CZ-6 元器件封装

5. 绘制 PCB 元器件封装外形

先选择 PCB 元器件封装界面下方的"Top Overlay"丝印层,用【直线】工具绘制直线,用【边缘法放置圆弧】工具绘制圆弧.注意线条颜色默认为黄色,如图 5-28 所示.

6. 设置参考点并保存 PCB 元器件封装

(1)单击【编辑】/【设定参考点】,选择"引脚 1"选项,设置参考点.

(2)单击工具栏上的【保存】按钮.

这样一个名为"CZ-6"的 PCB 元器件封装符号就制作好了! 现在可以查看一下元器件库管理器,如图 5-29 所示,其中一个"CZ-6"的元器件封装已经添加到了 MY01.PCBLIB 库中.

7. 再单击【工具】/【以当前封装更新 PCB】按钮,此时 PCB 设计界面就已经加载了封装库"MY01 PcbLib"的封装. 这时在 PCB 设计界面,就可以看到并调用自制封装了,如图 5-29 所示,完成后调用的情况如图 5-30 所示.

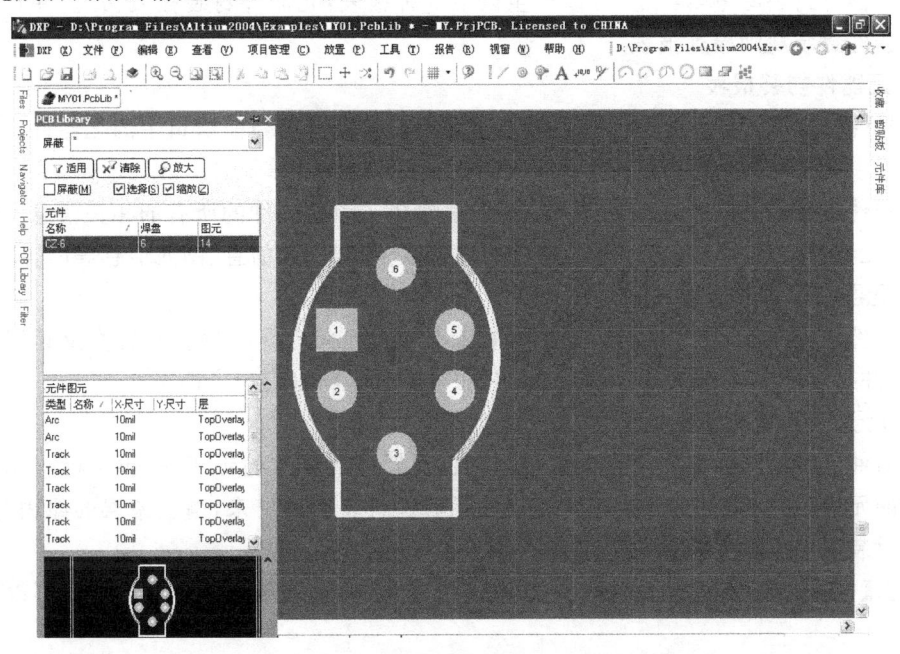

图 5-29　完成的 CZ-6 元器件封装

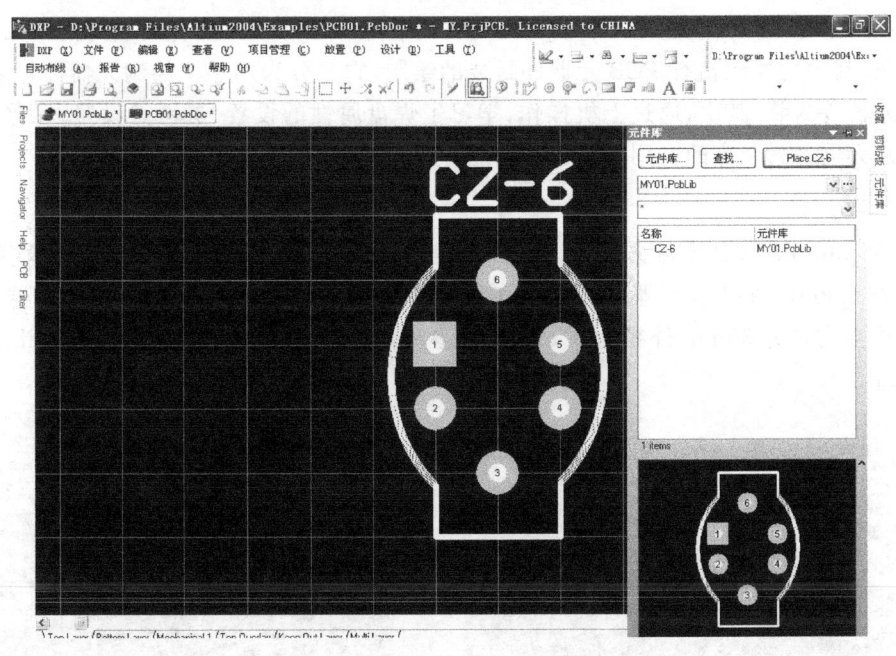

图 5-30　调用的 CZ-6 元器件封装

想一想:

我们除了可以自己绘制元器件封装外,还能将其他封装库中的元器件加到自己的专用封装库中来吗?

> 知识拓展

在元器件封装库编辑器里,可以产生以下 3 种报表:元器件封装报表、元器件封装库报表和元器件封装规则检查报表.

1. 元器件封装报表

选择【报告】/【元器件】命令,可对元器件封装库编辑器窗当前窗口中的元器件封装生成元器件报表,系统会自动打开文本编辑器来显示其内容.

元器件报表的扩展名为.cmp,元器件报表给出了该元器件的所有的相关信息,如:元器件个数、元器件组名称以及各个子元器件的焊盘数、印制板层信息、图元信息等内容.

2. 元器件封装库报表

元器件封装库报表列出了当前元器件封装库中所有元器件封装的名称及其相关的描述,元器件封装库报表的扩展名.rep.单击【报告】/【元器件库】命令即可.

3. 元器件封装规则检测表

元器件规则检测表主要用于帮助用户进行元器件的基本验证工作,包括检查元器件封装库中的元器件封装是否有错,并将有错的元器件封装显示出来,指明错误的原因等功能,元器件封装规则检测表的扩展名.err.

单击【报告】/【元器件规则检查…】命令,将打开"元器件规则检查"对话框,可以设置检查属性.

> 知识回顾

本项目学习了如何建立用户自己的元器件封装库和绘制新元器件封装并能调用自制元器件封装.其中主要包括有 PCB 元器件封装的绘制,它又分为用手工绘制元器件封装、用向导绘制元器件封装.其次,通过上机操作,学习了焊盘属性的设置、参考点设置、元器件封装的命名及元器件封装库的调用等知识和技能.

> 上机练习

1. 在 xm.PrjPCB 项目文件中,建立一个名为:lib001.PcbLib 元器件封装库文件.

2. 在 lib001.PcbLib 元器件库中手工绘制如图 5-31 所示的元器件封装,元器件名为 NPN1,焊盘内径为 35mil,外径为 80mil,指定参考点为焊盘 B,系统参数中的 Visible Grid2 =100mil.

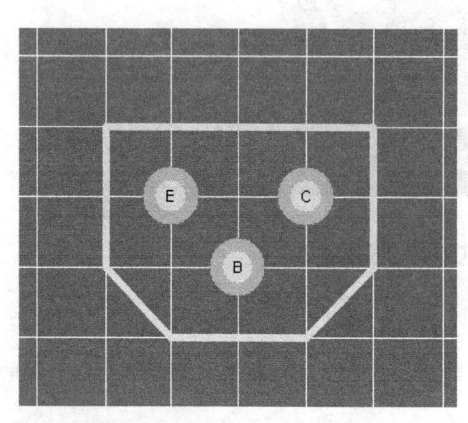

图 5-31　NPN1 元器件封装

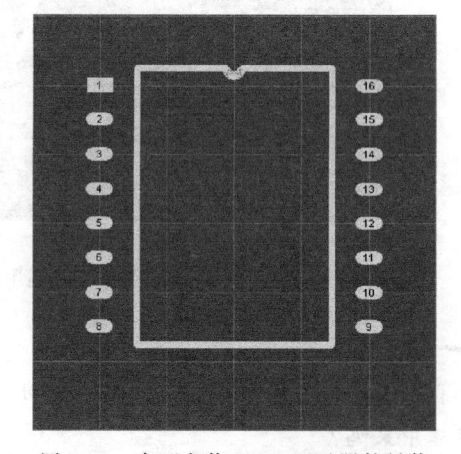

图 5-32　表面安装 74LS90 元器件封装

3. 在 lib001.PcbLib 元器件库中利用向导绘制图 5-32 所示的表面安装 74LS90,焊盘尺寸为 Y 为 20mil/X 为 40mil,焊盘间距为 50mil/400 mil,系统参数中的 Visible Grid2＝100mil。

4. 在 lib001.PcbLib 元器件库中手工绘制图 5-33 所示的 CRY8 元器件封装,焊盘内径为 30mil,外径为 60mil,指定参考点为焊盘 1,系统参数中的 Visible Grid2＝100mil。

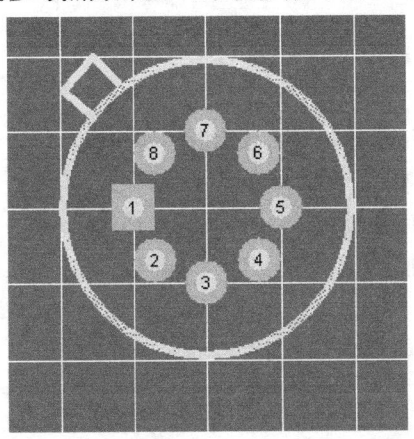

图 5-33　CRY8 元器件封装

5. 将 PROTEL 的 Miscellaneous Devices.IntLib 库中的三极管 BCY-W3 和整流桥堆 E-BIP-P4/D10 两个元器件添加到 lib001.PcbLib 库中,并将 lib001.PcbLib 库载入到 PCB 设计界面封装库中。

评价

项目五　学习任务评价表

姓名			日期			
\multicolumn{4}{c}{理论知识(20分)}		师评		
\multicolumn{4}{l}{1. PROTEL DXP 2004 的元器件封装库文件的扩展名是＿＿＿＿. 2. 要设置元器件封装属性使用＿＿＿＿＿＿＿＿命令. 3. 显示元器件封装库管理面板使用＿＿＿＿＿＿＿＿命令. 4. 设置元器件封装参考点使用＿＿＿＿＿＿＿＿命令.}				

序号	评价内容	技能考核要求	
\multicolumn{3}{c}{技能操作(60分)}	
1	完成上机练习题1	文件名和保存位置正确(5分)	
2	完成上机练习题2	元器件封装绘制尺寸准确、外形美观、命名正确焊盘放置、属性设置正确(20分)	
3	完成上机练习题3	能利用向导绘制元件封装(10分)	
4	完成上机练习题4	元器件封装绘制尺寸准确、外形美观、命名正确、焊盘放置、属性设置正确(20分)	
5	完成上机练习题5	能在封装库间进行元件复制操作(5分)	

序号	评价内容	专业素养评价标准	自评	互评	师评
\multicolumn{3}{c}{学生专业素养(20分)}			
1	学习态度(10分)	参与度好 团队协作好			
2	基本素养(10分)	纪律好 无迟到、早退			

综合评价	

项目六　原理图设计提高

本项目详细介绍设计电路原理图的高级方法,包含绘制总线、I/O端口、网络标签、添加图形文字、元器件自动加注标号等.并通过实例的讲解让大家全面掌握使用PROTEL DXP 2004制作原理图的方法.

本项目学习目标

1. 知识目标

(1)理解总线、I/O端口、网络标签.

2. 技能目标

(1)能绘制总线、I/O端口、网络标签;

(2)能为原理图添加图形与文字;

(3)能对元器件自动加注标号.

我们已经学过原理图设计的基本方法,但要设计一个复杂的电路,这些是远远不够的,还需要用到总线、I/O端口、网络标签等设计方法,才能更准确清晰地表达出一个复杂的电路设计.

任务一　线路连接

一、任务描述

1. 情景导入

在比较复杂的原理图中,有时需要连接的两个元器件相距很远,甚至不在同一张图纸上,如果用导线进行两者之间的电气连接就很困难;有时会遇到控制总线类似的多条并行导线的连接,使整个电路图看起来很复杂,可读性降低,怎么解决这些问题呢? PROTEL DXP 2004为我们提供了网络标签、I/O端口以及总线的功能,使电路更清晰简洁,从而提高电路设计效率.

2. 任务目标

(1)能放置网络标号.

(2)能放置I/O端口.

(3)能绘制总线.

二、任务实施

★ **活动一　放置网络标签**

网络标签是实现电气连接的又一种方法.具有相同网络标号的元器件引脚、导线、电源和接地符号等在电气关系上是连接在一起的.网络标签的作用范围可以是一张原理图,也可以是一个项目中的所有原理图,它通常用于层次电路或具有总线结构的电路中,使电路更清晰简洁.

单击配线工具栏的"放置网络标签" Net 按钮,或选择【放置】/【网络标签】菜单,在绘图区上单击即可放置网络标签.如图 6-1 所示.

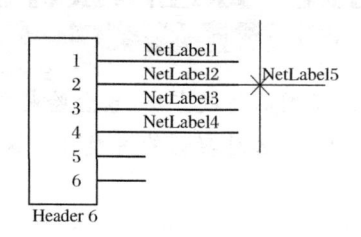

图 6-1　放置网络标签

图 6-2 所示原理图是用导线实现电气连接,图 6-3 所示原理图是用网络标签实现电气连接,这两种方式是等效的.

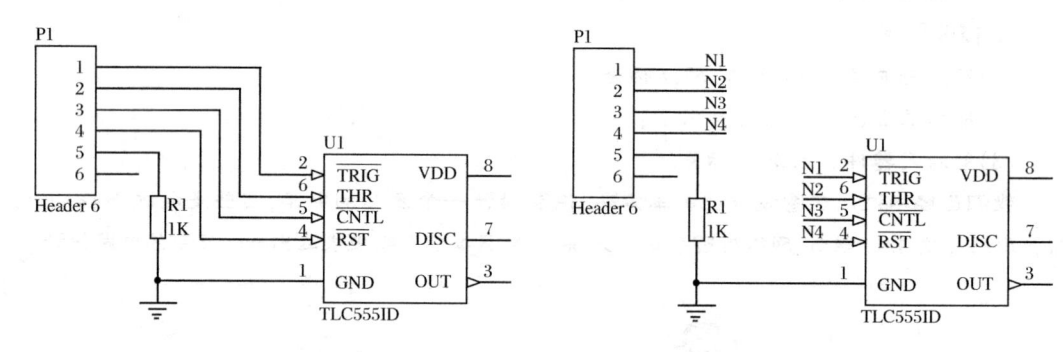

图 6-2　用导线实现电气连接　　　　图 6-3　用网络标签实现电气连接

网络标签的属性设置方法同前,属性对话框如图 6-4 所示.

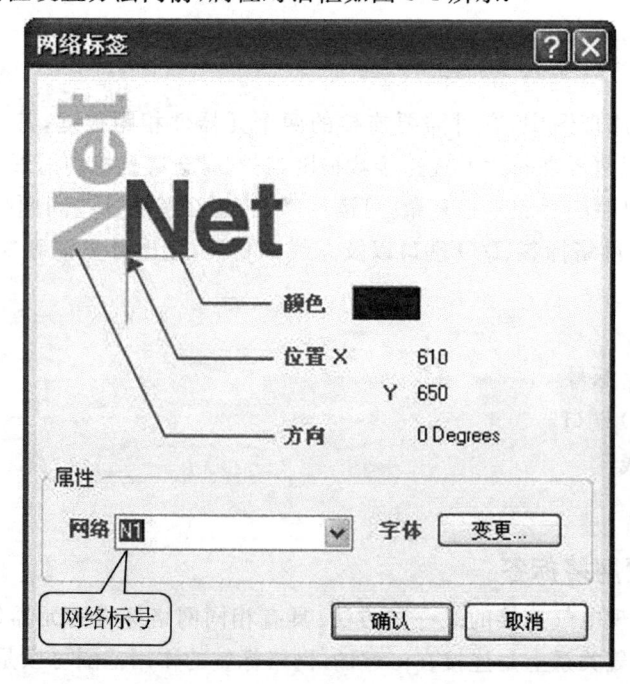

图 6-4　【网络标签】属性对话

小贴士：

1. 放置网络标签时,系统为标号提供了自增功能.例如现在放了一个网络标签的标号为 Net1,则之后放置的网络标签就依次自动设为 Net2、Net3 等等.若标号的最后一个字符不是数字,则无此功能.

2. 网络标签是具有电气意义的,不能用普通字符代替;网络标签要放置在元器件引脚的延长导线上,不能直接放在引脚上.

3. 电源和接地符号实质就是一个网络标签,这可以从它的属性对话框中看出.

★ **活动二 绘制总线**

总线:用一条线代表多条并行导线.常用于地址总线、控制总线和数据总线的连接,可以使原理图显得更清晰简洁,降低出错率.总线本身并没有电气连接意义.总线上并行导线的连接关系由总线入口所接延长导线上的网络标签来确定.

总线的绘制步骤:

1. 给要绘制总线的元器件引脚绘制导线延长线.

2. 单击配线工具栏的"放置总线"按钮,或选择【放置】/【总线】命令,在绘图区画出总线(与绘制导线方法相同).注意总线与引脚延长线之间要预留位置,以便放置总线入口.如图 6-5 所示.总线的属性对话框如图 6-6 所示.

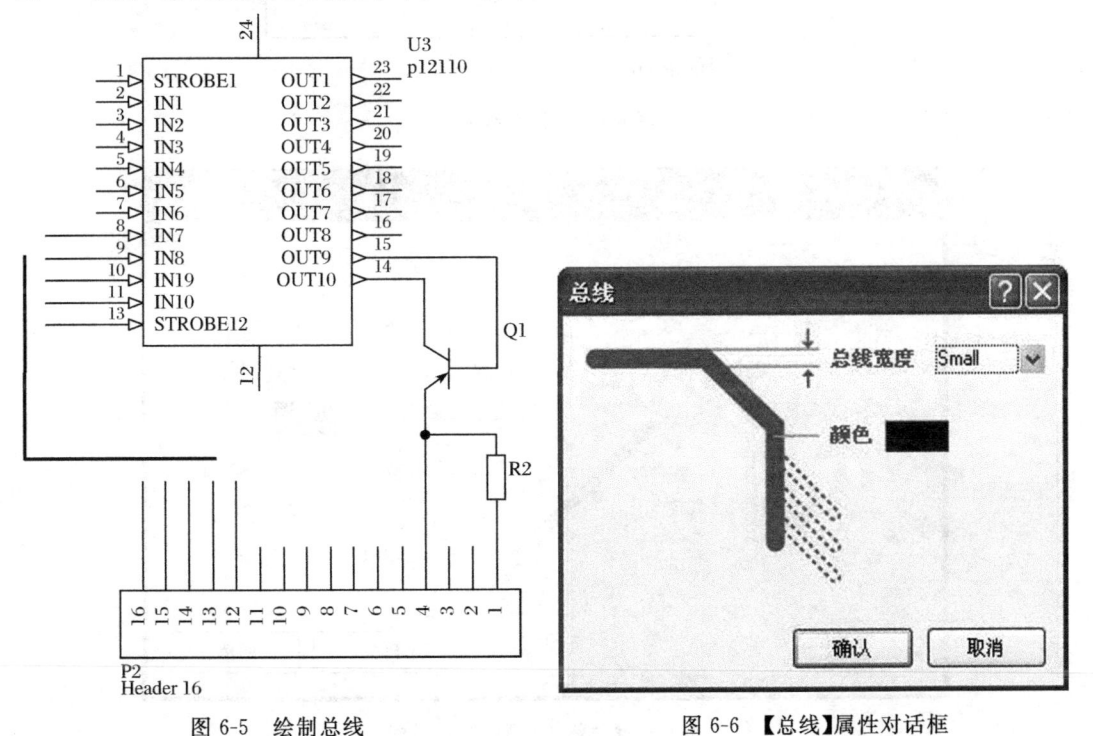

图 6-5 绘制总线　　　　　图 6-6 【总线】属性对话框

3. 单击配线工具栏的"放置总线入口"按钮,或选择【放置】/【总线入口】命令,在总线与延长线之间单击,即可放置总线入口.如图 6-7 所示.总线入口的属性对话框如图 6-8 所示.

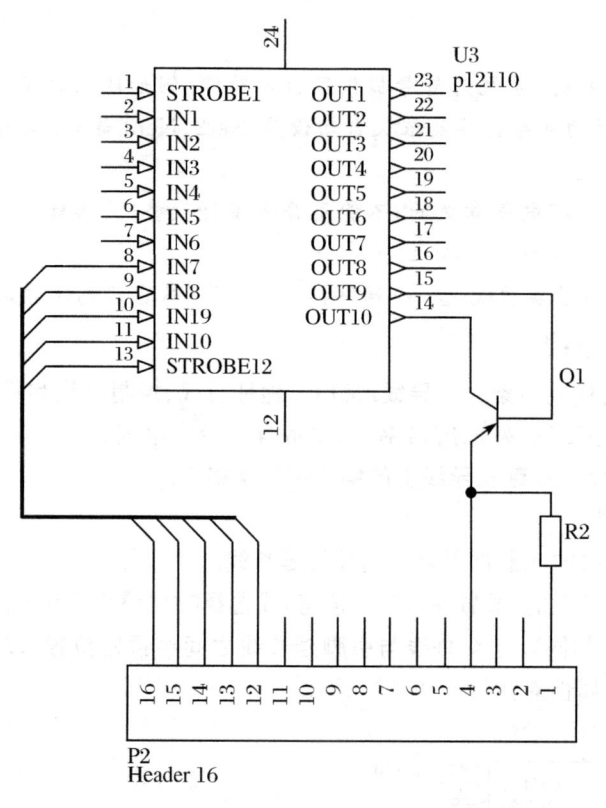

图 6-7 绘制总线入口

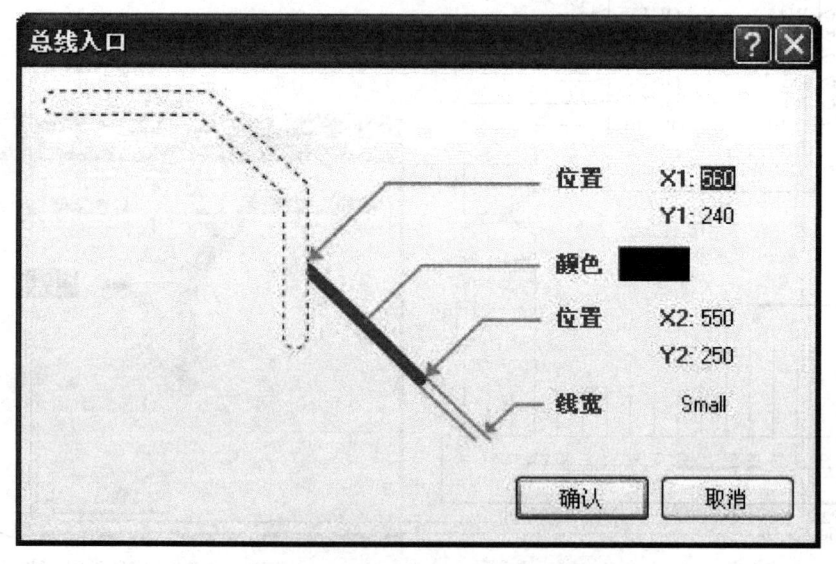

图 6-8 【总线入口】属性对话框

小贴士：
总线入口的方向可用与旋转元器件方向相同的快捷键来设置。

4. 在引脚延长线上放置网络标签，以确定总线上各入口分支的对应关系，如图 6-9 所示。至此，总线绘制完毕。

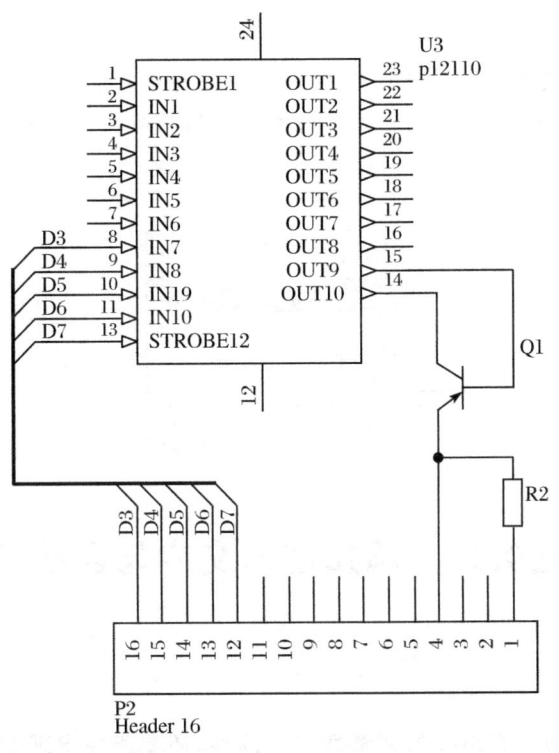

图 6-9　放置网络标签

★ 活动三　绘制 I/O 端口

在 PROTEL DXP 2004 中,实现电气连接的方法除了前面讲的导线和网络标签外,还有第三种,就是输入输出端口.具有相同名称的输入输出端口在电气关系上是连接在一起的.输入输出端口的作用范围可以是一张原理图,也可以是一个项目中的所有原理图,它通常用在层次电路中.

单击配线工具栏的"放置端口"按钮,或选择【放置】/【端口】命令,在绘图区上单击可确定端口起点,移动鼠标,再次单击即决定端口终点.端口的属性对话框如图 6-10 所示.

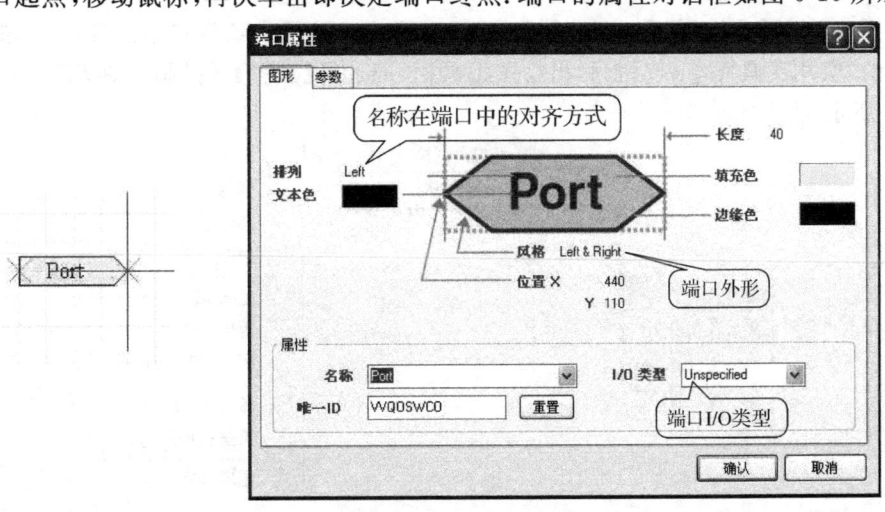

图 6-10　放置端口及其属性

小贴士：

端口的 I/O 类型是指端口信号传输的方向，它应与电路中信号的实际传输方向一致。例如，如果两个端口同为输入类型，则在以后的电气规则检查中将报错。端口的 I/O 类型有四种，如图 6-11 所示。

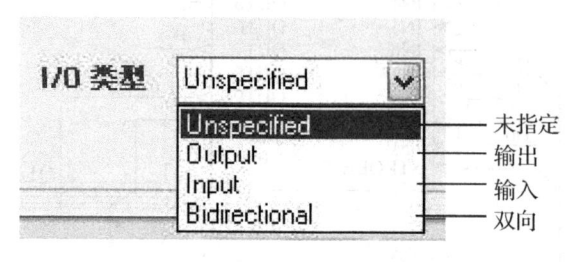

图 6-11　端口的 I/O 类型

任务二　添加图形文字与自动设置标号

一、任务描述

1. 情景导入

优秀的电路设计应具有很强的完整性和可读性，还要避免出现元器件标号的重复或跳号等现象。

采用 Protel 的自动设置电路元器件标号功能，并为原理图添加图形与文字说明，不仅能达到这一目的，同时又大大提高了设计效率。

2. 任务目标

（1）能为原理图添加图形文字。

（2）能对原理图自动设置标号。

二、任务实施

★ **活动一　放置图形与文字**

选择菜单命令【查看】/【工具栏】/【实用工具】可以显示或隐藏实用工具栏。单击实用工具栏上的"实用工具" ▼ 按钮，弹出绘图工具栏，或选择【放置】/【描画工具】下的子菜单，如图 6-12 所示。

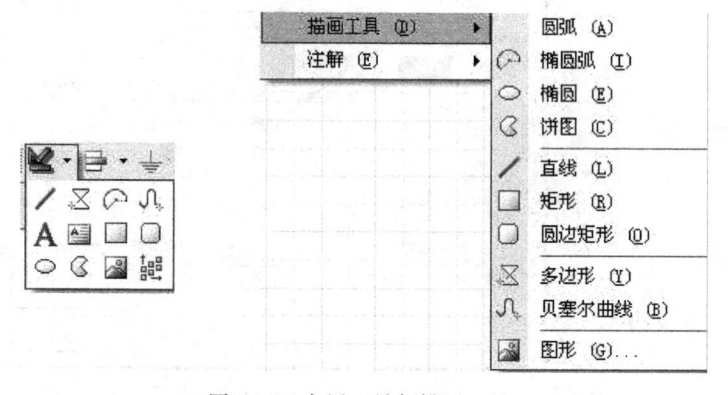

图 6-12　实用工具与描画工具

1. 绘制直线

单击"放置直线" ╱ 按钮，或选择【放置】/【描画工具】/【直线】命令，在绘图区单击鼠标确定直线起点，移动鼠标，再次单击则确定直导线转折点或终点。右击鼠标结束绘制直线状态。

直线的属性对话框如图6-13所示。

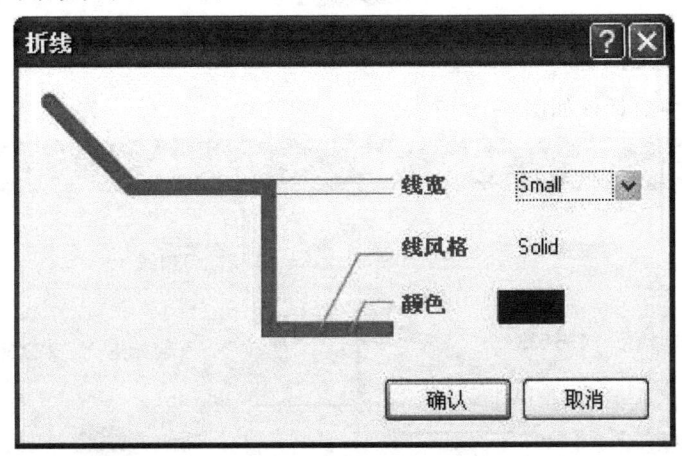

图6-13 直线属性对话框

小贴士：

绘制直线时，按空格键可以切换直线的走线方式，分别有水平垂直方式、45度角方式、任意倾角方式。

2. 绘制多边形

单击"放置多边形" ⬠ 按钮，或选择【放置】/【描画工具】/【多边形】命令，在绘图区依次单击以确定多边形各顶点，右击鼠标则此多边形绘制完成，如图6-14所示。

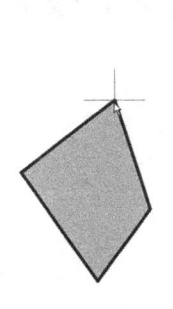

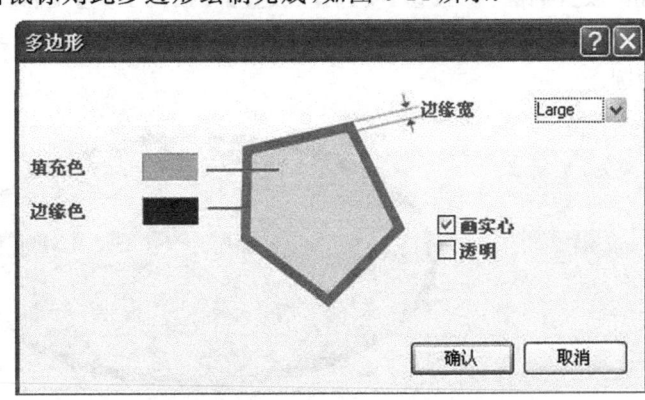

图6-14 绘制多边形及其属性

3. 绘制圆弧和椭圆弧

单击"放置椭圆弧" ⌒ 按钮，或选择【放置】/【描画工具】/【椭圆弧】命令，在绘图区单击5次以顺序确定椭圆弧的圆心、X轴半径、Y轴半径、椭圆弧起点、椭圆弧终点，如图6-15所示。当X轴半径与Y轴半径相等时，则为圆弧。

图 6-15　绘制椭圆弧

椭圆弧的属性对话框如图 6-16 所示.

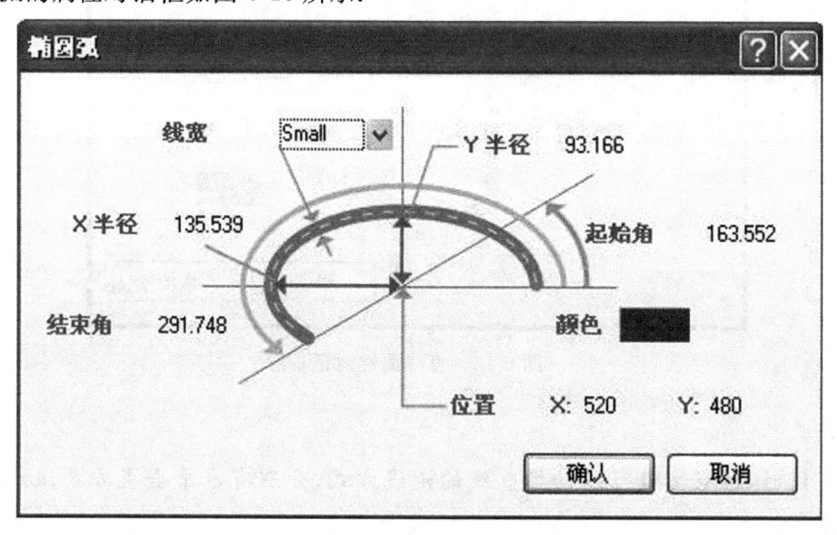

图 6-16　椭圆弧属性对话框

4. 绘制圆和椭圆

单击"放置椭圆"◯按钮,或选择【放置】/【描画工具】/【椭圆】命令,在绘图区单击 3 次以顺序确定椭圆的圆心、X 轴半径、Y 轴半径点,如图 6-17 所示.当 X 轴半径与 Y 轴半径相等时,则为圆.

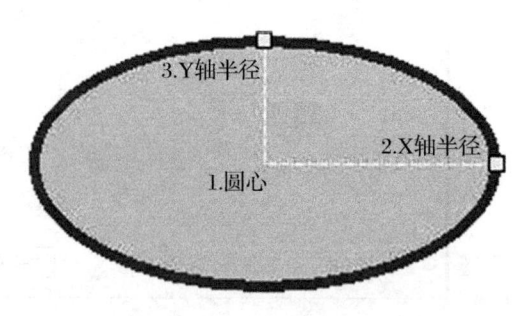

图 6-17　绘制椭圆

椭圆的属性对话框如图 6-18 所示.

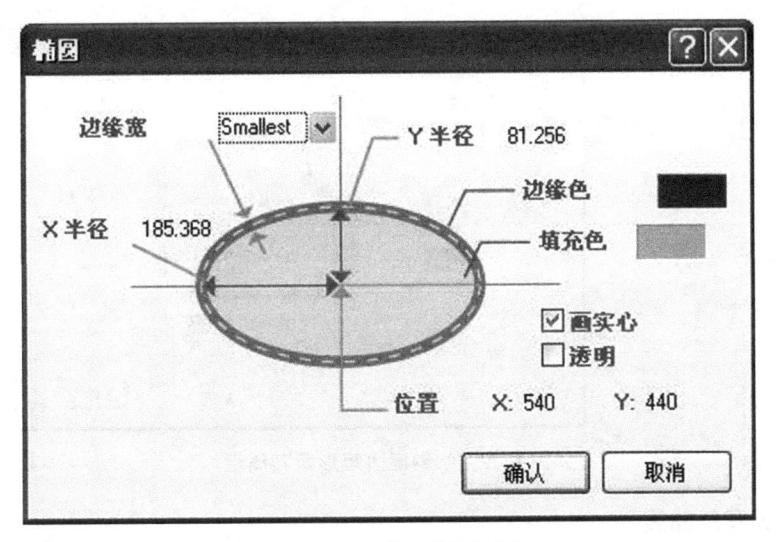

图 6-18 【椭圆】属性对话框

5. 绘制矩形

单击"放置矩形" 按钮,或选择【放置】/【描画工具】/【矩形】命令,在绘图区单击 2 次以确定矩形的两个对角点,如图 6-19 所示。

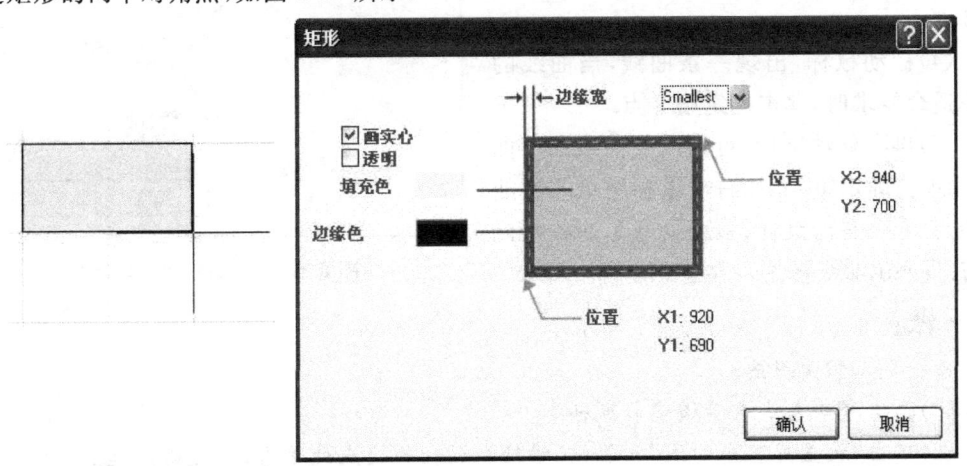

图 6-19 绘制矩形及其属性

6. 绘制圆边矩形

单击"放置圆边矩形" 按钮,或选择【放置】/【描画工具】/【圆边矩形】命令,在绘图区单击 2 次以确定圆边矩形的两个对角点,如图 6-20 所示。

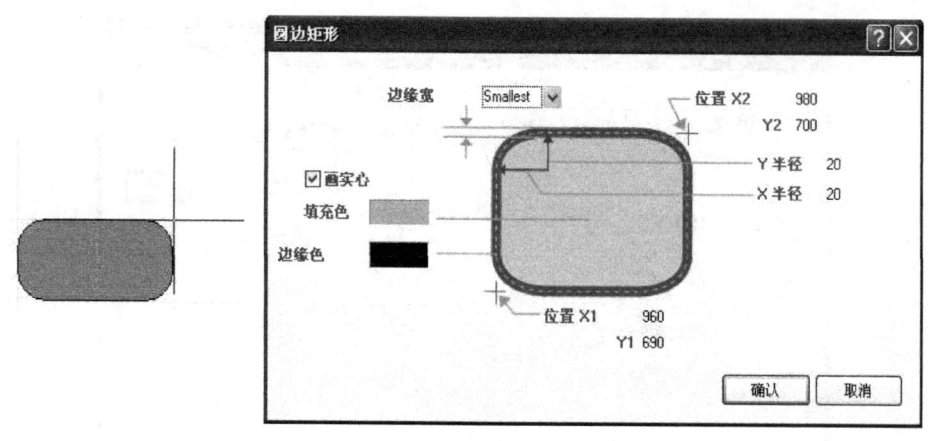

图 6-20　绘制圆边矩形及其属性

7. 绘制贝塞尔曲线

(1)单击"放置贝塞尔曲线"按钮,或选择【放置】/【描画工具】/【贝塞尔曲线】命令.

(2)在绘图区单击确定曲线起点.

(3)移动鼠标,出现一条直线,单击确定第 2 点.

(4)移动鼠标,出现一条曲线,当曲线的曲率适合要求时,单击确定第 3 点.

(5)再次移动鼠标,可以改变曲线的弯曲方向,单击确定第 4 点.右击鼠标结束本次曲线绘制,再次右击鼠标,结束贝塞尔曲线绘制状态.贝塞尔曲线属性对话框如图 6-21 所示.

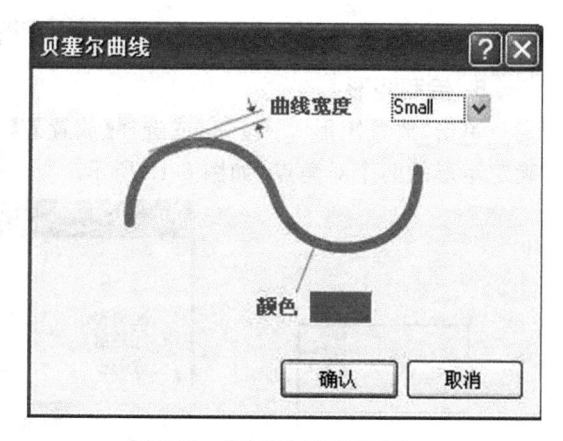

图 6-21　【贝塞尔曲线】属性

做一做:

画一个正弦波形图.

(1)画出两条直线表示横轴和纵轴.

(2)单击"放置贝塞尔曲线"按钮,在横轴和纵轴的交点处单击,确定曲线起点.

(3)移动鼠标,单击确定曲线的第 2 点.

(4)移动鼠标,单击确定曲线的第 3 点,不移动鼠标,再次单击确定曲线的第 4 点(注意:此处不是双击鼠标,而是单击鼠标两次,其时间间隔不能太短),如图 6-22 所示.

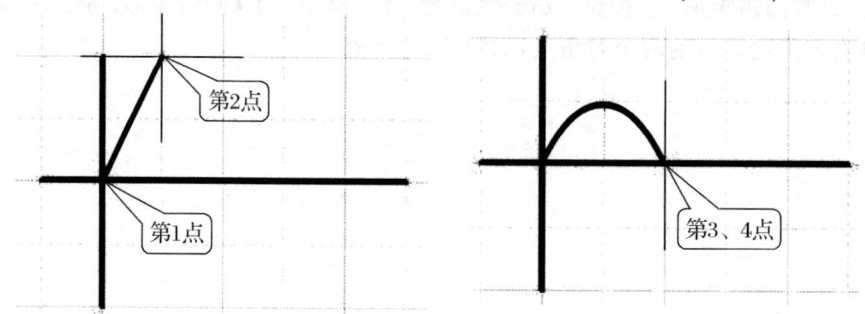

图 6-22　确定正弦波的第 1~4 点

(5)移动鼠标,单击确定曲线的第 5 点。

(6)移动鼠标,单击确定曲线的第 6 点,不移动鼠标,再单击确定曲线的第 7 点。如图 6-23 所示。

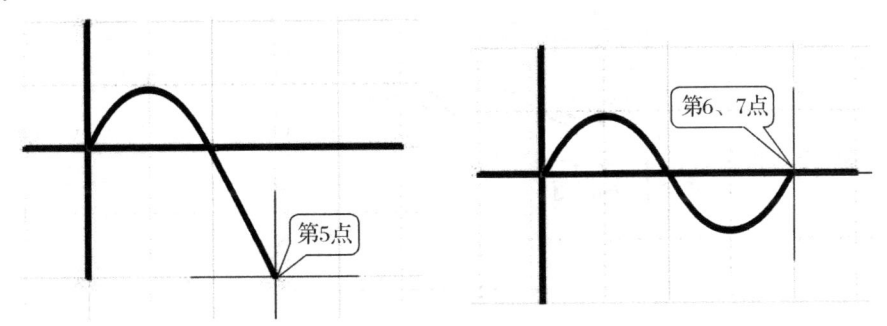

图 6-23　确定正弦波的第 5~7 点

(7)右击鼠标,结束本次曲线绘制。

(8)再次右击鼠标,结束贝塞尔曲线绘制状态。

8. 放置文本字符串

单击"放置文本字符串" A 按钮,或选择【放置】/【描画工具】/【文本字符串】命令,在绘图区单击即可放置文本字符串。文本字符串的属性对话框如图 6-24 所示。

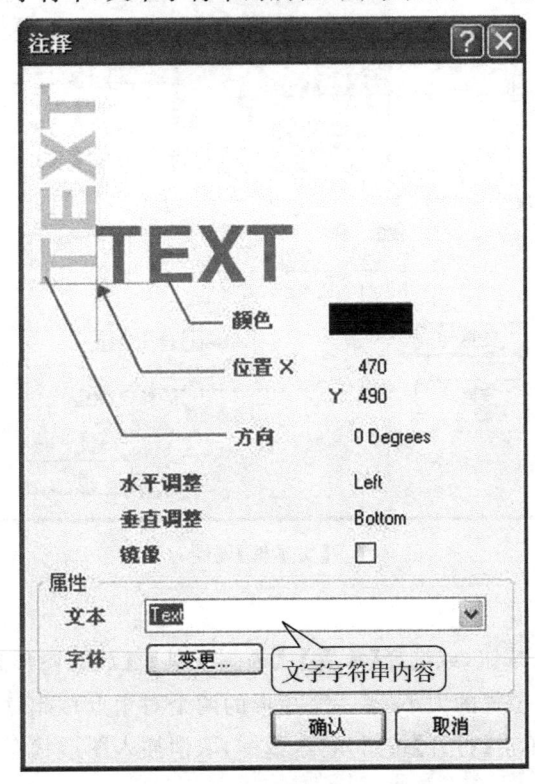

图 6-24　文本字符串属性对话框

9. 放置文本框

单击"放置文本框"按钮,或选择【放置】/【描画工具】/【文本框】命令,在绘图区单击 2 次可确定文本框的对角点,如图 6-25 所示。

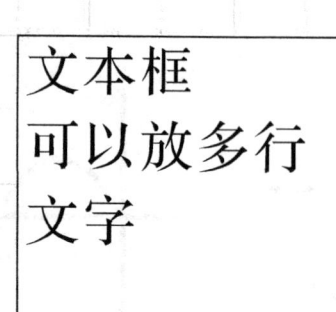

图 6-25 放置文本框

文本框属性对话框如图 6-26 所示。

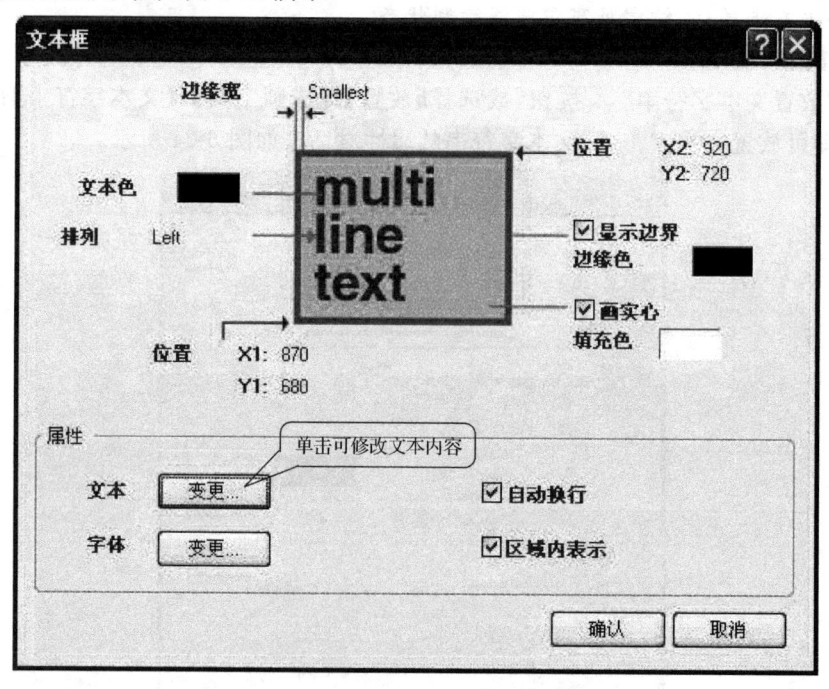

图 6-26 【文本框】属性对话框

10. 插入图形

单击"放置图形"按钮，或选择【放置】/【描画工具】/【放置图形】命令，在绘图区单击 2 次以确定插入图形所占位置的大小(是一个矩形的两个对角点)。此时弹出"打开"对话框，选择要插入的图形文件，单击【打开】按钮，右击鼠标，取消插入图形状态，图形的属性对话框如图 6-27 所示。

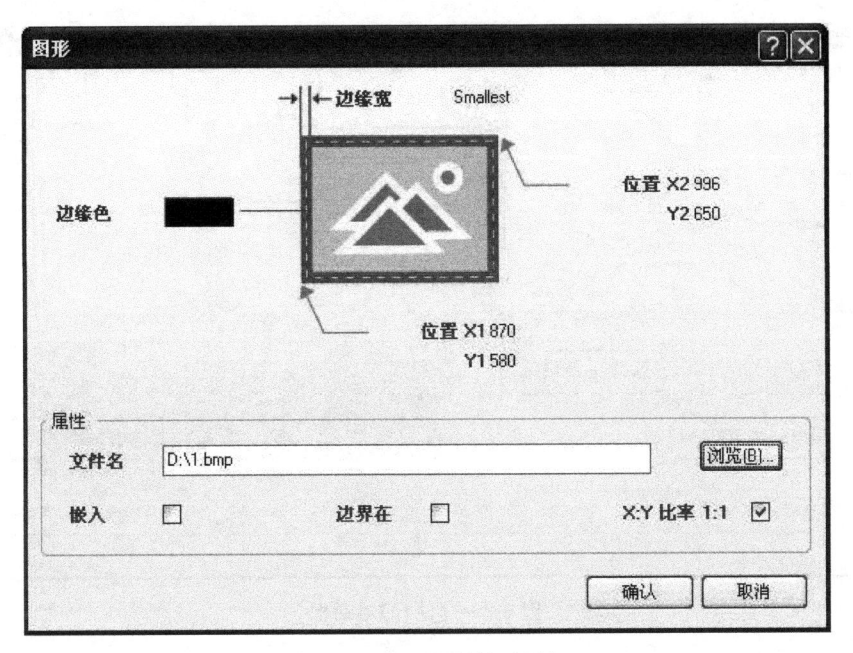

图 6-27 【图形】属性对话框

★ **活动二　自动加注元器件标号**

器件的标号在原理图中是唯一的,它是识别元器件的一个重要标志.为避免在放置元器件时出现标号重复或跳号等现象,PROTEL DXP 2004 提供了自动设置电路元器件标号的功能,同时大大提高了设计效率.

以图 6-28 中未设置元器件标号的电路原理图为例,说明自动加注标号的步骤.

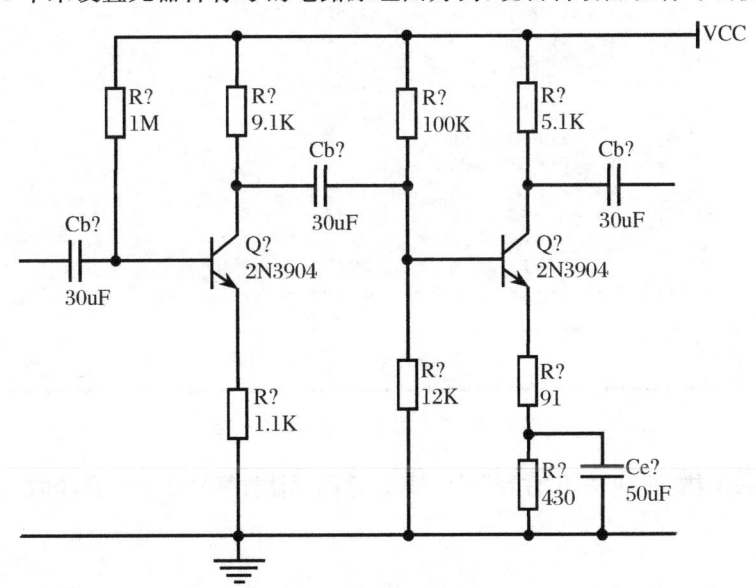

图 6-28　未设置标号的原理图

1. 选择【工具】/【注释】命令,弹出"注释"对话框.
2. 单击【更新变化表】按钮,弹出确认对话框,单击【OK】按钮,在注释对话框中显示将加注的元器件标号列表,如图 6-29 所示.

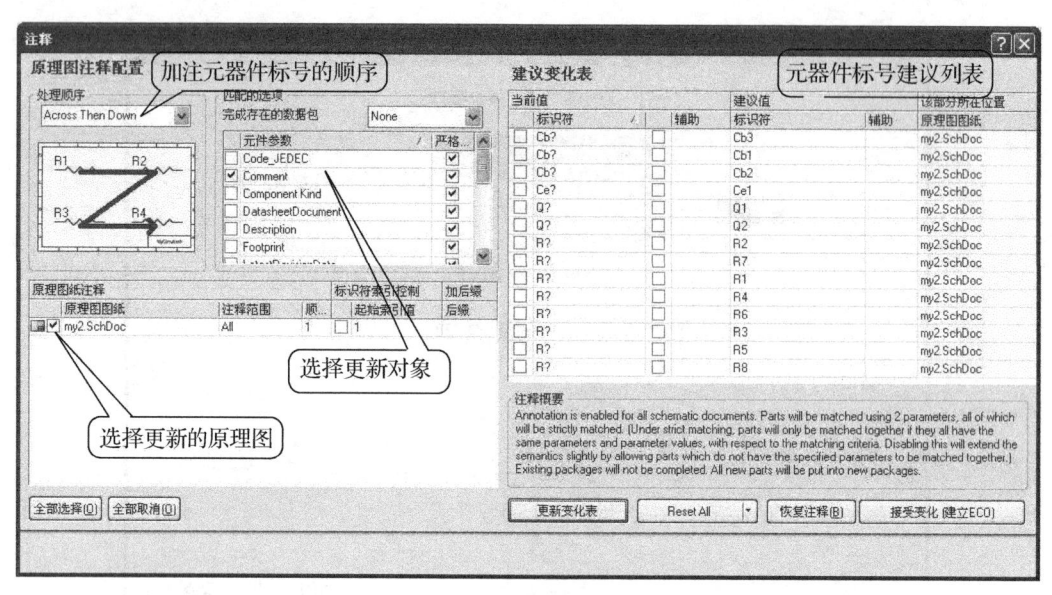

图 6-29 【注释】对话框

3. 单击【接受列表(建立 CEO)】按钮,弹出【工程变化订单】对话框,单击【执行变化】按钮,如图 6-30 所示.

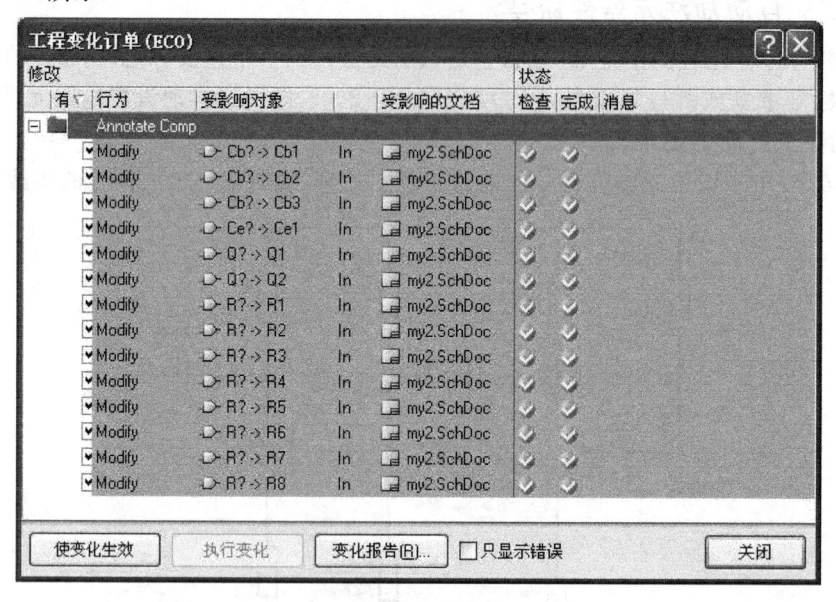

图 6-30 【工程变化订单】对话框

4. 单击【关闭】按钮,再关闭"注释"对话框.原理图元器件标号加注完成,如图 6-31 所示.

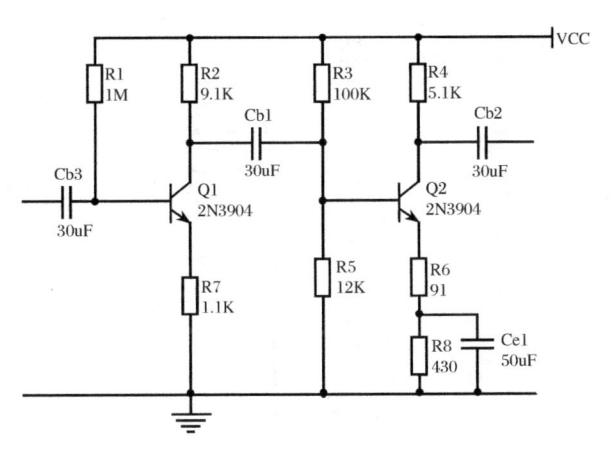

图 6-31　完成标号加注的原理图

任务三　原理图综合实例

一、任务描述

1. 情景导入

通过前面的学习,大家的知识技能已经又上升到了一个新的台阶,下面我们将通过绘制一个比较复杂的电路原理图学习,进一步学习原理图的设计方法.

2. 任务目标

全面学会使用 PROTEL DXP 2004 制作原理图的方法.

二、任务实施

实例要求:

1. 绘制如图 6-32 所示原理图,图中元器件名称及所在元件库见表 6-1 所示.
2. 按样图所示编辑元器件、连线、端口和网络等.
3. 重新设置所有元器件标号.
4. 放置文本字符串:原理图设计实例.
5. 保存文件到 D:\protel 下,文件名为 S001.SchDoc.

表 6-1

元件标号	元件名称	所在元件库
R1	Res2	Miscellaneous Devices.IntLib
C1	Cap	
C2	Cap Pol1	
Q1	NPN	
D1	Diode 10TQ035	
L1	Inductor	
U1	MC430P	NEC Microcontroller 4-Bit.IntLib
U2	p12l10	PLD Supported Devices.IntLib
U3	A_7400	Altera FPGA.IntLib
P1	Header 16	Miscellaneous Connectors.IntLib

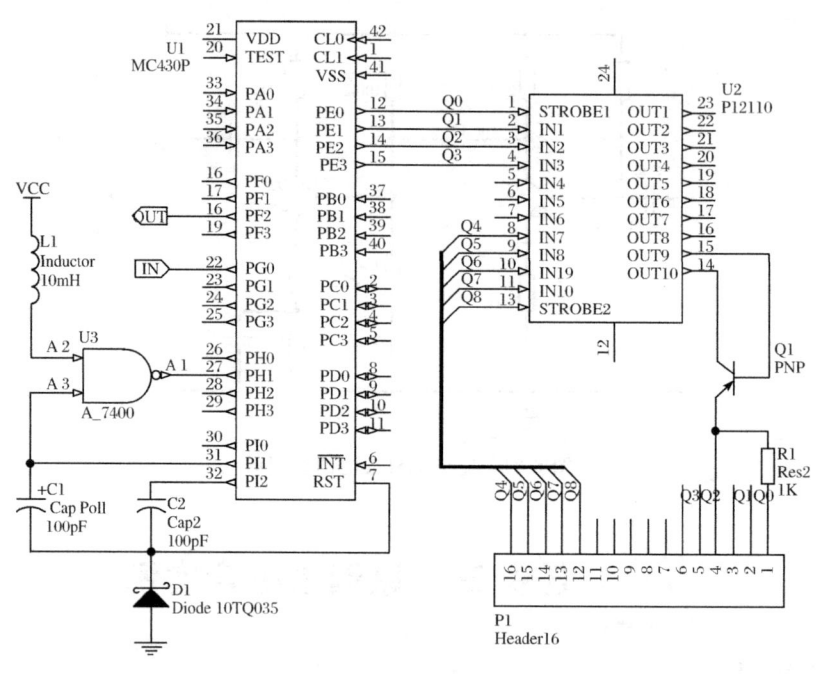

图 6-32　实例电路图

操作步骤：

1. 选择【文件】/【创建】/【原理图】命令，新建一个原理图文件．

2. 选择【文件】/【保存】命令，保存路径选择 D：\protel 文件夹，原理图文件名命名为 S001.SchDoc，单击【保存】按钮．

3. 单击标准工具栏【浏览元器件】按钮，打开元件库面板．

4. 在绘图区上放置元器件，调整方向和位置，如图 6-33 所示．

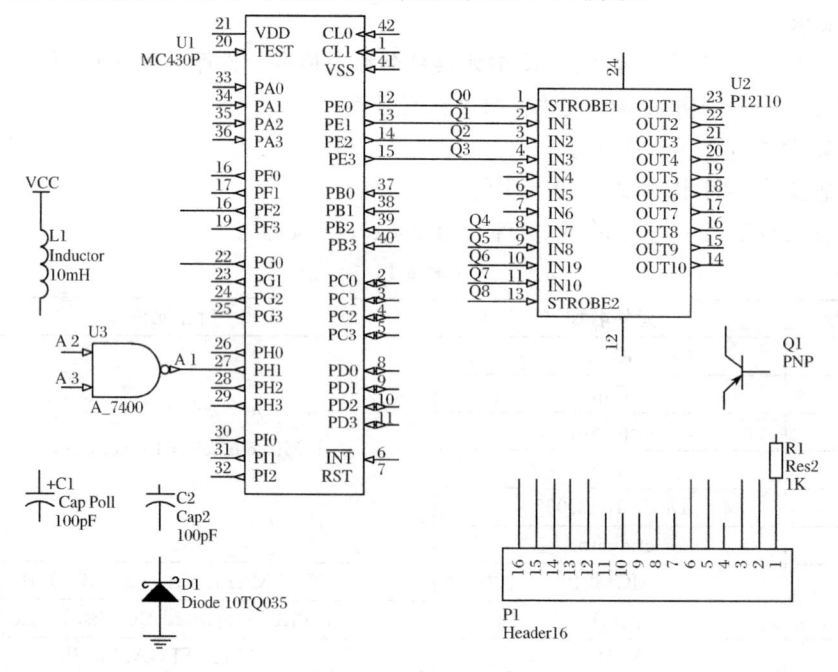

图 6-33　放置元器件

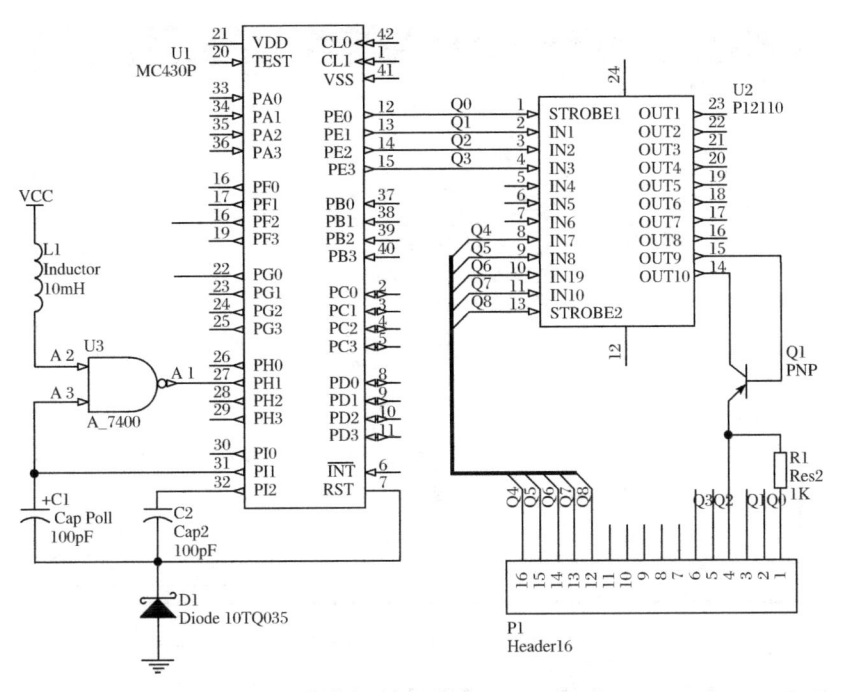

图 6-34 绘制导线、总线，放置网络标签

5. 连接导线，同时根据需要对元器件再次进行调整。为 U1、U2 和 P1 上要放置端口以及网络标签的引脚放置导线延长线。

6. 绘制总线以及总线入口。

7. 放置网络标签 Q0～Q8，如图 6-34 所示。

8. 放置 I/O 端口：IN 和 OUT 的端口属性如图 6-35、图 6-36 所示。

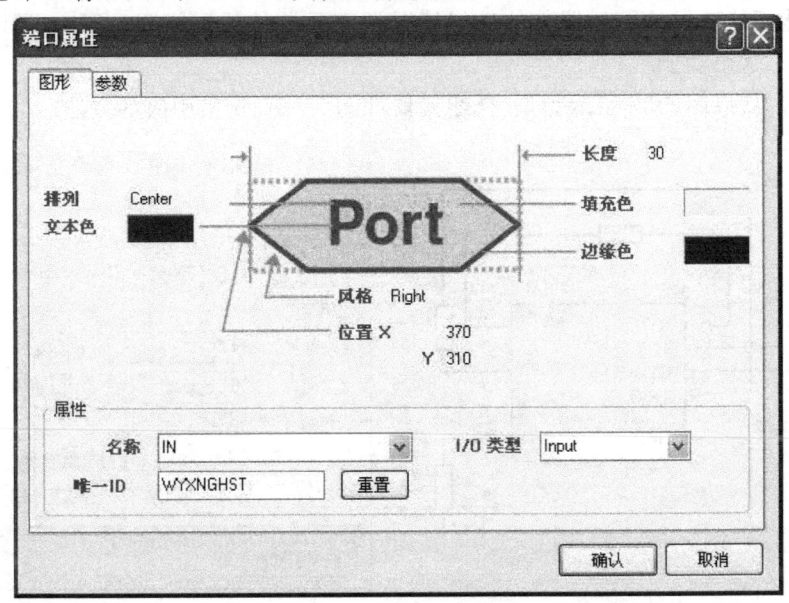

图 6-35 IN 端口属性

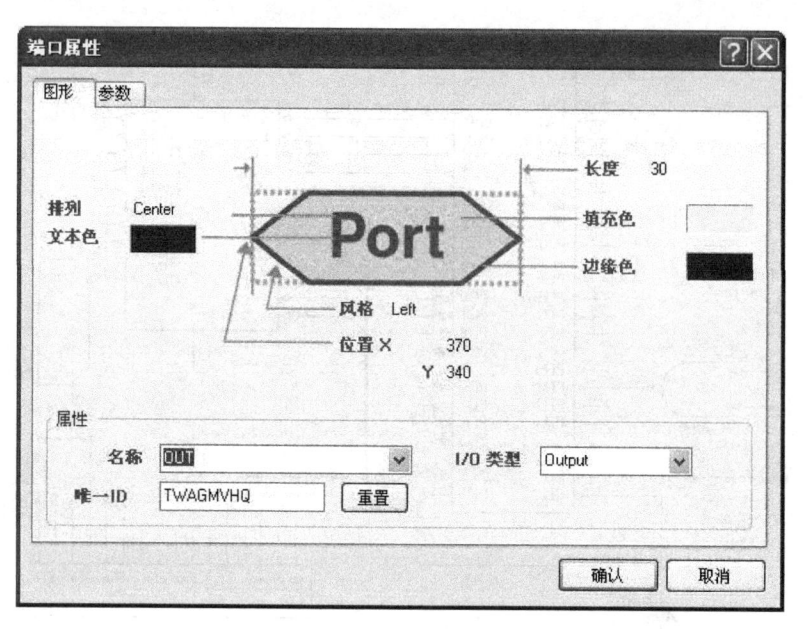

图 6-36　OUT 端口属性

9. 放置文本字符串,文字内容为"原理图设计实例".

10. 选择【工具】/【注释】命令,单击【更新变化表】按钮,单击【OK】按钮,单击【接受变化(建立 CEO)】按钮,单击【执行变化】按钮,关闭对话框,原理图标号设置完毕.

11. 选择【文件】/【保存】命令,保存电路图.

知识拓展

在绘制原理图的过程中,我们经常会碰到元器件引脚位置不合理导致外接导线过长或杂乱无章.能不能根据外围元器件的接线情况调整元器件的引脚呢? PROTEL DXP 2004 为我们提供了这个功能.

下面我们就以图 6-37 所示为例,介绍元器件 NE555D 调整引脚的方法.

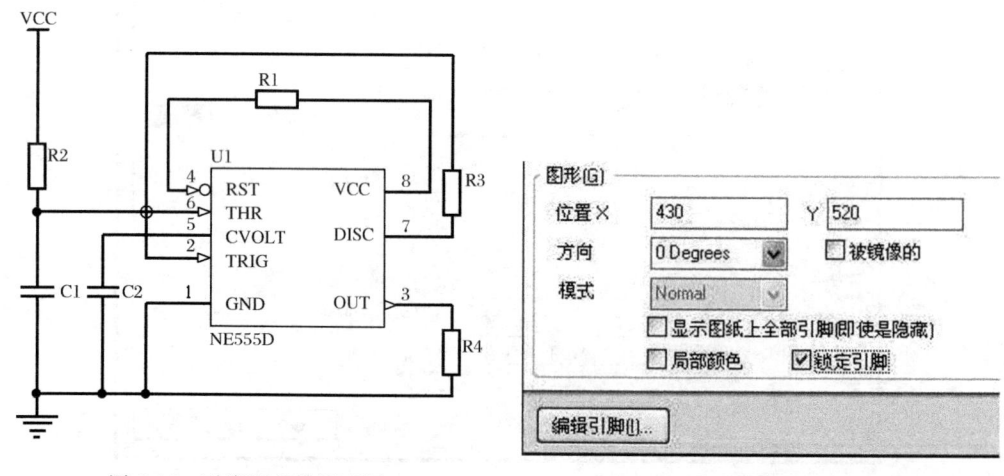

图 6-37　引脚调整前原理图　　　　图 6-38　取消"锁定引脚"复选框

1. 双击元器件 NE555D,弹出属性对话框,取消"锁定引脚"复选框的选中状态,如图 6-38 所示.单击【确认】按钮,关闭对话框.

2. 拖动元器件 NE555D 上要改变位置的引脚到目的地(拖动引脚时按空格键可旋转方向),调整引脚后的 NE555D 如图 6-39 所示.

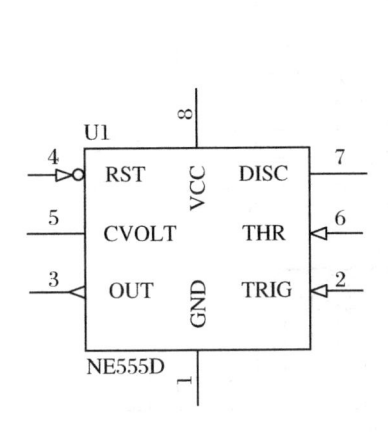

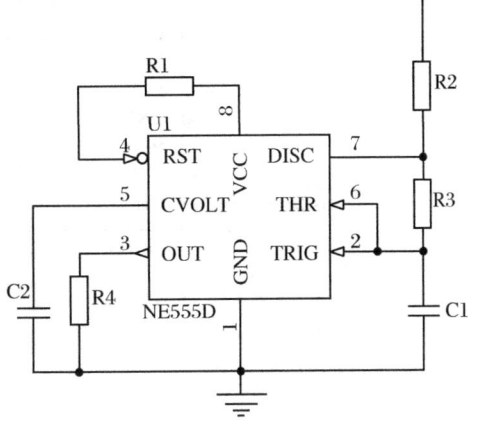

图 6-39 调整引脚后的 NE555D

图 6-40 调整引脚后的原理图

3. 双击元器件 NE555D,弹出属性对话框,选中"锁定引脚"复选框.单击【确认】按钮,关闭对话框.

4. 重新连接外围元器件.调整引脚后的原理图如图 6-40 所示.

知识回顾

本项目主要学习了放置网络标签、I/O 端口、绘制总线、放置图形文字以及对原理图自动加注标号的方法.

上机练习

1. 建立一个项目文件:LX.PrjPCB.

2. 在项目文件 LX.PrjPCB 中,建立一个原理图文件:sch601.SchLib,按图 6-41 所示放置元器件和网络标签.

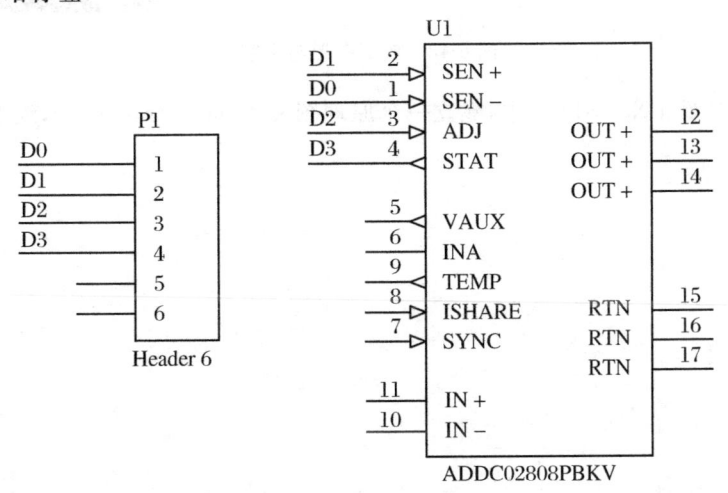

图 6-41 放置网络标签

3. 在项目文件 LX.PrjPCB 中,建立一个原理图文件:sch602.SchLib,按图 6-42 所示放置元器件、I/O 端口和网络标签,绘制总线.

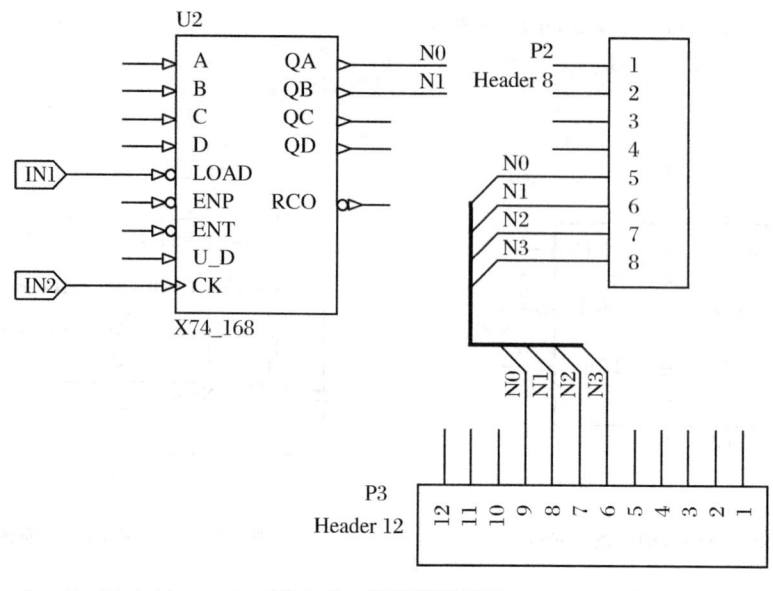

图 6-42 放置网络标签

4. 在项目文件 LX.PrjPCB 中,建立一个原理图文件:sch603.SchLib,在图中画出以下图形:直线,等腰三角形,椭圆弧,圆弧,椭圆,圆,矩形,圆角矩形,以及正弦波.再放置一个文本字符串和文本框,插入一张图片,如图 6-43 所示.

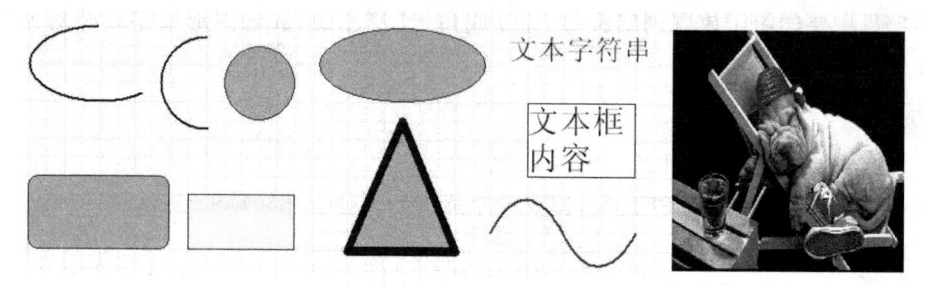

图 6-43 放置图形与文字

5. 在项目文件 LX.PrjPCB 中,建立一个原理图文件:sch604.SchLib,绘制如图 6-44 所示电路图.

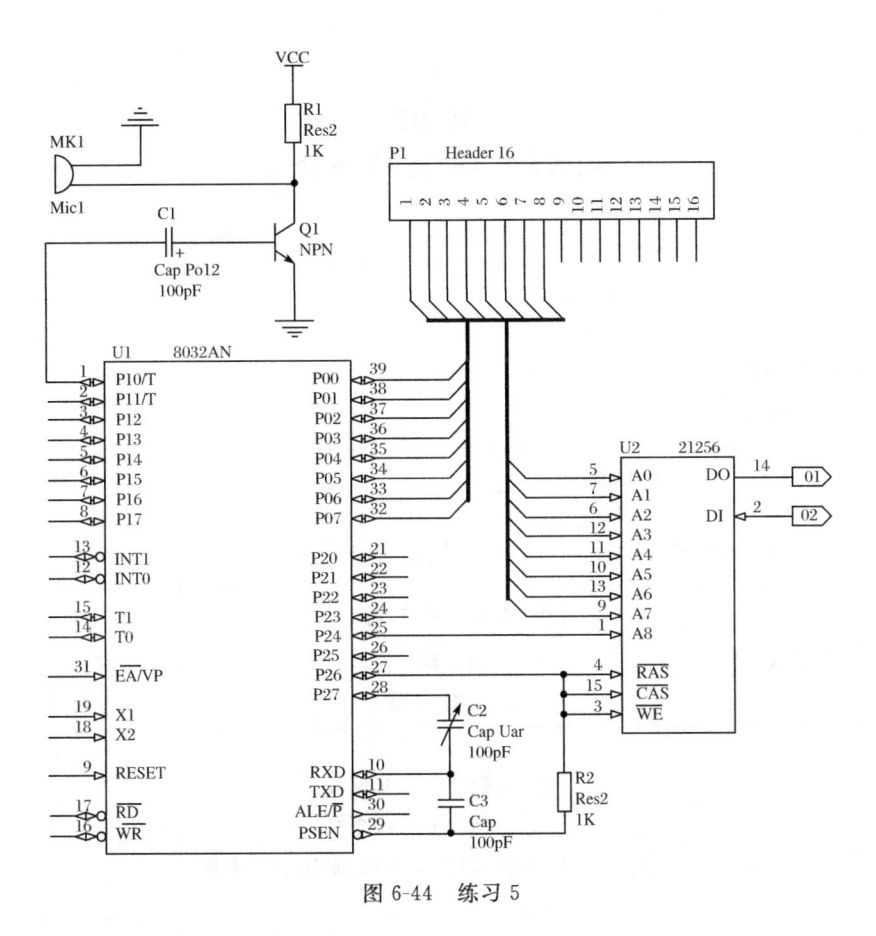

图 6-44　练习 5

6. 在项目文件 LX.PrjPCB 中,建立一个原理图文件:sch605.SchLib,绘制如图 6-45 所示电路图.

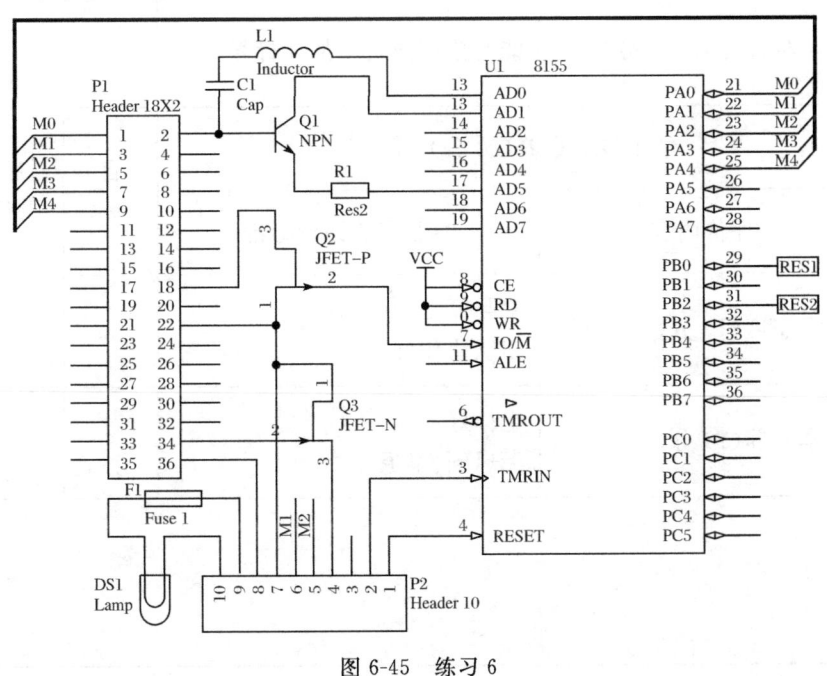

图 6-45　练习 6

评价

项目六 学习任务评价表

姓名			日期	
理论知识(20分)				师评
1. 放置网络标签的方法有＿＿＿＿和＿＿＿＿. 2. 实现电气连接的方法有＿＿＿、＿＿＿和＿＿＿.				
技能操作(60分)				
序号	评价内容	技能考核要求		
1	电气连接(30分)	能放置网络标签 能绘制总线 能放置I/O端口		
2	放置图形文字(20分)	能绘制直线、贝塞尔曲线 能绘制多边形、矩形 能绘制圆弧和椭圆弧、圆和椭圆 能放置文本字符串和文本框		
3	自动标注标号(10分)	能对原理图自动加注标号		
学生专业素养(20分) ||	自评	互评	师评
序号	评价内容	专业素养评价标准		
1	学习态度(10分)	参与度好 团队协作好		
2	基本素养(10分)	纪律好 无迟到、早退		
综合评价				

项目七　PCB 设计提高

本项目详细介绍 PCB 设计过程中的一些高级技巧和设计经验,并通过实例的讲解让大家逐步全面学会 PROTEL DXP 2004 制作 PCB 的操作方法和 PCB 电路的输出方法.

本项目学习目标

1. 知识目标

(1)认识 PCB 设计过程中的一些高级技法;

(2)熟悉 PCB 设计的一些经验.

2. 技能目标

(1)会进行 PCB 的覆铜、包地、滴泪滴、内层分割操作;

(2)能按要求输出需要的各种文件.

通过前面的学习,大家已经知道 PCB 设计中的一些基本技法,在简单的 PCB 电路设计中,我们一般都是通过项目四的介绍完成 PCB 的设计.但在实际应用中,采用项目四的设计方法,往往不能达到设计要求.因此,我们还要学习 PCB 设计过程中的一些高级技法,以满足我们设计工作的需要.

任务一　PCB 设计高级技术

一、任务描述

1. 情景导入

在现实生活中,我们所看到的 PCB 和在项目四中所见到的 PCB 不一样,一般包含有大面积覆铜或包地、滴泪滴等.那么我们如何在 PCB 的设计中来完成这些操作呢？在后续的过程中我们要进行一一的介绍,让我们一起朝一个真正的电路板设计师而努力吧！

2. 任务目标

学会大面积覆铜、包地、滴泪滴、内层分割的操作.

二、任务实施

★ **活动一　大面积覆铜**

我们仍然以项目四中介绍过的"两级放大电路"为例进行介绍.为了使印制板具有较好的抗干扰、降低接地电阻、屏蔽和散热等性能,一般在印制板的设计过程中要进行覆铜设计.覆铜,就是在印制板的空白地方铺上铜膜,一般情况下,覆铜与地线相连接.操作方法如下:

1. 执行【放置】/【覆铜】,打开【覆铜】属性对话框如图 7-1 所示.通过【覆铜】属性对话框,设置【覆铜】的属性.

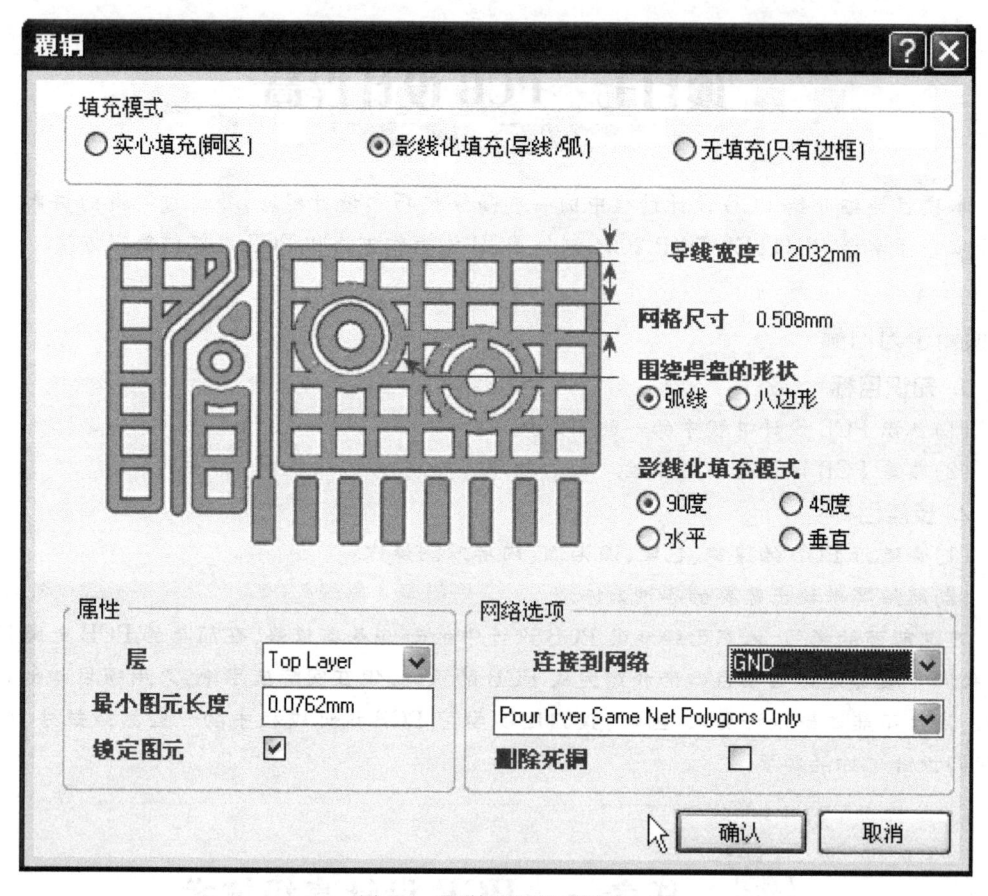

图 7-1 【覆铜】属性对话框

◎填充模式:用于设置覆铜的填充模式,我们可以选择"实心填充"、"影线化填充"和"无填充"3种模式中的一种,我们选择"影线化填充".

◎属性:用于设置覆铜所在的层、覆铜的最小长度,以及是否锁定图元.我们选择"Bottom Layer",其他不变.

◎网络选项:连接到网络用于设置覆铜连接到网络的情况.一般情况下,将覆铜连接到GND(接地)网络中.通过【网络选项】的设置,我们还可以设置覆铜是否覆盖连接的网络,以及是否删除死铜等选项.我们选择网络接地、删除死铜.

◎通过【覆铜】属性对话框,我们还可以设置导线宽度、网格尺寸、围绕焊盘形状、影线化填充模式等.

2. 设置好覆铜属性后,单击【覆铜】属性对话框的 确认 按钮,此时光标变为"十"字形状,开始放置覆铜.

3. 拖动光标到适当的位置,单击鼠标左键确认覆铜的第一个顶点位置,然后绘制一个封闭的矩形,在空白处单击鼠标右键退出绘制.

4. 此时在电路板上会出现刚刚绘制的覆铜区域,如图 7-2 所示.

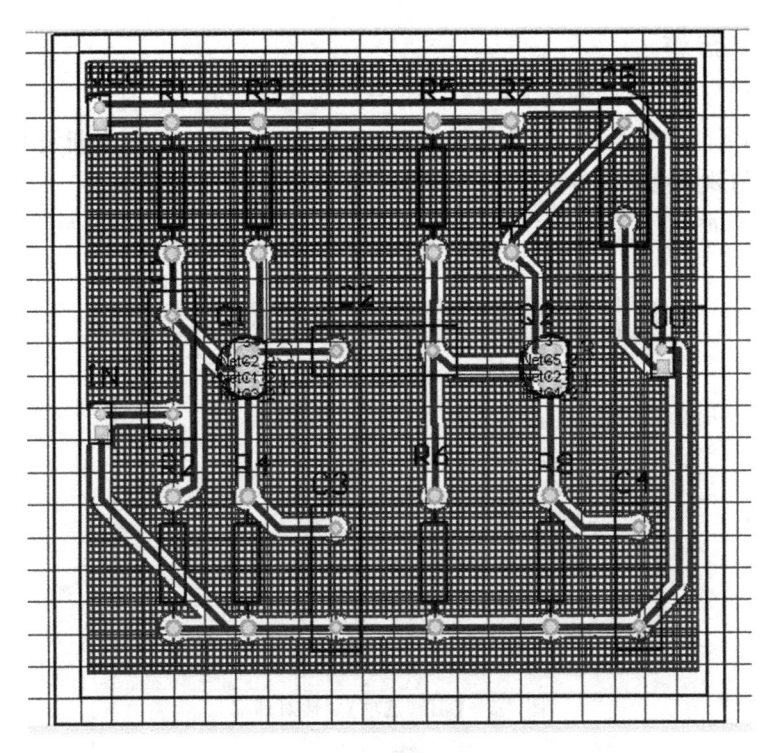

图 7-2 放置完覆铜的 PCB 板

★ **活动二 包地**

包地就是将选取的导线和焊盘用另一条导线围起来,通常将围绕的导线接地以防止干扰,因此通常称为包地.我们仍然以项目四中介绍过的"两级放大电路"为例进行介绍,其操作方法如下:

(1)执行菜单命令【编辑】/【选择】/【网络中的对象】,选择要进行包地的网络.

(2)此时光标变为十字光标,将光标指向需要包地的网络,单击鼠标左键,选中该网络,如图 7-3 所示.单击鼠标右键结束选取.

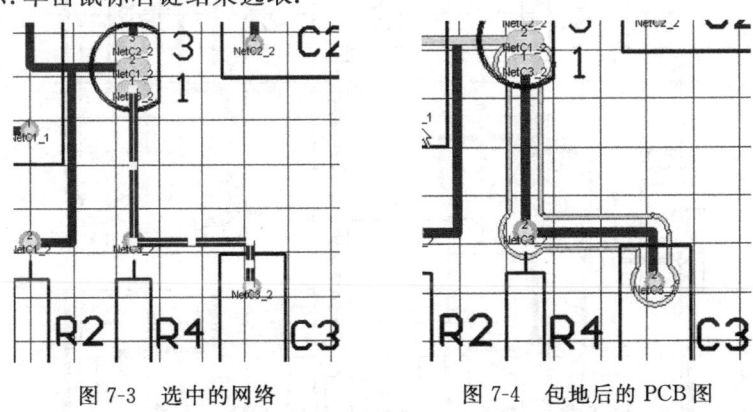

图 7-3 选中的网络　　图 7-4 包地后的 PCB 图

(3)执行菜单命令【工具】/【生成选定对象的包络线】,进行包地操作.包地后效果如图 7-4 所示.

★ *活动三　补泪滴*

泪滴是焊盘与导线之间的过渡区域,是在导线进入焊盘或导孔时,让其线径逐渐放大成泪滴状,可以加强印制导线和焊盘连接处的强度,解决连接处容易发生断裂的情况.我们仍然以项目四中的放大电路为例进行介绍.其操作步骤如下:

1. 执行菜单命令【工具】/【泪滴焊盘】,弹出【泪滴选项】属性对话框,如图 7-5 所示,设置泪滴的属性.

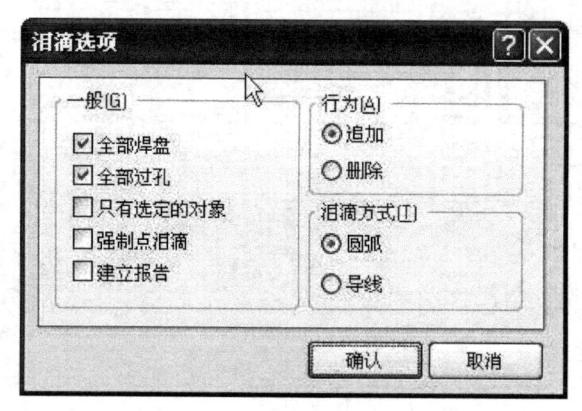

图 7-5　【泪滴选项】属性对话框

◎ 一般:用于补泪滴的范围以及是否建立报告.

◎行为:用于是追加焊盘或删除焊盘.

◎泪滴方式:用于设置圆弧或导线泪滴形式.

我们按照图 7-5 所示进行选择,然后单击　确认　按钮.

2. 执行后 PCB 的滴泪滴效果图如图 7-6 所示.局部放大之后的效果图如图 7-7 所示.

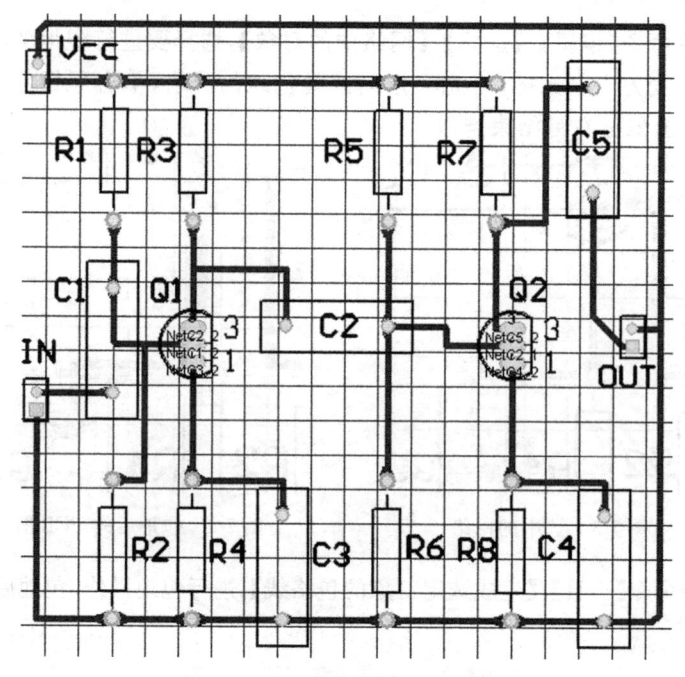

图 7-6　滴泪滴后的 PCB 效果图

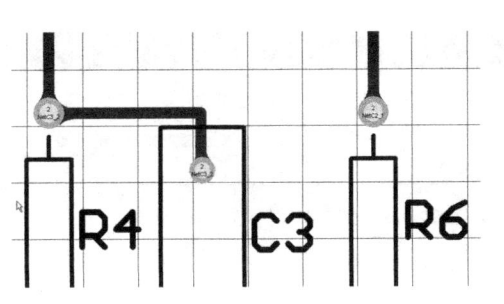

图 7-7　局部放大之后的效果图

★ **活动四　内层分割**

有时候我们出于降低布线密度，提高布线的成功率，或者将顶层底层的信号隔离开，减少电源干扰，滤除高频噪声等因数的考虑，我们可以在 PCB 设计中增加内电层。其操作方法如下：

1. 执行菜单命令【设计】/【层堆栈管理器】，打开【图层堆栈管理器】对话框，如图 7-8 所示。

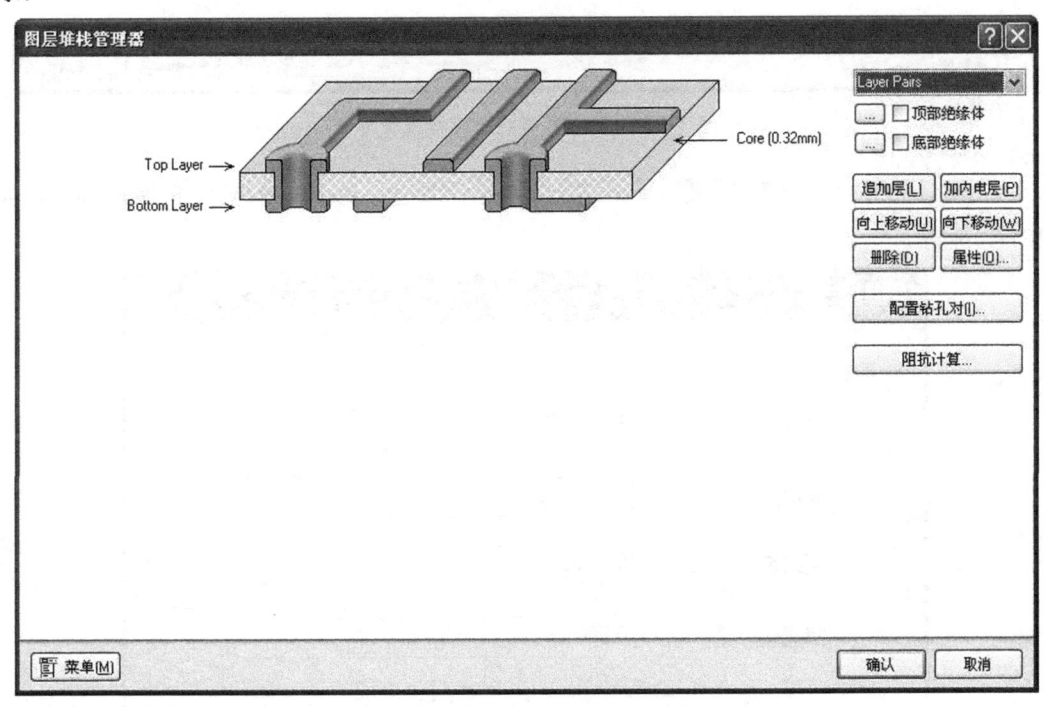

图 7-8　【图层堆栈管理器】对话框

用鼠标左键点击作图中的"Top Layer"或"Bottom Layer"图层，然后单击 加内电层(P) 按钮，增加内电层后的层堆栈管理器，如图 7-9 所示。

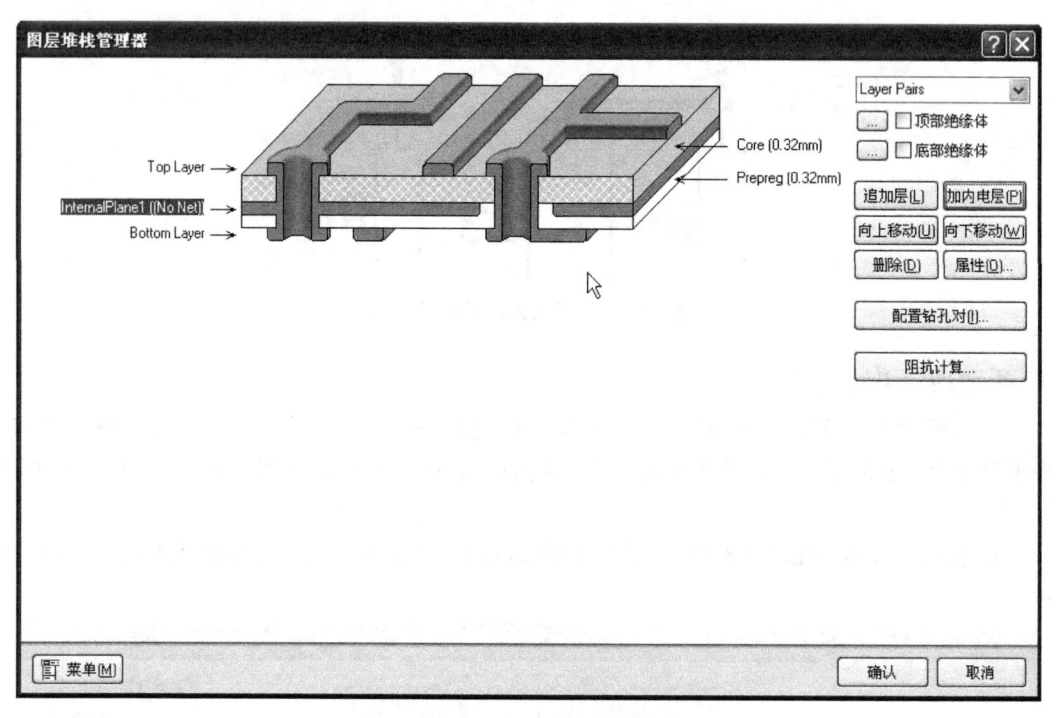

图 7-9 增加内电层后的层堆栈管理器

2. 用鼠标增加双击 InternalPlane1 ((No Net) 或单击 属性(O)... 按钮,弹出【编辑层】对话框,如图 7-10 所示。

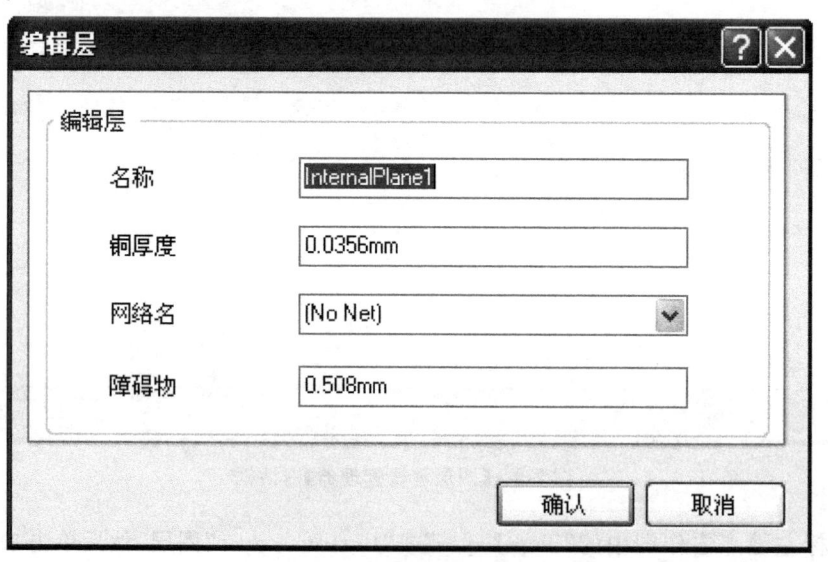

图 7-10 【编辑层】对话框

我们将网络名改为"GND",单击 确认 按钮.单击【图层堆栈管理器】对话框的 确认 按钮.

3. 执行菜单命令【设计】/【PCB 板层次和颜色】,弹出【板层和颜色】对话框,如图 7-11 所示.

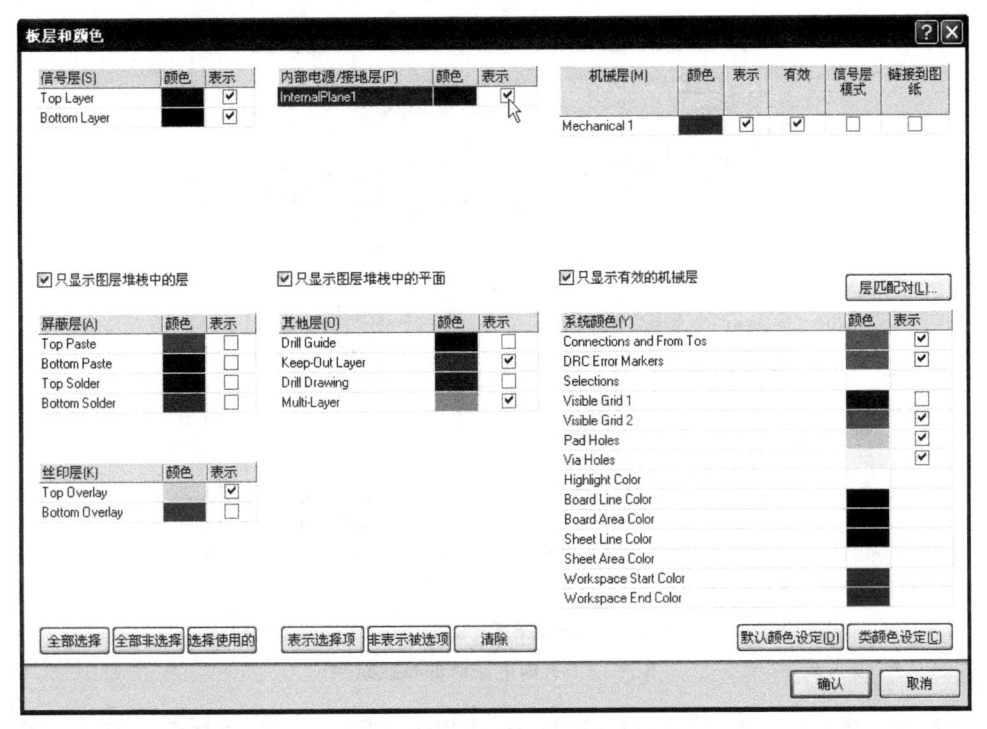

图 7-11 【板层和颜色】对话框

将"内部电源/接地层"下面的"InternalPlane1"层后面的复选框打上"√",如图 7-11 所示。单击 确认 按钮。我们在 PCB 工作区的下面可以看到"InternalPlane1"层,如图 7-12 所示。

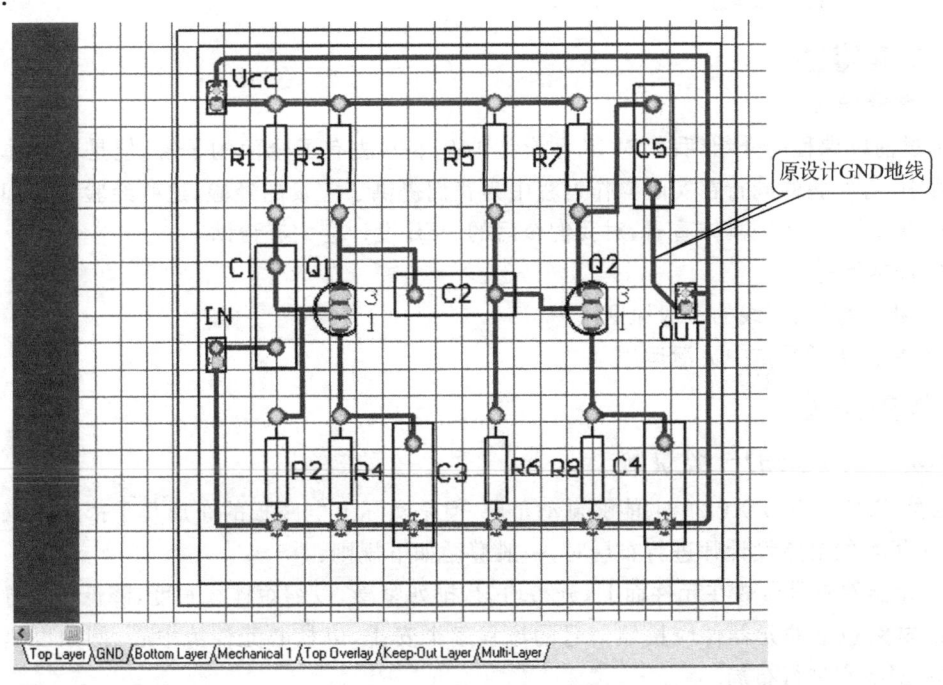

图 7-12 增加"InternalPlane1"层后的工作区

此时,我们取消全部布线,重新执行自动布线操作,其布线结果如图 7-13 所示。

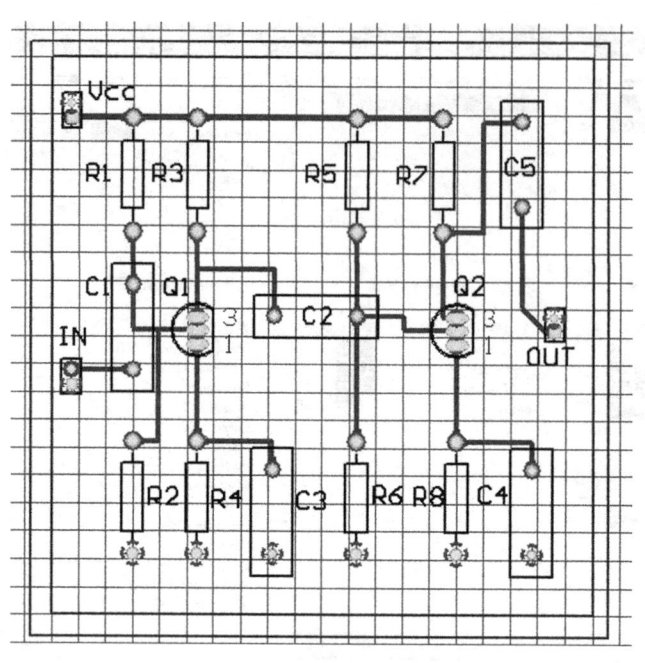

图 7-13　有内电层时的布线结果

我们会发现地线不见了,全部转到"Internal Plane1"层上去了,这样我们就建立了内电层,底层的布线明显减少.

任务二　PCB 设计经验和技巧

一、任务描述

1. 情景导入

通过前续课程的介绍,我们对 PCB 设计的基本方法有了全面的了解,但是在具体的操作过程中,有经验的同行在实际操作过程中为我们提供了宝贵的经验,这些经验为我们提供了有益的参考,让我们具体看看,对我们今后的 PCB 设计会大有帮助.

2. 任务目标

(1)认识布局、布线的一般原则.
(2)能在实际操作中灵活运用.

二、任务实施

★ *活动一　布局的一般原则*

虽然 PROTEL DXP 2004 能够自动布局,但是实际上电路板的布局几乎都是手工完成的.一个优秀的电路设计师进行布局时,一般遵循如下规则:

1. 元器件应尽量放在元件面上,分布均匀,排列紧凑,以缩短连线长度,降低连接导线.
2. 电路板上的元器件应按照信号的流程逐个安排,以核心元件为中心,例如以集成电路为主,围绕它进行布局.
3. 元器件在印刷板上的重量应分布均匀,元器件不允许交叉和重叠放置.
4. 印刷板上有大而重的元器件时应安排在靠近板子固定端的位置,并留足够的装配空间和位置.

5. 为了提高机械强度,可将一些笨重的元器件(比如变压器、继电器)等放到辅助电路板上,利用附件进行固定.

6. 发热元器件应放在有利于散热的位置,必要时可单独放置或加装散热片.

7. 对于辐射电磁场较强的元件(或局部电路)以及对电磁感应比较敏感的元件,应加大它们之间的距离,必要时要进行屏蔽,元器件放置的方向与相邻的印制导线交叉.

8. 对于电位器、可变电容等可以调整的元件或者微动开关等,在设计时要考虑整机的结构要求.如果是机器外部调整,其位置要与调节旋钮在机器面板上的位置相对应;如是机器内部调整,则应放在印刷板上能够调整的地方.

9. 集成电路器件尤其是双列直插器件,布局时要尽量方向一致,间隔相等,整齐排列有序.

10. 印制板边缘的元件应该距离边缘至少 2 毫米.

11. 印制板的形状应呈矩形,长宽比例一般为 3∶2 或者是 4∶3.

12. 当板的尺寸大于 300 毫米 * 200 毫米时,应考虑分板设计.

13. 印制板上应留有固定支架、定位螺丝孔和连接插座,固定散热片的位置.

★ **活动二　布线的一般原则**

1. 布线应该首要选择单层板,其次是双层,最后是多层.

2. 布线力求路径短捷,以减少连接阻抗.

3. 一般公共地线布置在印制板的最边缘,便于与机架接地连接.

4. 印制板上要尽量多保留铜铂做地线,这样可以使屏蔽能力增强.铜膜线的公共地线应该尽可能放在电路板的边缘部分,另外地线的形状最好作成环路或网格状.多层电路板由于采用内层做电源和地线专用层,因而可以起到更好的屏蔽作用效果.

5. 高、低电平悬殊大的信号应尽可能缩短,并加大距离.

6. 导线拐弯的地方不要出现锐角.

7. 输入、输出导线应尽量避免相互平行,最好是在中间加地线隔离,两面的导线应互相垂直、斜交或弯曲走线,用于减少寄生耦合.

8. 印制导线在不影响电气性能的前提下,应尽量避免采用大面积铜箔,如果必须采用大面积铜箔,应在适当的距离开窗口,用于防止长时间受热时铜箔与基板的黏合剂产生的挥发性气体无法排除,热量不宜散发,产生铜箔脱落现象.

9. 电路板上既有数字电路,又有模拟电路,应该使它们尽量分开,而且地线不能混接,应分别与电源的地线端连接(最好电源端也分别连接).要尽量加大线性电路的面积.一般数字电路的抗干扰能力强,TTL 电路的噪声容限为 0.4~0.6V,CMOS 数字电路的噪声容限为电源电压的 0.3~0.45 倍,而模拟电路部分只要有微伏级的噪声,就足以使其工作不正常.所以两类电路应该分开布局和布线.

10. 高频电路中同一面的印制导线应避免相邻导线平行段过长,在允许的情况下适当加大信号间距.

11. 一组平行导线应保持等间距.相邻铜膜线之间的间距应该满足电气安全要求,同时为了便于生产,间距应该越宽越好.最小间距至少能够承受所加电压的峰值.在布线密度低的情况下,间距应该尽可能的大.

12. 导线宽度不宜大于焊盘尺寸.

13. 在元器件尺寸较大、步线密度较低时,应适当加宽导线及其间距.

14. 正确选择单点接地与多点接地.在低频电路中,信号频率小于1MHz,布线和元件之间的电感可以忽略,而地线电路电阻上产生的压降对电路影响较大,所以应该采用单点接地法.当信号的频率大于10MHz时,地线电感的影响较大,所以宜采用就近接地的多点接地法.当信号频率在1~10MHz之间时,如果采用单点接地法,地线长度不应该超过波长的1/20,否则应该采用多点接地.

15. 同一级电路的接地点应该尽可能靠近,并且本级电路的电源滤波电容也应该接在本级的接地点上.

16. 总地线的接法.总地线必须严格按照高频、中频、低频的顺序一级级地从弱电到强电连接.高频部分最好采用大面积包围式地线,以保证有好的屏蔽效果.

任务三 PCB 的输出

一、任务描述

1. 情景导入

当我们设计好 PCB 之后,为了便于交流、存档或出于保密的目的,我们通常需要将 PCB 设计文件输出为纸质文档,形成纸质文件资料,方便我们对文档的管理.那么,对于我们设计好的纸质文件,如何通过打印机或其他输出设备输出呢? 需要输出哪些文件呢? 我们在本任务中我们将要进行介绍.

2. 任务目标

(1)认识 PCB 输出的必要性.

(2)学会设计规则检查、PCB 信息报表等执行的操作方法.

★ 活动一 设计规则检查

在自动布线完成以后,为了保证所进行的设计工作的正确性,如元器件的布局、布线等是否符合所定义的设计规则,需要对整个电路板进行 DRC 检查,从而确定电路板是否存在不合理的地方,同时也需要确认所制定的规则是否符合印制板的生产工艺要求.操作方法如下:

1. 执行菜单命令【工具】/【设计规则检查】,弹出【设计规则检查器】对话框,如图 7-14 所示.

2. 单击【设计规则检查器】对话框左边窗口的【Report Options】选项,在右边窗口中显示了该项的内容,通过各复选框选择需要报告的内容.

3. 单击【设计规则检查器】对话框左边窗口的【Rules To Check】选项,相应的可以在右边窗口中设置相关内容.

4. 各项规则设置好之后,单击 运行设计规则检查(R) 按钮,系统将弹出【Message】窗口.如有错误,将在【Message】窗口中显示错误信息,同时在电路板上也有错误的标志,便于我们对电路板进行修改;没有错误,【Message】窗口不显示任何信息.

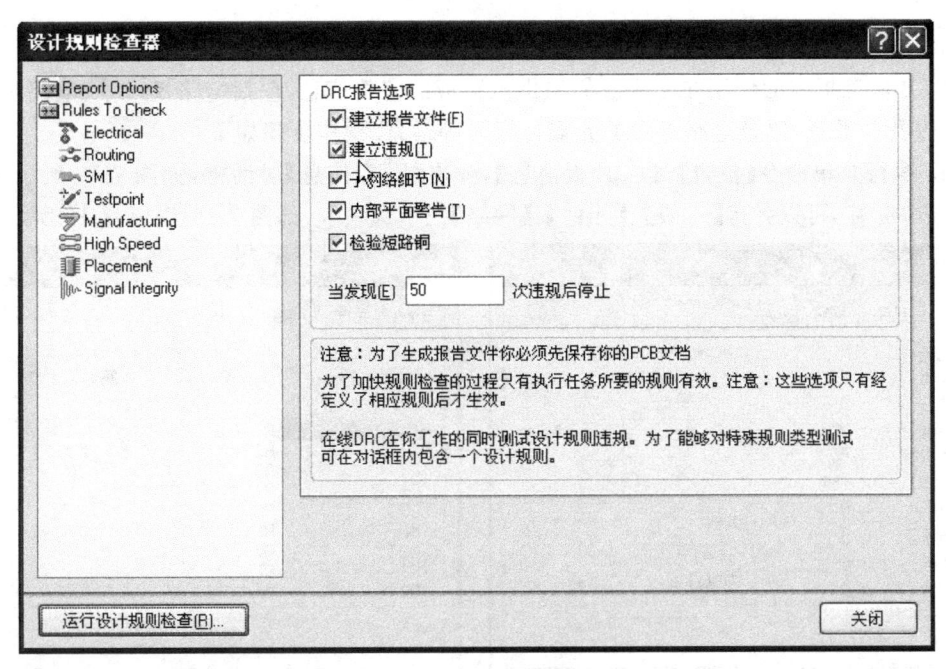

图 7-14 【设计规则检查器】对话框

5. 系统将同时生成 DRC 文件，如图 7-15 所示.

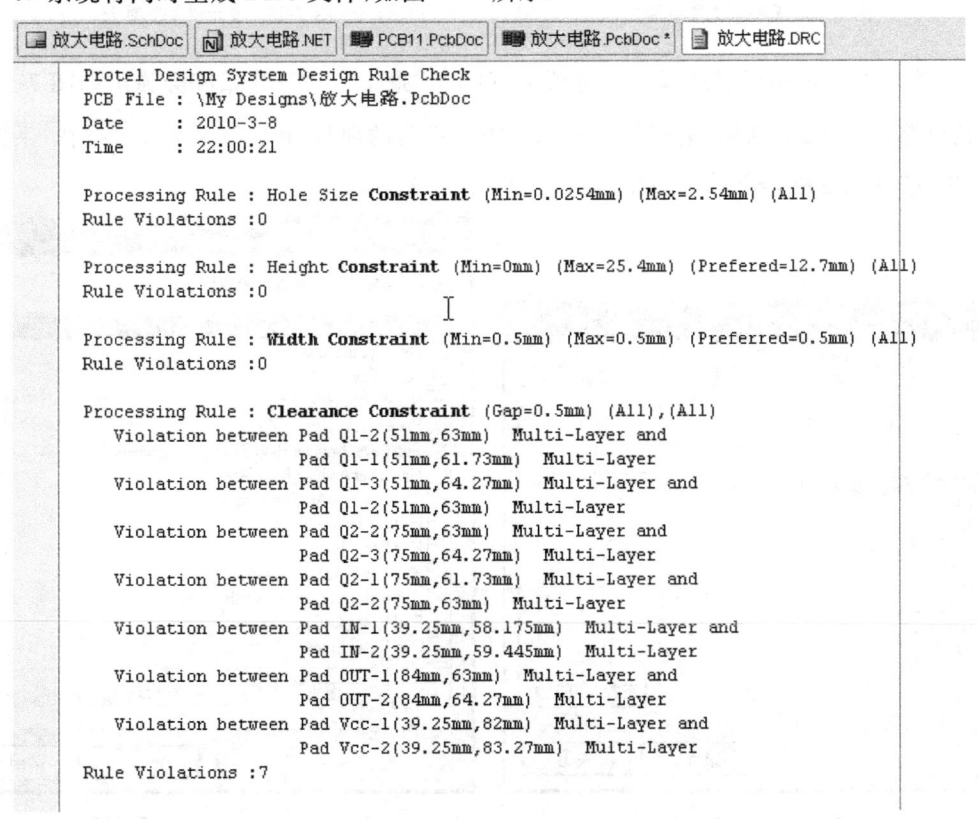

```
Protel Design System Design Rule Check
PCB File : \My Designs\放大电路.PcbDoc
Date     : 2010-3-8
Time     : 22:00:21

Processing Rule : Hole Size Constraint (Min=0.0254mm) (Max=2.54mm) (All)
Rule Violations :0

Processing Rule : Height Constraint (Min=0mm) (Max=25.4mm) (Prefered=12.7mm) (All)
Rule Violations :0

Processing Rule : Width Constraint (Min=0.5mm) (Max=0.5mm) (Preferred=0.5mm) (All)
Rule Violations :0

Processing Rule : Clearance Constraint (Gap=0.5mm) (All),(All)
    Violation between Pad Q1-2(51mm,63mm)    Multi-Layer and
                      Pad Q1-1(51mm,61.73mm)   Multi-Layer
    Violation between Pad Q1-3(51mm,64.27mm)  Multi-Layer and
                      Pad Q1-2(51mm,63mm)    Multi-Layer
    Violation between Pad Q2-2(75mm,63mm)    Multi-Layer and
                      Pad Q2-3(75mm,64.27mm)  Multi-Layer
    Violation between Pad Q2-1(75mm,61.73mm)  Multi-Layer and
                      Pad Q2-2(75mm,63mm)    Multi-Layer
    Violation between Pad IN-1(39.25mm,58.175mm)  Multi-Layer and
                      Pad IN-2(39.25mm,59.445mm)  Multi-Layer
    Violation between Pad OUT-1(84mm,63mm)   Multi-Layer and
                      Pad OUT-2(84mm,64.27mm)  Multi-Layer
    Violation between Pad Vcc-1(39.25mm,82mm)  Multi-Layer and
                      Pad Vcc-2(39.25mm,83.27mm)  Multi-Layer
Rule Violations :7
```

图 7-15 DRC 信息报表

★ **活动二　生成 PCB 信息报表**

PCB 信息报表的作用在于为我们提供电路板的完整信息，包括电路板尺寸、电路板上的焊点、过孔的数量，以及电路板上的元器件标号等信息.操作步骤如下：

1. 执行菜单命令【报告】/【PCB 板信息】，弹出【PCB 信息】对话框，如图 7-16 所示.单击对话框中标签，可以弹出【一般】、【元件】、【网络】三个选项卡，如图 7-16、7-17、7-18 所示.

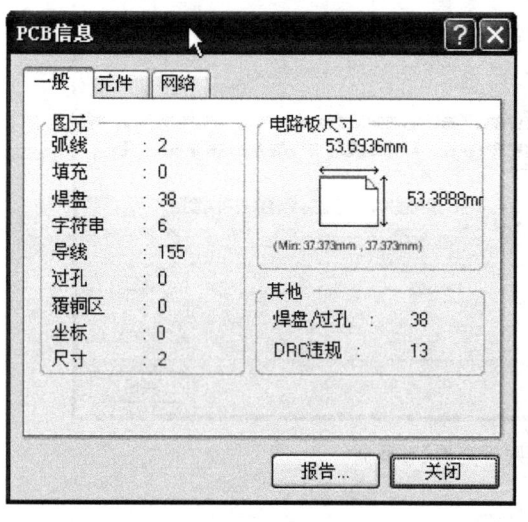

图 7-16　【一般】选项卡

图 7-17　【元件】选项卡

2. 在 3 个选项中任意选择一个选项卡，单击 报告… 按钮，系统会弹出如图 7-19 所示的【电路板报告】对话框.通过复选框选择需要报告的项目，单击 报告… 按钮，系统会自动生成"放大电路.REP"PCB 信息报表，如图 7-20 所示.

图 7-18　【网络】选项卡

图 7-19　【电路板报告】对话框

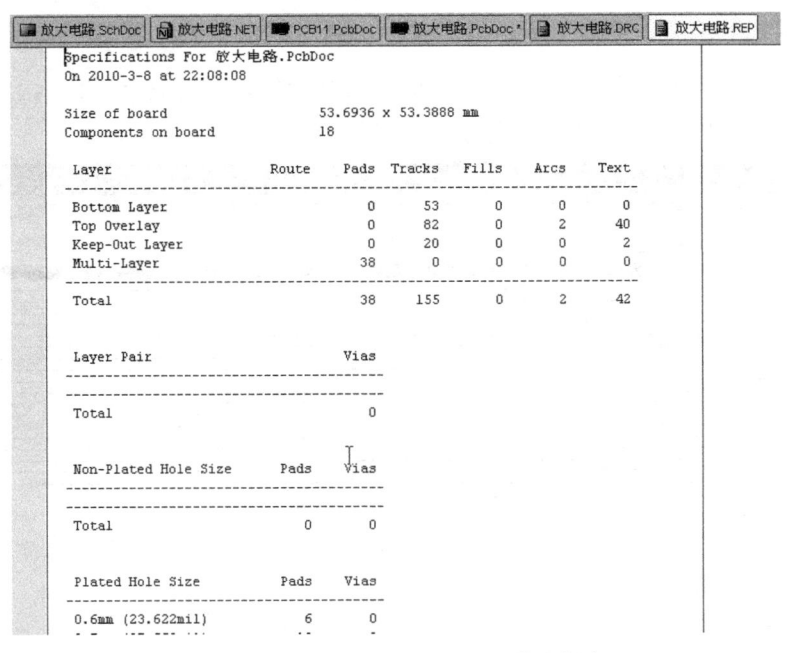

图 7-20 "放大电路.REP"PCB 信息报表

★ **活动三 生成元器件报表**

在 PCB 设计结束之后,我们可以利用 PROTEL DXP 2004 中的报表工具,很方便地生成 PCB 中用到的元器件清单报表.操作步骤如下:

1. 执行菜单命令【报告】/【Bill of Materials】,系统将弹出如图 7-21 所示的【Bill of Materials For PCB Document】对话框.

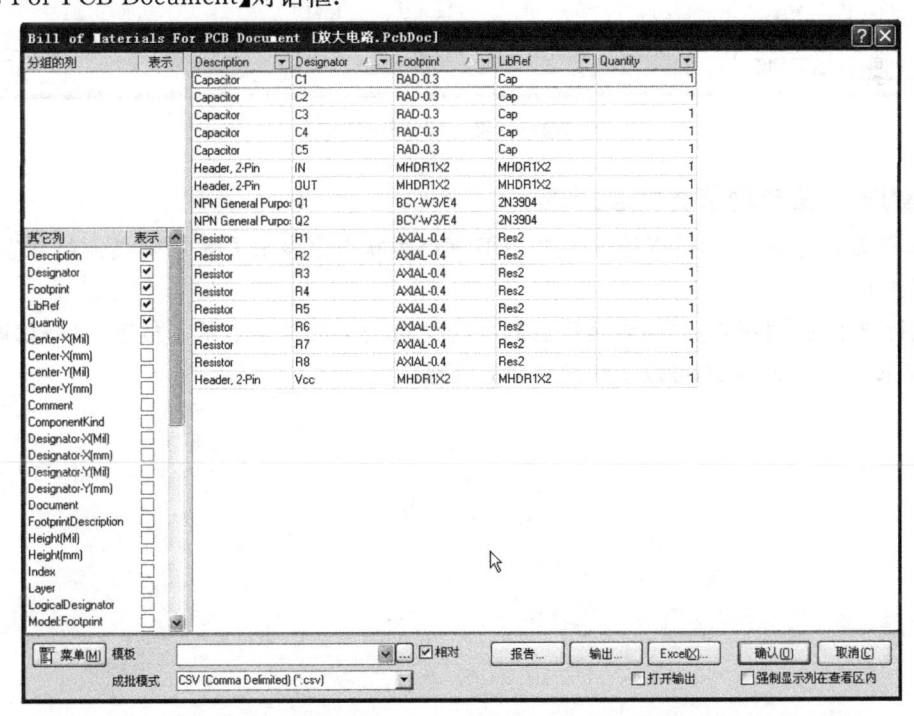

图 7-21 【Bill of Materials For PCB Document】对话框

2. 单击【Bill of Materials For PCB Document】对话框中的 报告... 按钮,系统生成【报告预览】对话框,如图 7-22 所示.单击【报告预览】对话框的 输出(E)... 、打印(P)... 按钮,可以生成我们需要的各种格式的输出文件或打印文档.

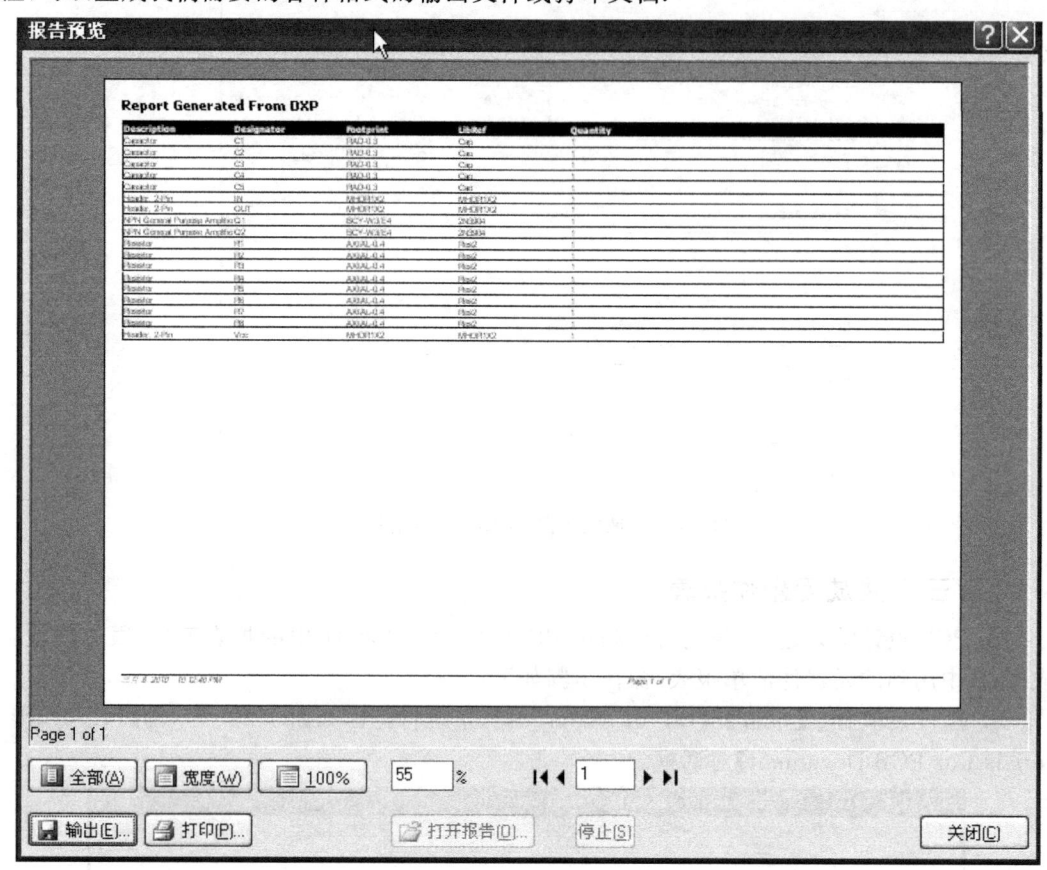

图 7-22 【报告预览】对话框

★ 活动四　生成网络表状态报表

在 PCB 设计中,我们可以通过生成 PCB 网络表状态报表来了解 PCB 的网络状态.其操作步骤如下:

执行菜单命令【报告】/【网络表状态】,系统会自动生成网络表状态报表文件,如图 7-23 所示.通过状态报表,我们可以了解网络表的状态.

```
Nets report For
On 2010-3-8 at 22:16:32

+12      Signal Layers Only   Length:33 mms
GND      Signal Layers Only   Length:143 mms
NetC1_1  Signal Layers Only   Length:6 mms
NetC1_2  Signal Layers Only   Length:25 mms
NetC2_1  Signal Layers Only   Length:28 mms
NetC2_2  Signal Layers Only   Length:15 mms
NetC3_2  Signal Layers Only   Length:17 mms
NetC4_2  Signal Layers Only   Length:17 mms
NetC5_1  Signal Layers Only   Length:13 mms
NetC5_2  Signal Layers Only   Length:28 mms
```

图 7-23 网络表状态报表（部分）

★ 活动五 3D 效果图输出

PROTEL DXP 2004 为我们提供了 PCB 3D 输出效果图这一强大预览功能，通过预览，我们可以方便的预览印制板元器件分布的整体效果图，可以极大地提高我们的设计效率。其操作方法很简单，我们以在项目四中介绍过的两级放大电路为例简要介绍如下：

1. 打开我们制作的 PCB 文件。

2. 执行菜单命令查看显示三维 PCB 板，则系统生成 PCB 板的三维效果图，如图 7-24 所示。

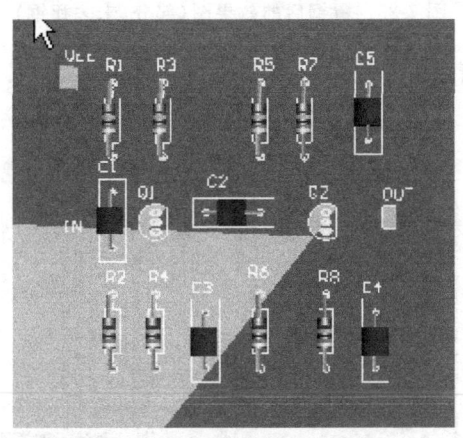

图 7-24 输出 PCB 的三维效果图

3. 在图 7-24 中，出现了灰色的阴影，是因为在 PROTEL DXP 2004 的缺少三极管 3D 模型所致，如果在 3D 模型库中存在三极管的 3D 模型，就不会出现灰色阴影。

知识回顾

在本项目中,我们详细介绍了在 PCB 设计中的一些高级操作技巧和执行方法.在 PCB 设计过程中,我们要积极吸取别人的心得体会,因此,我们对 PCB 设计过程中布局和布线的基本原则也作了基本的介绍,这些有待于我们在将来的实际操作中加以体会和提高.PCB 文件设计完成之后,我们应当懂得其输出方法,这些将会对我们的设计工作带来方便,在本项目中,我们介绍了设计规则的检查、PCB 信息报表的输出、元器件报表的生成、网络状态报表的生产以及 PCB 3D 输出等内容.

上机练习

1. 打开安装目录下" * ：\Program Files\Altium2004\Examples\PCB Auto-Routing\Routed BOARD 1.PcbDoc"文件,进行以下操作:

(1)大面积覆铜,如图 7-25 所示.

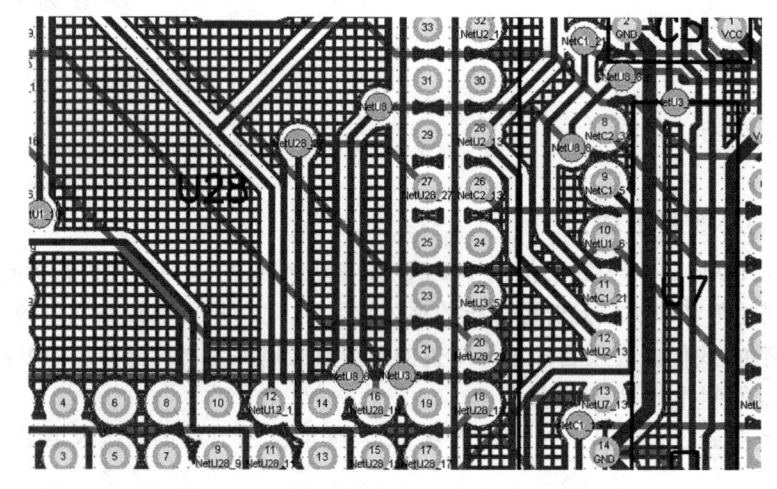

图 7-25　覆铜后的效果图(部分,未去死铜)

(2)包地,如图 7-26 所示.

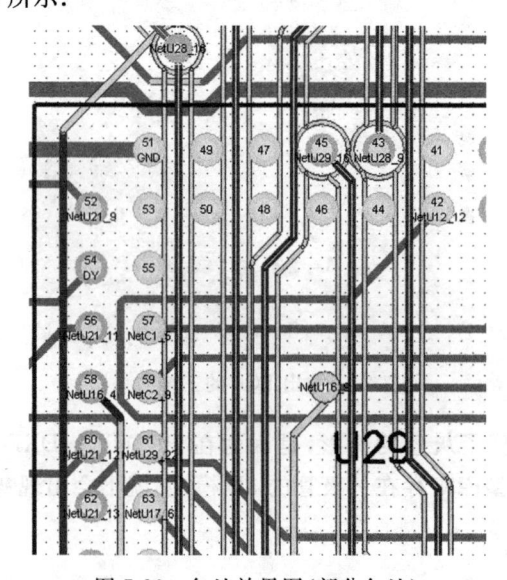

图 7-26　包地效果图(部分包地)

(3)补泪滴,如图 7-27 所示.

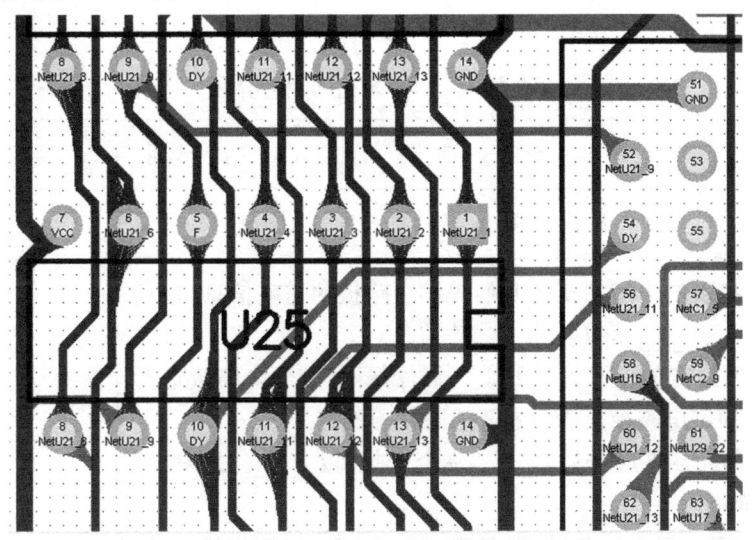

图 7-27 滴泪滴后效果图(部分)

(4)内建接地电层操作并输出 3D 效果图,如图 7-28 所示.

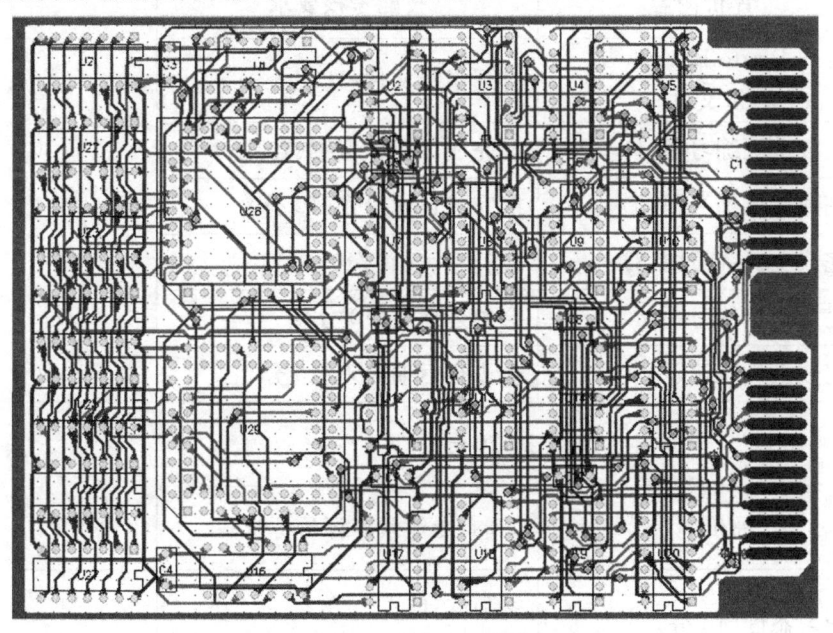

图 7-28 增加内地电层后的布线图

2. 打开安装目录下"＊：\Program Files\Altium2004\Examples\PCB Auto-Routing\Routed BOARD 1. PcbDoc"文件,进行设计规则检查、产生 PCB 信息报表、生成元器件报表、生成网络表信息状态报表的操作.

评价

项目七 学习任务评价表

姓名			日期		
理论知识(20 分)					师评
1. PCB 信息报表的作用在于为我们提供电路板的完整信息,包括 _____ 、 _____ 、 _____ ,以及 _____ 等信息. 2. 为了保证所进行的设计工作的 _____ ,需要对整个电路板进行 _____ ,从而确定电路板是否存在不合理的地方. 3. 电路板上的元器件应按照 _____ 逐个安排,以 _____ 为中心,围绕它进行布局.					
技能操作(60 分)					
序号	评价内容		技能考核要求		
1	打开 Route Board 1. PcbDoc 文件		打开指定文件(10 分)		
2	完成上机练习题(1)		能完成大面积覆铜(10 分)		
3	完成上机练习题(2)		能完成包地操作(10 分)		
4	完成上机练习题(3)		会补泪滴(10 分)		
5	完成上机练习题(4)		会内建地层(10 分)		
6	完成上机练习题 2		会进行后期处理(10 分)		
学生专业素养(20 分)			自评	互评	师评
序号	评价内容	专业素养评价标准			
1	学习态度(10 分)	参与度好 团队协作好			
2	基本素养(10 分)	纪律好 无迟到、早退			
综合评价					

项目八　TDA2030 功放电路设计

前面已经从电路原理图的绘制到 PCB 印制板的制作进行了学习,本项目通过 TDA2030 功放电路的设计,使我们对 PROTEL DXP 2004 制作电路板的整个过程有一个更全面的认识,从而提高实际电路的设计水平.

本项目学习目标

1. 知识目标

(1)认识电路的设计流程;
(2)知道原理图的绘制方法;
(3)熟悉元件的制作方法;
(4)知道 PCB 板的制作方法.

2. 技能目标

(1)能正确绘制原理图元件;
(2)能正确绘制元件封装;
(3)能正确绘制电路原理图;
(4)能制作简单 PCB 板.

任务一　认识设计电路相关基础知识

一、任务描述

1. 情景导入

一个好的设计人员,接到一个设计任务,首先应知道设计电路的有关基础知识,清楚设计要求,理清设计思路,做好充分的准备工作.下面就让我们一起朝一个好的设计师而努力吧!

2. 任务目标

弄清 TDA2030 功放电路的相关知识,清楚设计要求,理清设计思路.

二、任务实施

★ **活动一　认识 TDA2030 功放电路**

我们在设计一个电路之前,必须先做一些知识准备工作,如弄清楚电路有关的基础知识,有哪些特殊元件需要自己制作等.下面就让我们一起来认识一下有关 TDA2030 功放电路的基础知识吧!

1. TDA2030 集成块简介

(1)TDA2030 的功能.

TDA2030 是最常用到的音频功率放大集成块.具有体积小、输出功率大、失真小等特点,广泛应用于汽车立体声收录音机、中功率音响设备.如图 8-1 所示为一款 TDA2030 功放电路原理图.

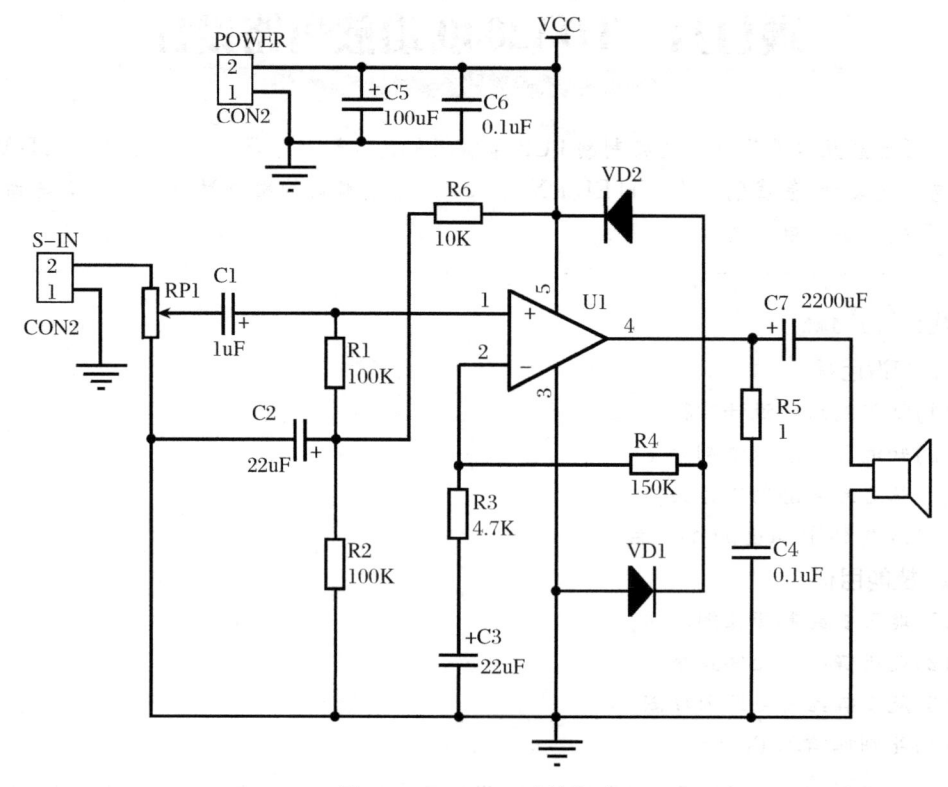

图 8-1　TDA2030 功放电路

(2)TDA2030 的引脚功能.

TDA2030 常采用 V 型 5 脚单列直插式塑料封装.各管脚功能为:1 脚是正相输入端;2 脚是反向输入端;3 脚是负电源输入端;4 脚是功率输出端;5 脚是正电源输入端.

2. TDA2030 功放常见电路

图 8-1 是一款常见的单电源供电 TDA2030 功放电路,我们将以它为实例进行讲解.

★ **活动二　设计要求与设计思路**

下面让我们来看一下 TDA2030 功放电路的设计要求吧!

1. 设计要求

在功放电路设计过程中,采用 TDA2030 集成块,TDA2030 的引脚为 V 型引脚,要求利用 PROTEL DXP 2004 完成从原理图到 PCB 的设计过程,TDA2030 的原理图元件和封装均采用自己绘制.

2. 设计思路

设计电路之前,设计人员要有一个明确的设计思路,做到心中有数.电路板设计的一般步骤是:

(1)创建项目文件及工作环境.
(2)原理图设计.
(3)生成网络表.
(4)PCB 设计.

任务二　创建 TDA2030 功放电路项目文件

在进行一个项目开发时,应先建立项目文件,建立项目文件的步骤的如下:

1. 启动 PROTEL DXP 2004.

2. 选择【文件】/【创建】/【项目】/【PCB 项目】命令,系统的工作区会自动产生名为 PCB_Project1.PrjPCB 的项目文件,选择【文件】/【保存项目】,会弹出如图 8-2 所示对话框,指定保存的位置和项目文件名为"功放. PrjPCB"。

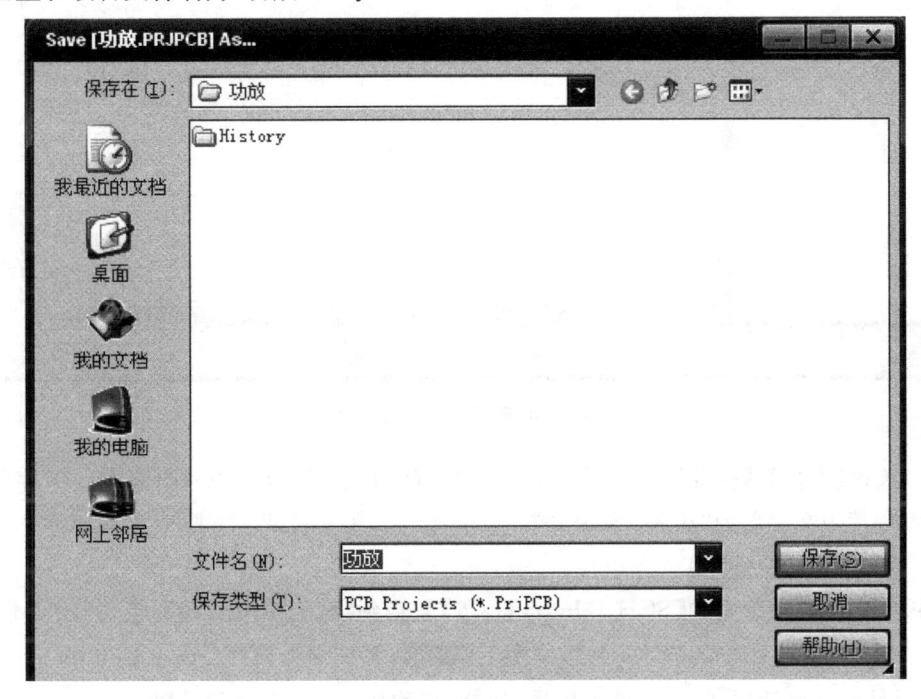

图 8-2　保存对话框

任务三　创建功放电路原理图文件

一、任务描述

1. 情景导入

电路原理图的设计是整个电路设计的基础,提供了各个器件连线的依据.因此,清晰正确的原理图是电路板设计的基石,下面就让我们一起绘制 TDA2030 的原理图吧!

2. 任务目标

能正确制作 TDA2030 原理图元件,能正确绘制 TDA2030 电路原理图.

二、任务实施

★ *活动一　绘制元件 TDA2030*

为了练习,TDA2030 集成块我们采用自己绘制的方式,下面先让我们来绘制 TDA2030 吧!

1. 启动原理图元件编辑器

(1)选择【文件】/【创建】/【库】/【原理图库】命令,系统会打开新建元器件编辑环境.如图 8-3 所示,项目面板中就会自动有一个 schlib1.SchLib 文件,它是新建的原理图元件库文件.

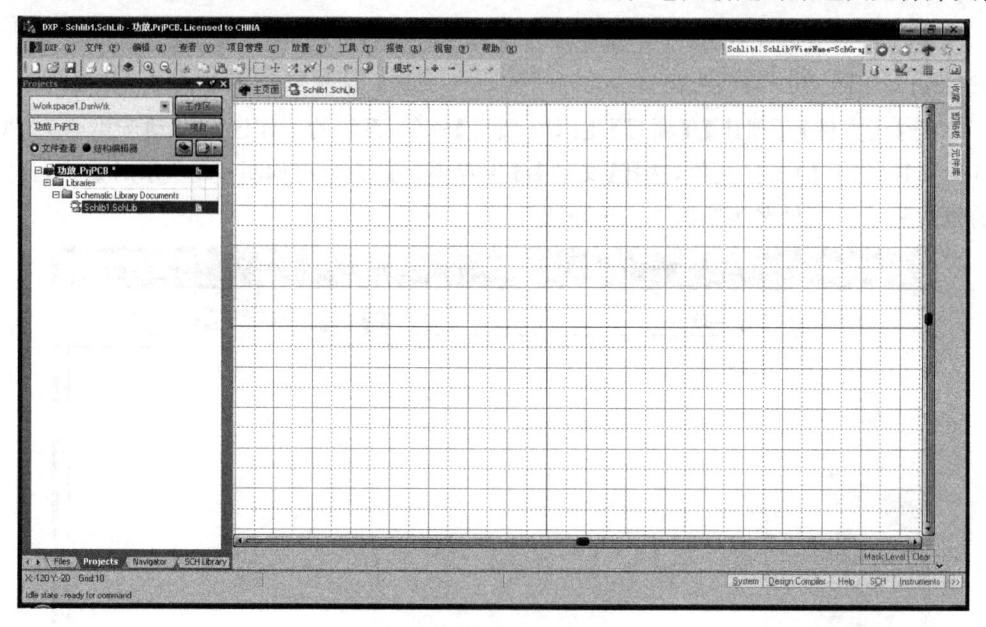

图 8-3 原理图元件库编辑界面

(2)选择【文件】/【保存】命令,系统会弹出"保存"对话框,指定原理图库文件保存的位置和文件名,其中文件名为"功放.SchLib".

2. 绘制元件 TDA2030

(1)单击屏幕左下角的【SCH Library】标签,切换到【SCH Library】面板,如图 8-4 所示.

(2)双击"SCH Library"面板上的 Component ,系统会弹出"Library Component Properties"元件属性对话框,将元器件的标号、注释、名称按照图 8-5 所示设置.

(3)单击绘图工具栏中的 图标,鼠标变成十字形状,单击鼠标确定三角形的起点、移动鼠标确定三角形的另一个点,再移动鼠标单击确定第三个点,最后回到起点单击鼠标,完成三角形的绘制.

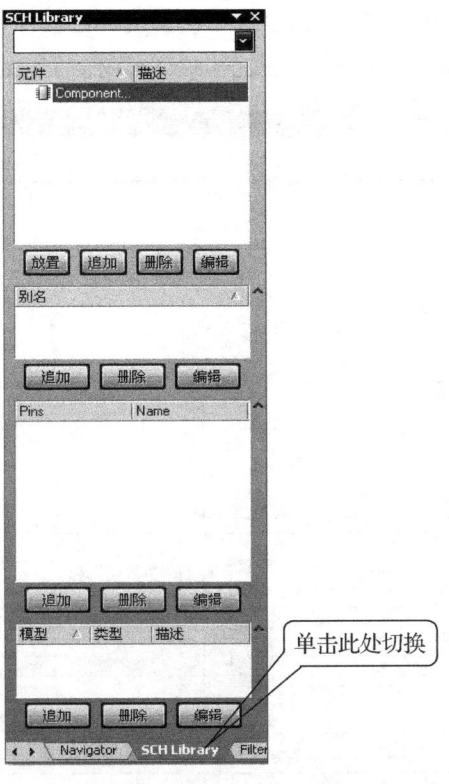

图 8-4 【SCH Library】面板

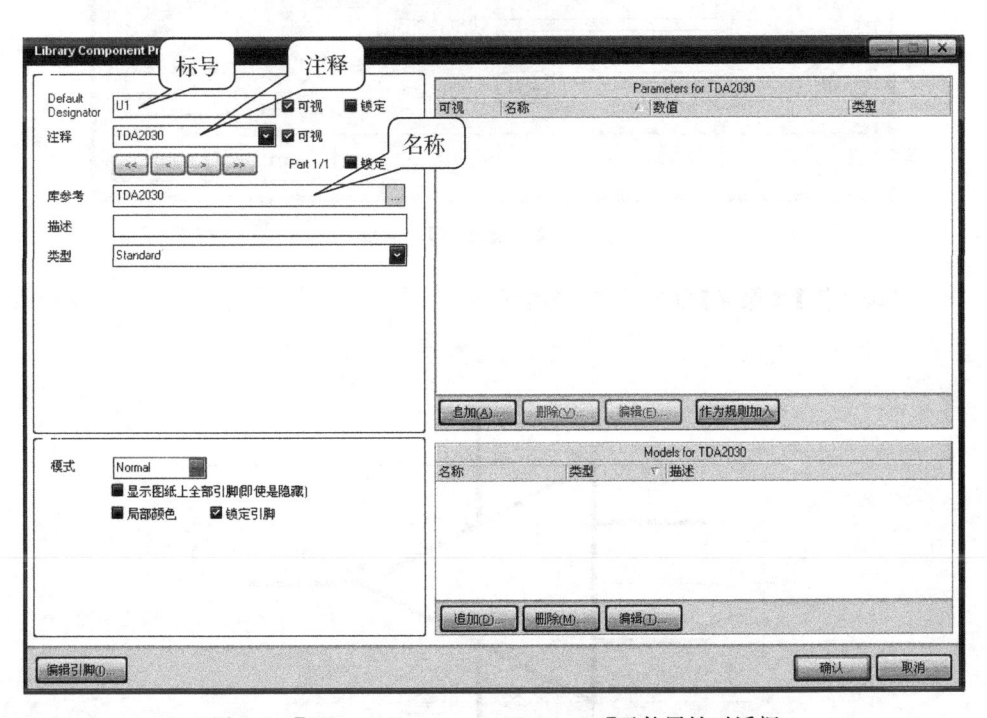

图 8-5 【Library Component Properties】元件属性对话框

(4)单击绘图工具栏中的 图标,鼠标变成十字形状,并附带有管脚在上面,单击鼠标便可放置引脚。

(5) 在放置管脚的状态下按 Tab 键,会弹出引脚属性对话框,设置引脚属性.图 8-6 所示为 TDA2030 元件 1 脚的属性对话框.放置完毕后元件符号,如图 8-7 所示.

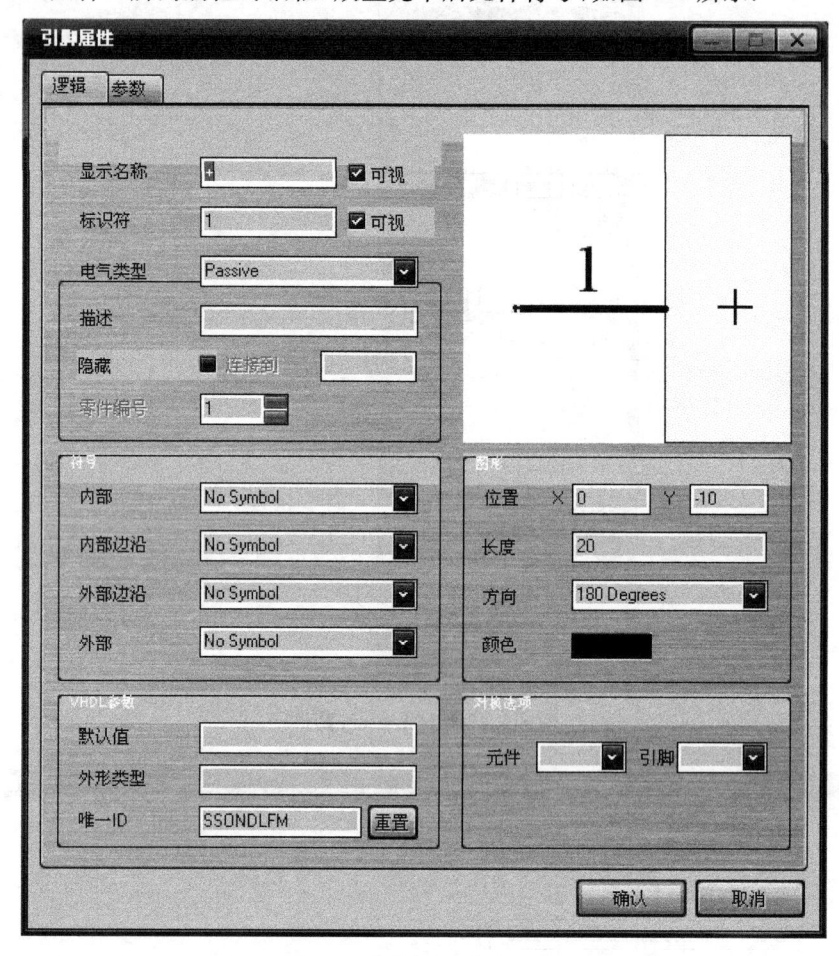

图 8-6 【引脚属性】对话框

(6) 选择【文件】/【保存】命令,保存当前元件.

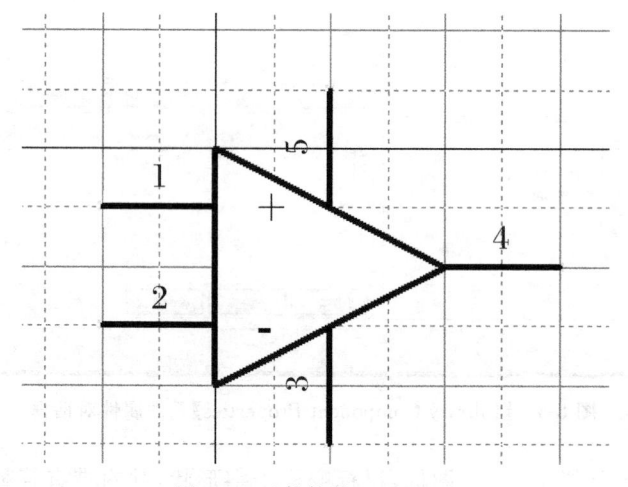

图 8-7 元件符号 TDA2030

★ 活动二 创建 TDA2030 的封装

TDA2030 按引脚的形状引可分为 H 型和 V 型,图 8-8 所示为 V 型 TDA2030 的外形图,下面我们就一起来制作一个它的封装吧!

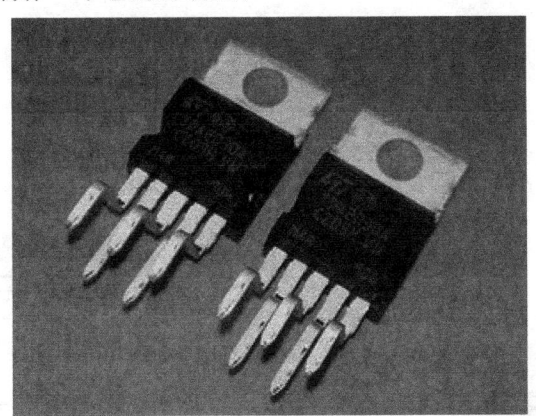

图 8-8 TDA2030 外形图

1. 启动 PCB 元件编辑器

(1)选择【文件】/【创建】/【库】/【PCB 库】命令,系统会打开新建元器件封装库的界面,如图 8-9 所示。项目面板中会有一个 PcbLib1.PcbLib 文件,该文件就是新建的元器件封装库。

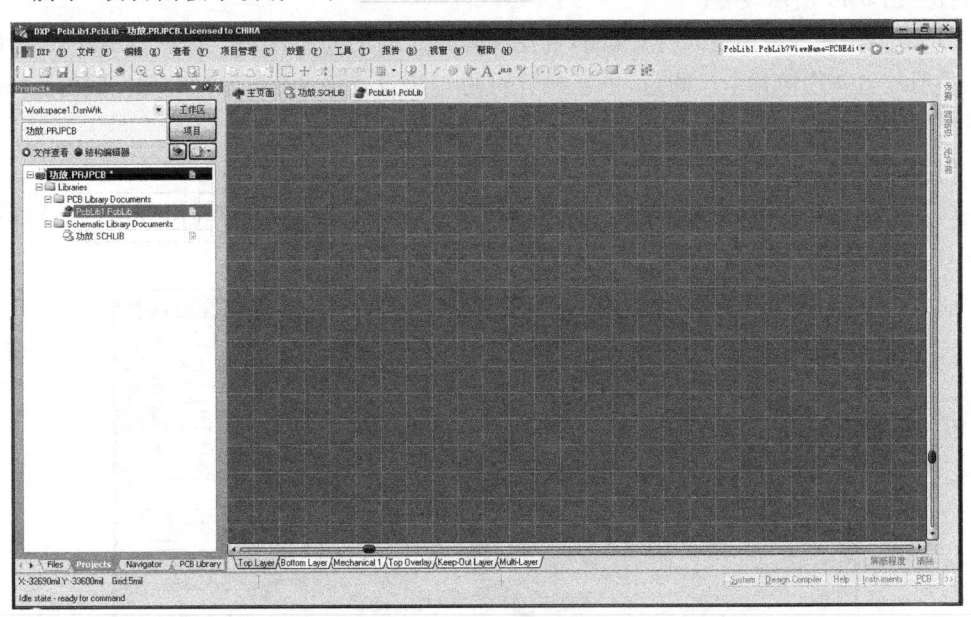

图 8-9 封装库编辑环境

(2)选择【文件】/【保存】命令,系统会弹出"保存"对话框,指定 PCB 库文件保存的位置和文件名,其中文件名设为:"功放.PcbLib"。

2. 绘制 TDA2030 元件封装

(1)单击屏幕左下角的【PCB Library】标签,切换到"PCB Library"面板,如图 8-10 所示。

图 8-10 【PCB Library】面板

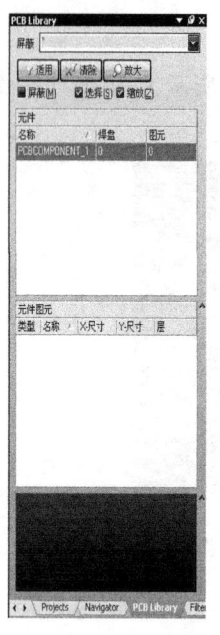

图 8-11 【PCB 元件库】对话框

(2)双击"PCB Library"面板上的,系统会弹出【PCB 元件库】对话框,将元器件的名称、描叙按照图 8-11 所示设置。

(3)根据实际元件确定元件焊盘的直径和焊盘之间的间距,可通过查 TDA2030 元件的数据手册或直接用游标卡尺测量,再经换算可得焊盘设置为 90mil×120mil,孔径为 45mil,焊盘间距为 67mil。

(4)选择【编辑】/【跳转到】/【参考点】命令,将光标跳转回原点(0,0)。

(5)单击【放置】/【焊盘】命令或工具栏 ◎ 工具,此时按下 Tab 键,弹出焊盘属性对框,按图 8-12 所示进行设置。

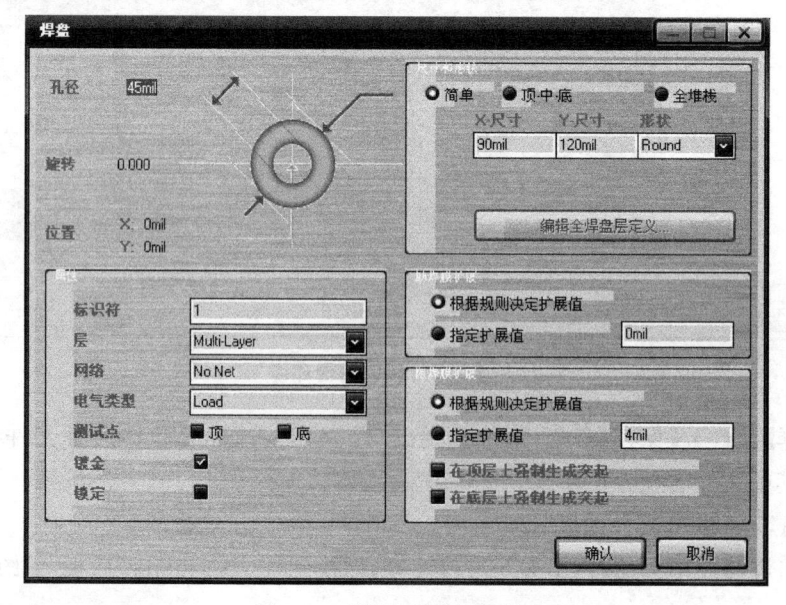

图 8-12 【焊盘】属性对话框

其主要设置参数有,孔径:45mil;标识符:1;X—尺寸:90mil;Y—尺寸:120mil;形状：Round;其他为默认.

(6)依次以水平 67mil 为间距放置焊盘 2、3、4、5,注意焊盘 2、4 与焊盘 1、3、5 Y轴方向间距为 157 mil,放置好的焊盘如图 8-13 所示.

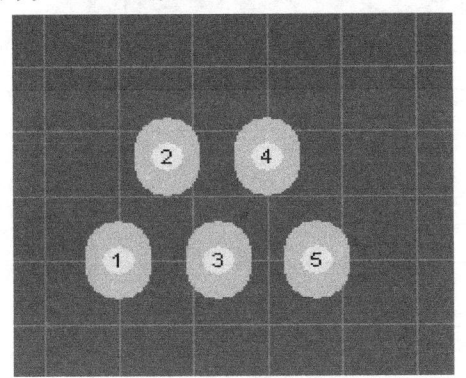

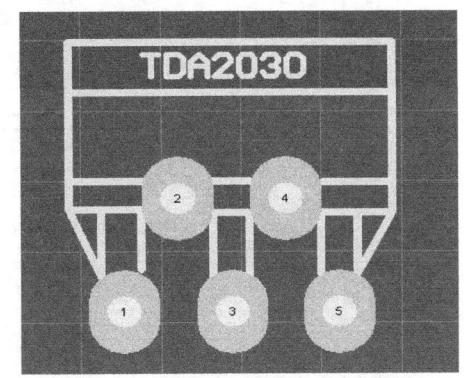

图 8-13 焊盘放置　　　　图 8-14 绘制好外形后的元件封装

(7)绘制外框.将工作层切换到 Top Overlay 丝印层,单击【放置】/【直线】命令或工具栏,绘制外框,外框绘制完毕后如图 8-14 所示.为了增加可读性,这里还放置了文字.

(8)选择【编辑】/【设定参考点】/【引脚 1】命令,将元件的参考点设置在管脚 1.

3. 选择【文件】/【保存】命令,保存当前元件.

4. 将 TDA2030 的原理图元件与制作的封装绑定起来.

(1)选择【工具】/【元件属性】命令,会打开如图 8-15 所示的【Library Component Properties】对话框,单击 Models for VD 管理区中的【追加】按钮,弹出加新的模型对话框,选择"Foot print",单击【确定】,然后会弹出【PCB模型】对话框,如图 8-16 所示.

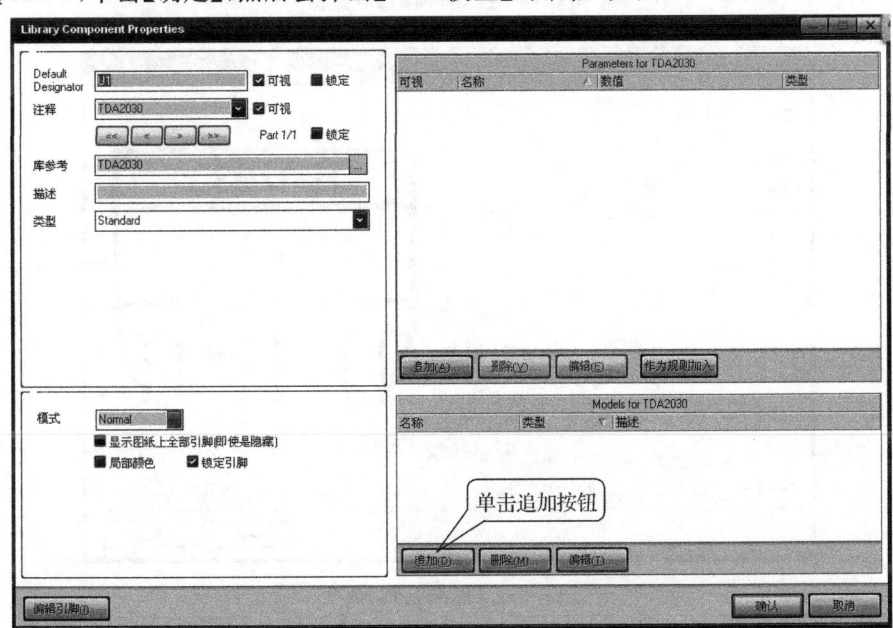

图 8-15 【Library Component Properties】对话框

(2)在图 8-16 所示的【PCB 模型】对话框中,单击【浏览】按钮,出现如图 8-17 所示的【库浏览】对话框,在左边的封装列表中选择"功放.PcbLib"库中的封装类型"TO-2030",单击【确定】按钮.

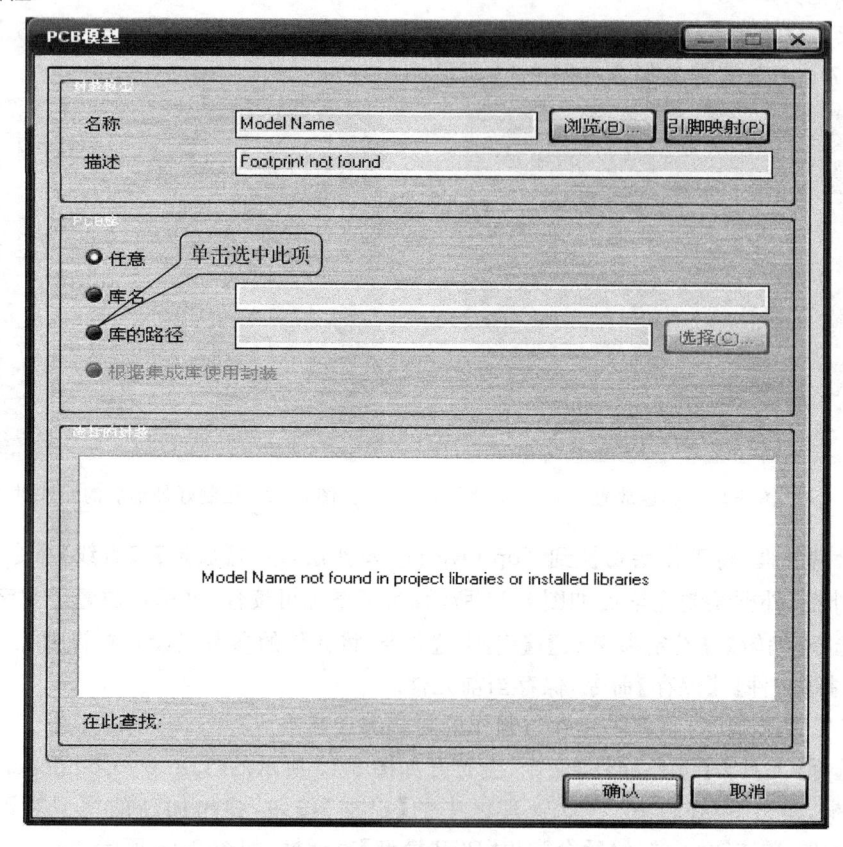

图 8-16 【PCB 模型】对话框

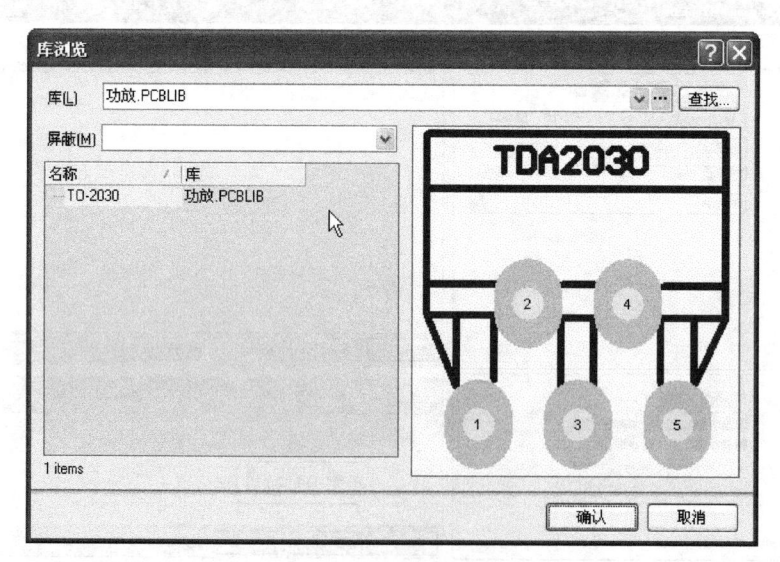

图 8-17 【库浏览】对话框

★ 活动三　绘制原理图

1. 启动原理图编辑环境

（1）【文件】/【创建】/【原理图】命令，系统会打开原理图设计界面，如图 8-18 所示。项目面板中会有一个名为 Sheet1.SchDoc 的新原理图文件。

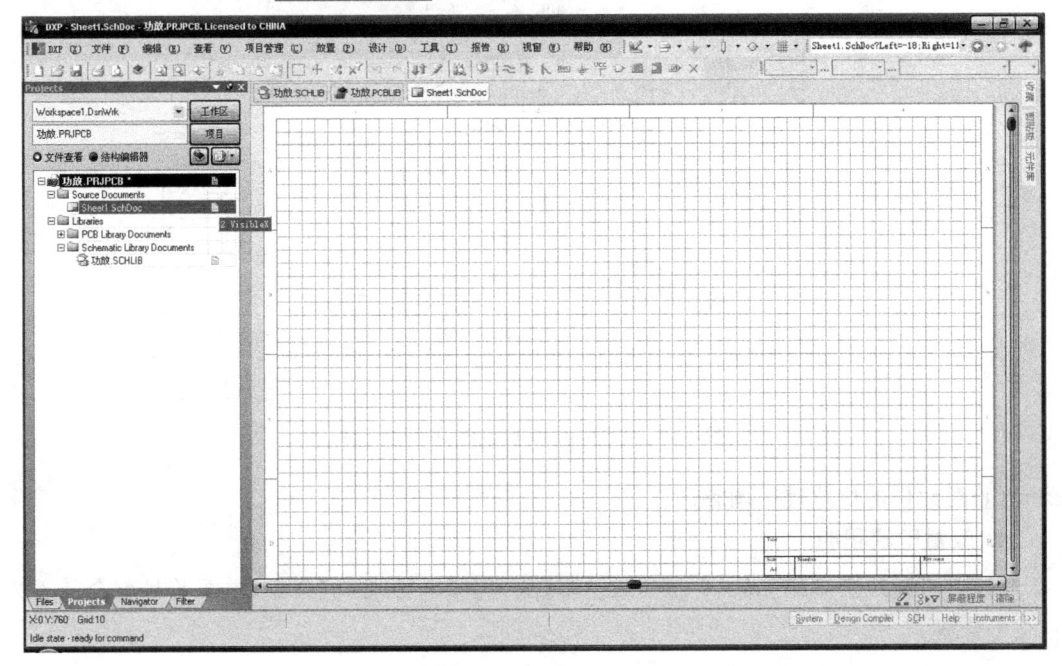

图 8-18　原理图设计界面

（2）选择【文件】/【保存】命令，系统会弹出"保存"对话框，指定原理图保存的位置和文件名，其中原理图文件名保存为"功放.SchDoc"。

2. 装载所需的元件库

（1）单击屏幕右侧的元件库标签，打开元件库面板。

（2）单击【元件库】按钮，系统会弹出【可用元件库】对话框。

（3）单击【安装】按钮，系统会弹出【打开】对话框，在【打开】对话框中分别找到"Miscellaneous Connectors.IntLib"、"Miscellaneous Devices.IntLib"和自己建立的元件库"功放.SchLib"。具体的操作方法见前面的项目二，就不在这里多做说明了。

3. 放置元件和设置元件属性

（1）单击元件库面板，在元件库下拉菜单中选择"功放.SchLib"，在元件列表中选择"TDA2030"。

（2）单击"Place"按钮，单击 Tab 按钮，打开【元件属性】对话框，将标识符设为"U1"即可。

（3）将其他元件一一找到，并设置好相应的属性值，按图 8-19 所示摆放好。

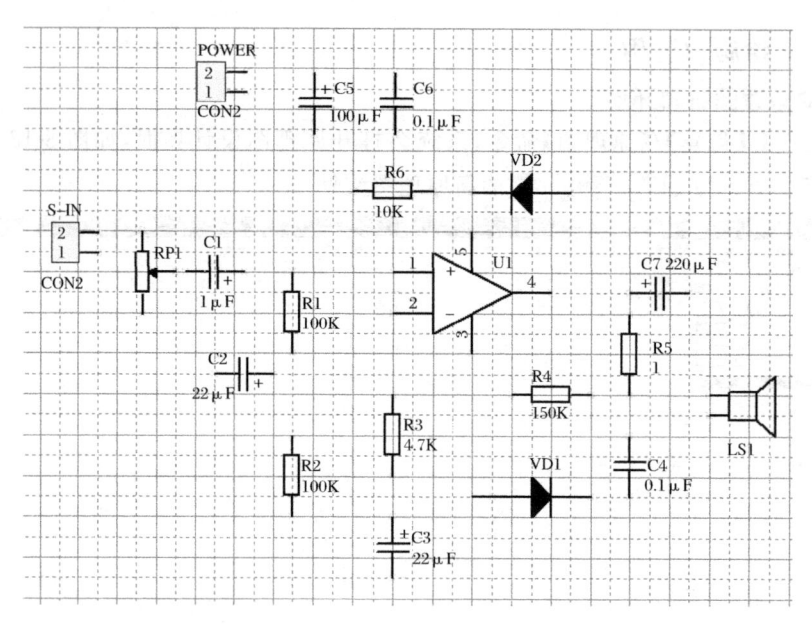

图 8-19　TDA 2030 功放电路所需元件

(4)对元件的位置进行调整.

4. 放置电源和地

(1)单击配线工具栏上的 工具或选择【放置】/【电源端口】命令,电源符号就会随着光标一起移动.

(2)单击 Tab 按钮,打开【电源端口】对话框,如图 8-20 所示设置电源端口属性,单击【确定】按钮,然后将电源放在合适的位置上.

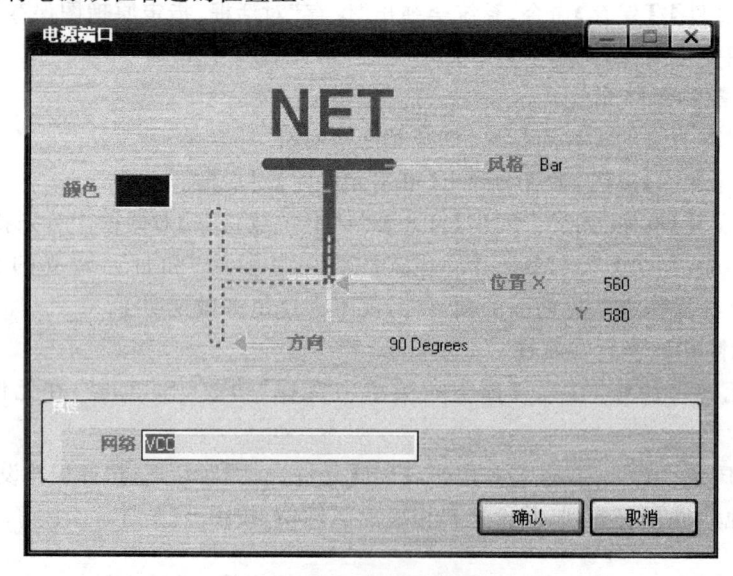

图 8-20　【电源端口】对话框

(3)单击配线工具栏上的 工具,接地符号就会随着光标一起移动.

(4)单击 Tab 按钮,打开【电源端口】对话框,如图 8-21 所示设置电源端口属性,单击【确定】按钮,然后将地放在合适的位置上.

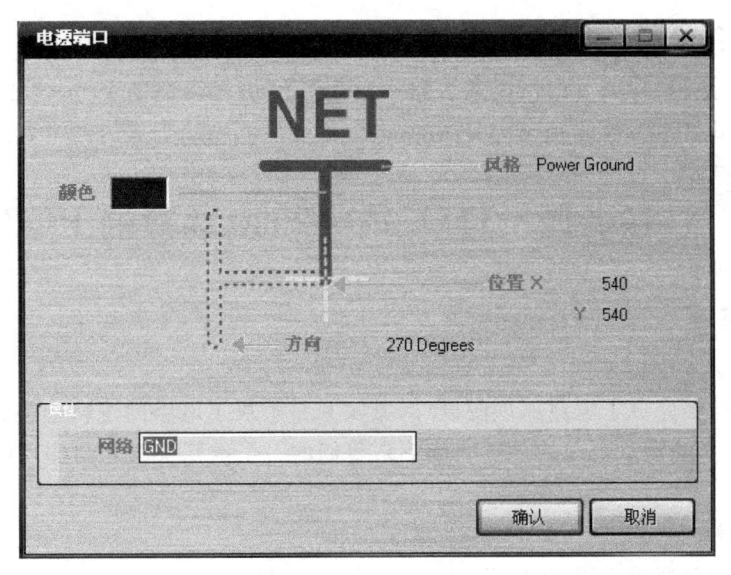

图 8-21 【电源端口】对话框

6. 绘制导线

将 TDA2030 功放电路的全部元件放置在原理图上,调整好位置和方向,接下来我们就开始绘制导线了.

(1)单击配线工具栏上的 ≈ 工具,鼠标变成十字光标.

(2)将十字光标移动到元件的一个端口上,单击鼠标,确定导线的起点,然后移动鼠标,确定导线的位置,用同样的方法绘制好所有的导线.如图 8-22 所示是绘制好全部导线的原理图.

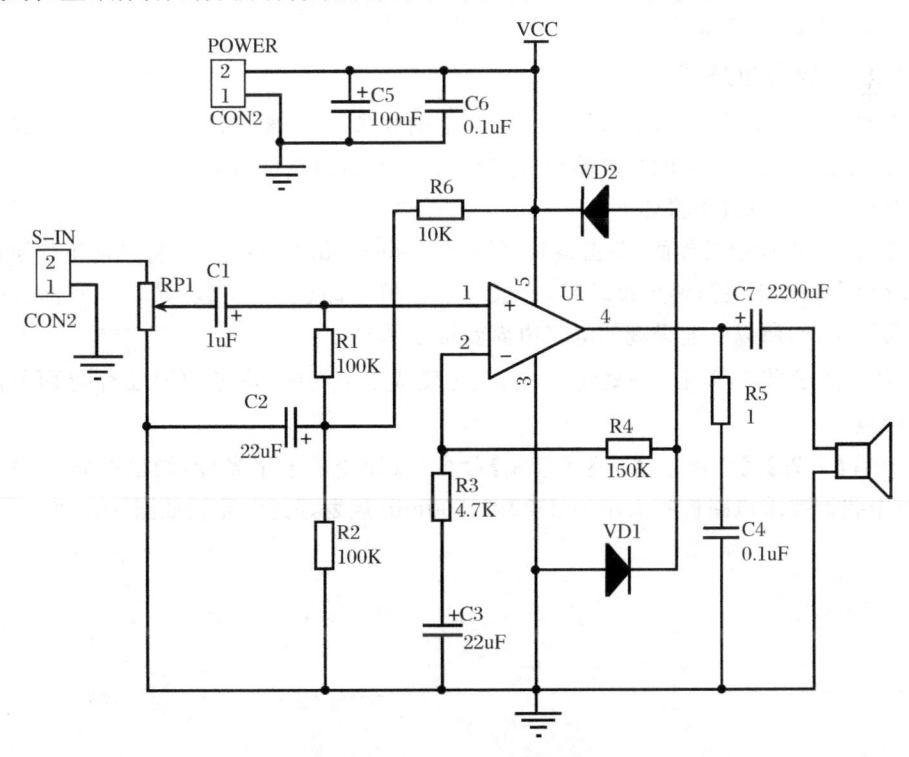

图 8-22 连接好导线的原理图

★ **活动四　创建网络表**

单击【设计】/【设计项目的网络表】/【Protel】命令,屏幕左侧的 Project 工作面板中会出现 ⊞▇ Generated,单击 ⊞▇ Generated 前面的＋号,就会看到系统生成的网络表文件.

任务四　设计 TDA2030 功放的 PCB 板

一、任务描述

1. 情景导入

前面我们已经完成了电路原理图设计,其实只是解决了电路的逻辑连接,而电路的物理连接是靠 PCB 上的铜箔实现的.所以,接下来我们的一个重要工作是制作 TDA2030 功放电路的 PCB 板.

2. 任务目标

能正确绘制单层或双层 PCB 板

二、任务实施

PCB 设计的一般步骤是:规划电路板、导入网络表、元件布局、元件布线等.

★ **活动一　启动 PCB 编辑环境**

1. 用鼠标右键单击 ▇功放.PRJPCB,在弹出的快捷菜单中选择【追加新文件到项目中】/【PCB】,则系统自动启动 PCB 编辑界面并生成一个名为 PCB1.PcbDoc 文件.

2. 选择【文件】/【保存】命令,系统会弹出"保存"对话框,指定保存位置和文件名,其文件名保存为"功放.PcbDoc".

★ **活动二　规划电路板**

对于要设计的电子产品,不可能没有尺寸上的要求.这就要求设计人员首先要确定电路板的尺寸.因此首要的工作就是电路板的规划,也就是说电路板边的确定.

电路板规划的一般步骤如下:

1. 在 PCB 设计编辑界面,单击编辑区下方的 keep-out layer 标签,将当前工作层面设置为 keep-out layer.该层为禁止布线层,一般用于设置电路板的电气边界.(本实例所做的板不涉及实际生产,所以一般只规划电气边界就可以了)

2. 设定坐标原点,单击 ▇·里面的 ⊗,光标变成十字光标,并在 PCB 工作界面单击以确定坐标原点.

3. 选择【放置】/【禁止布线区】/【直线】命令,鼠标变成十字光标,画出电路板的边界尺寸,本例中我们要求电路板的大小为 2600×1500mil.规划好的电路板如图 8-23 所示.

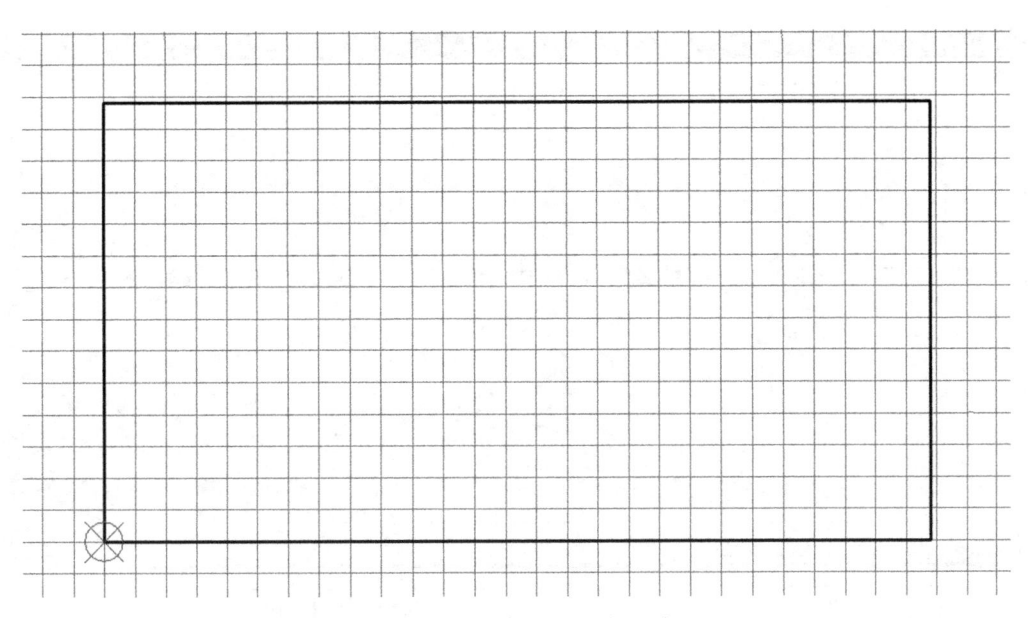

图 8-23　规划好的 PCB 板尺寸

★ **活动三　导入网络表**

电路板规划好以后,接下来的任务就是装入网络表.

1. 选择【设计】/【Import Changes From】命令,系统会打开【工程变化订单】对话框.如图 8-24 所示.

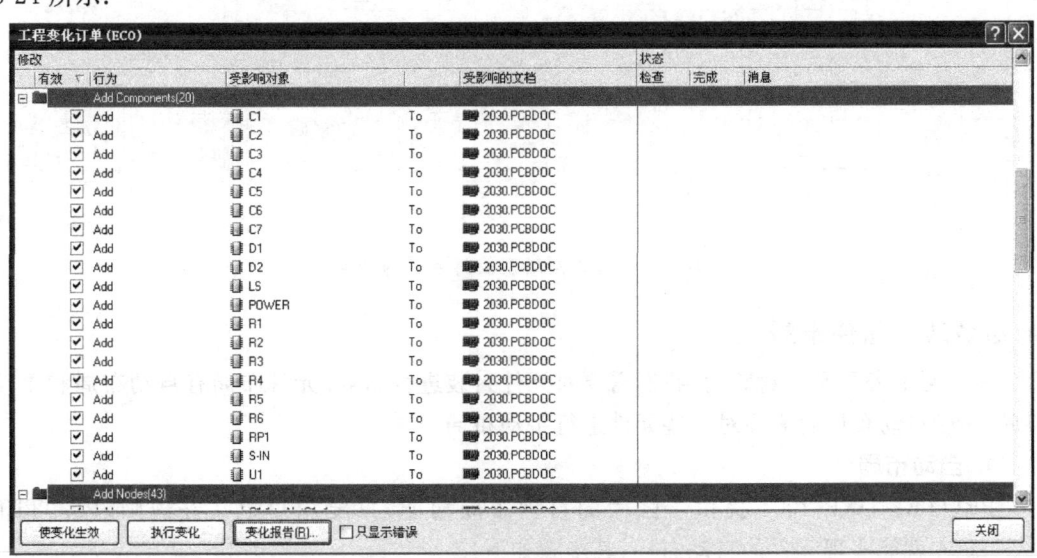

图 8-24　【工程变化订单】对话框

2. 单击【使变化生效】按钮,系统将检查工程变化.

3. 单击【执行变化】按钮,系统将完成工程变化,如图 8-25 所示.

167

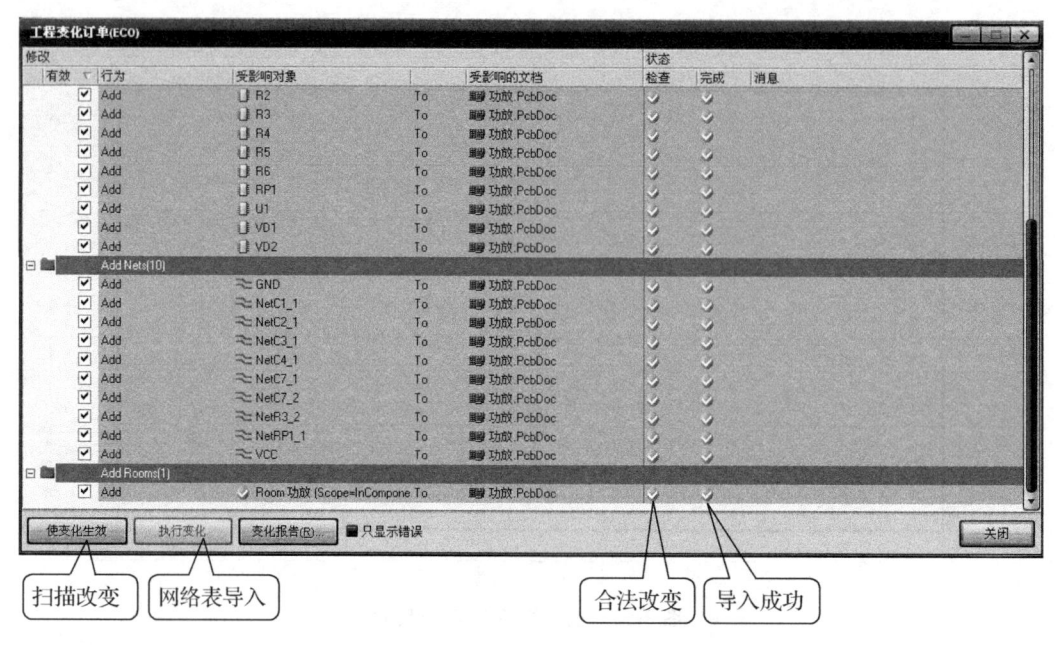

图 8-25 【工程变化订单】对话框

4. 单击【关闭】按钮,在 PCB 编辑状态下,可以看到导入网络表后的 PCB,如图 8-26 所示.

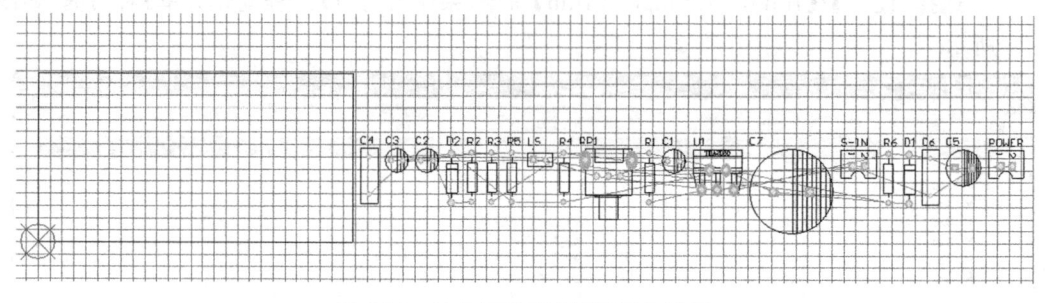

图 8-26 导入网络表及封装后的结果

★ 活动四 元件布局

装入网络表和元件封装后,我们需要对元件封装进行布局.元件布局有自动布局和手动布局,一般自动布局后需要对一些元件进行手动布局.

1. 自动布局

PROTEL DXP 2004 提供了强大的自动布局功能,只要用户定义好规则,PROTEL DXP 2004 就能实现元件的自动布局,其步骤如下:

(1)选择【工具】/【放置元件】/【自动布局】命令,系统会打开如图 8-27 所示的【自动布局】对话框.

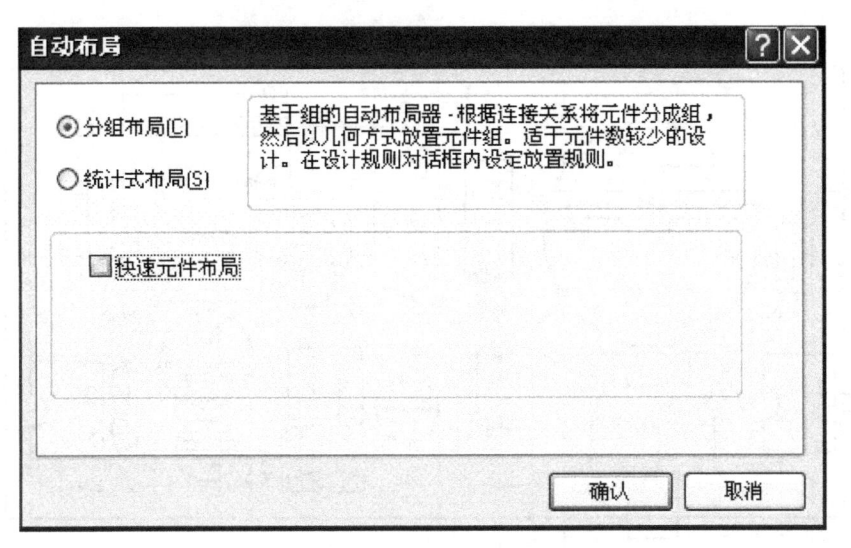

图 8-27 【自动布局】对话框

(2)选择"分组布局"选项,然后单击"确认"按钮,开始自动布局。布局完成后的结果如图 8-28 所示。

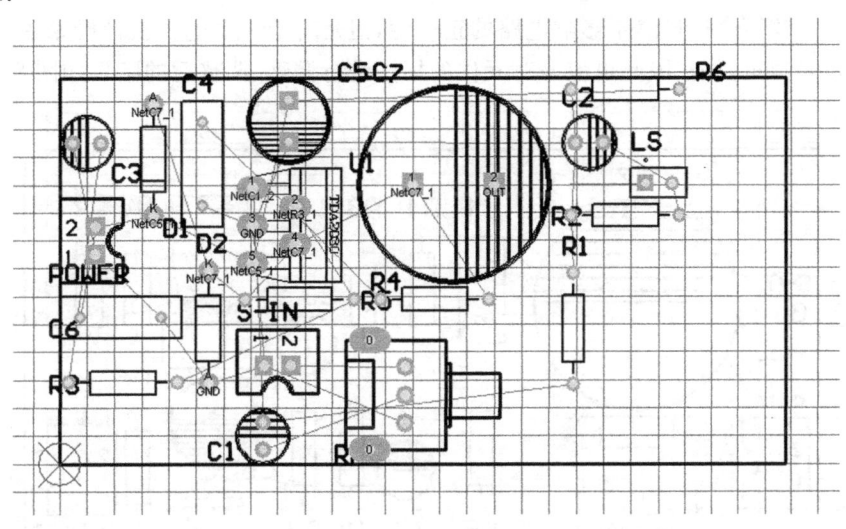

图 8-28　自动布局后的结果

2. 手工调整布局

PROTEL DXP 2004 自动布局一般以寻找最短布线路径为目标,因此元件的自动布局往往不太理想,需要用户手工调整。以图 8-28 为例,元件虽然布置好了,但不是我们想要的。因此必须重新调整某些元件的位置。调整后的布局如图 8-29 所示。

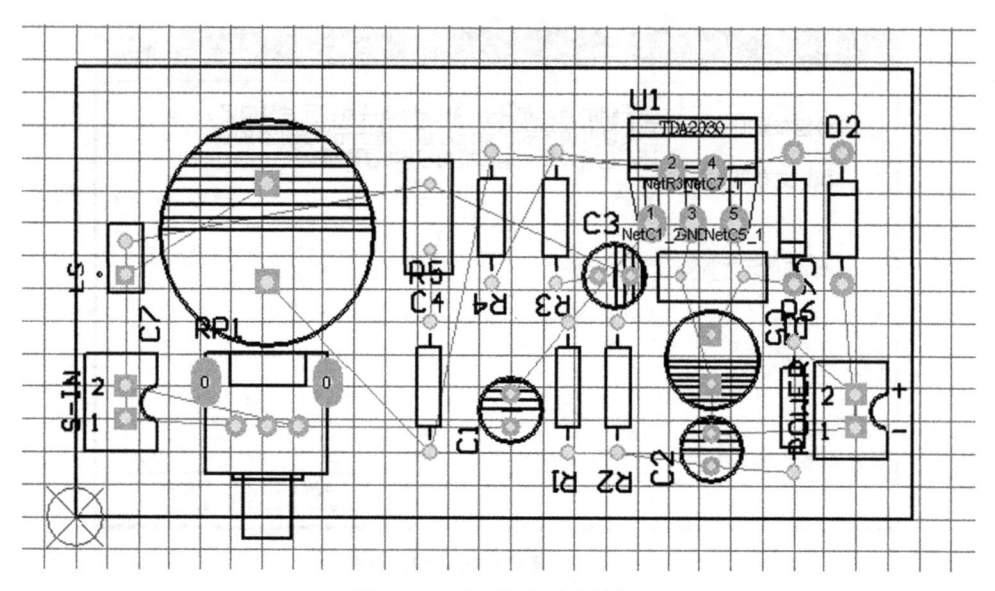

图 8-29 手工调整后的结果

3. 调整元件标注

元件的标注不合适虽然不影响电路的正确性,但是对于一个电子设计师来说,电路板的版面美观也是很重要的.因此也应该对元件的标注进行调整.调整后的结果如图 8-30 所示.

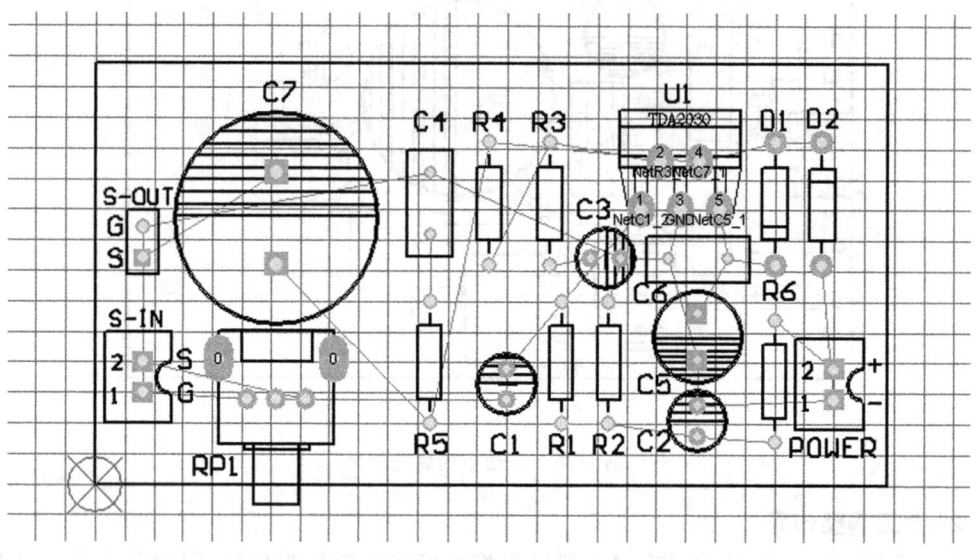

图 8-30 调整元件标注后的结果

小贴士:

1. 电容 C7、C5、C6、C2 电容的封装要根据实际大小而定的.

2. 从实际出发 S-IN 、POWER 的封装用的是自制的接插件管座.

3. 电位器 RP1 的封装也是根据实际自制的.

4. 我们初次学的时候可以采用 PROTEL 的推荐的封装,但为了给大家有一个更高的提升空间,本实例中所采用的封装与实际相符,这也是一个好的设计师必须要做到的.

★ **活动五　元件布线**

电路板布局结束后,便进入电路板的布线过程.电路板的布线方式有两种:一种是自动布线;一种是手动布线.为了便于我们初次学习掌握,我们采用自动布线与手工调整相结合.

1. 自动布线

一般来说,用户先是对电路板布线提出某些要求,然后按照这些要求来设置预布线规则.预布线规则设置是否合理将直接影响布线的质量和成功率.布线规则设置后,程序将依据这些规则进行自动布线.

布线规则设置步骤如下:

(1)选择【自动布线】/【全部对象】命令,打开如图 8-31 所示的【Situs 布线策略】对话框,选择 Default 2 Layer 布线策略,然后单击 编辑规则… 按钮,打开如图 8-32 所示的【PCB 规则和约束编辑器】对话框,可进行布线规则的设置.

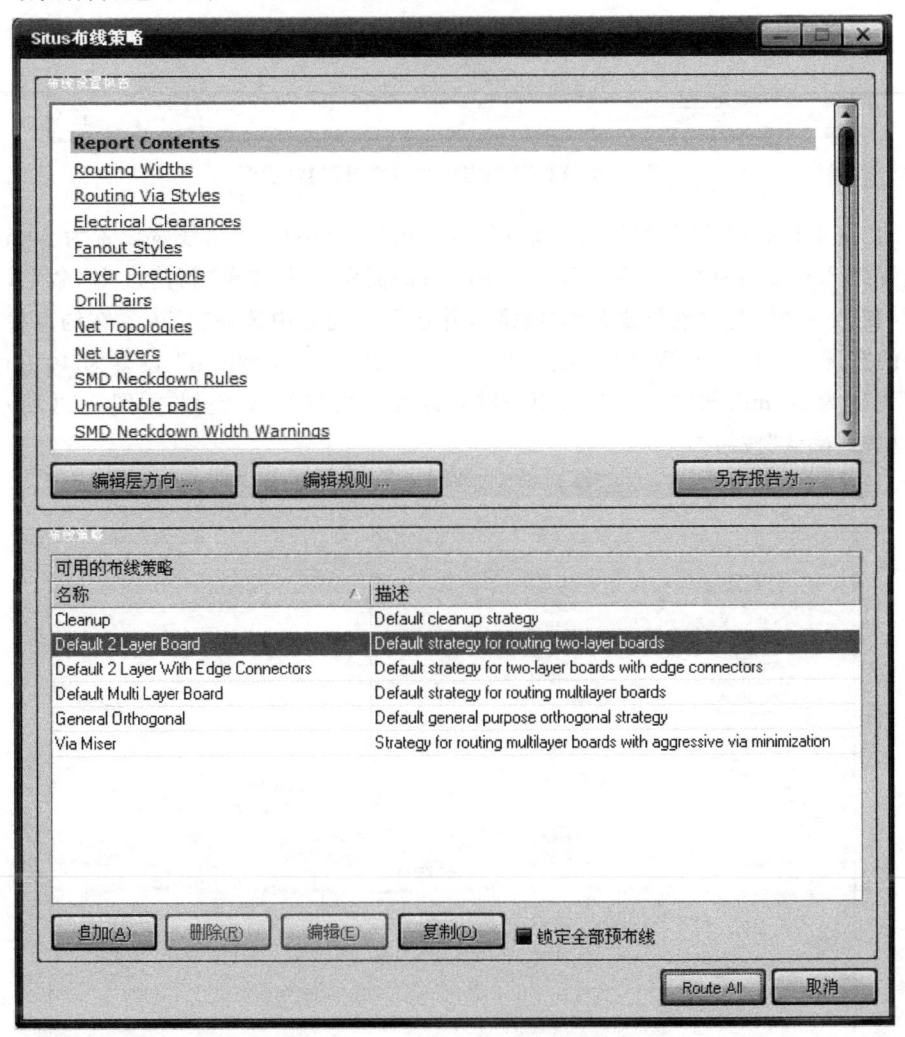

图 8-31　【Situs 布线策略】对话框

(2)有效层的设置中只选择 Bottom layer,即只允许底层进行布线.

(3)单击左侧目录树中的"Routing"下的"Width",可以进行布线宽度的设置.

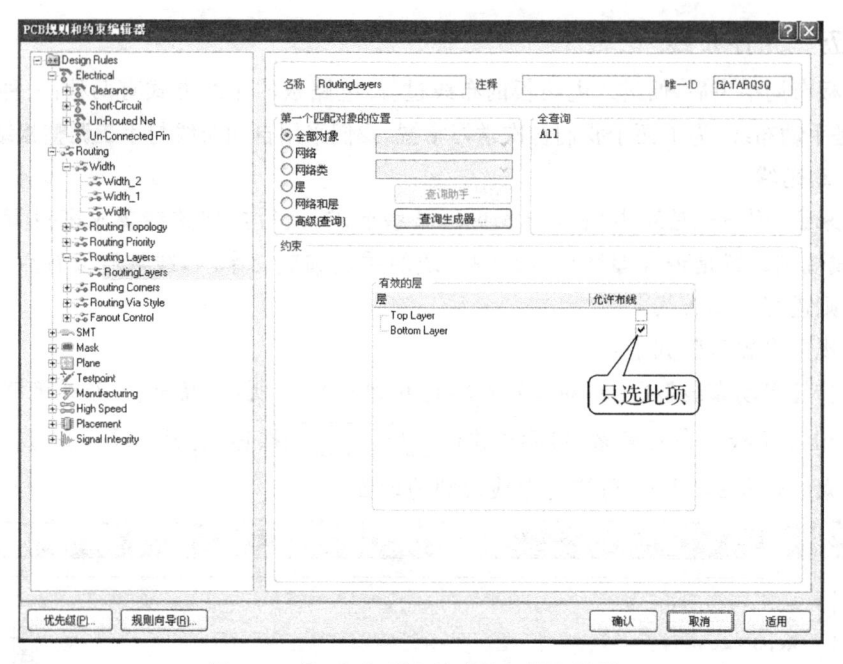

图 8-32 【PCB 规则和约束编辑器】对话框

(4) 在这里我们把"VCC"网络线宽设置为 40mil,"GND"网络线宽设置为 60mil,其余线宽设置为 20mil。右键单击"Width",在弹出的快捷菜单中选择"新建规则"命令,命名为"VCC",在第一个匹配对象位置选择"网络",并在下拉列表中选择"VCC",在约束栏中设置为需要的宽度,这里"Min Width"设置为 30 mil,"Preferred Width"设置为 40 mil"Max Width"设置为 50 mil。再建立一个 GND 规则,设置方法与 VCC 类似。如图 8-33 所示,设置完毕后单击"确认"按钮。

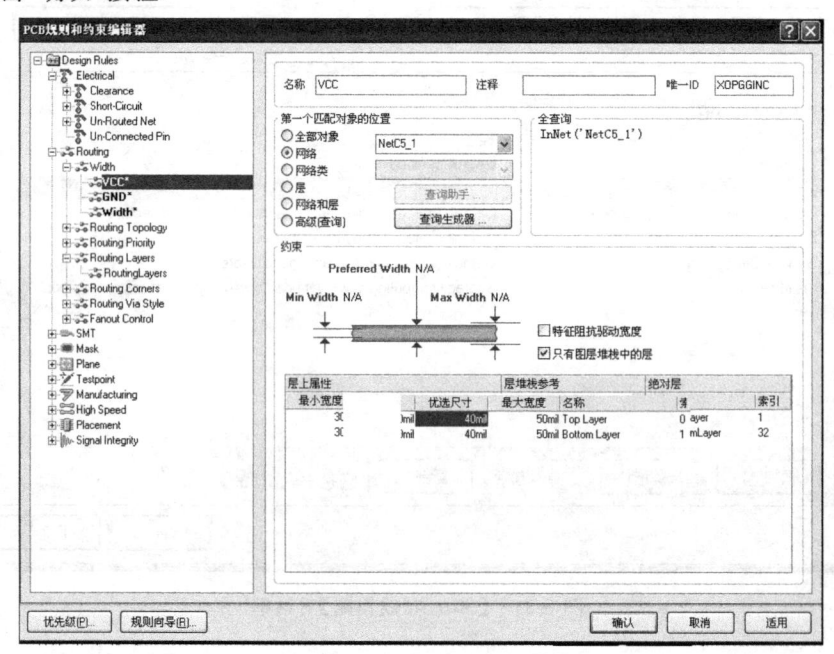

图 8-33 布线宽度设置

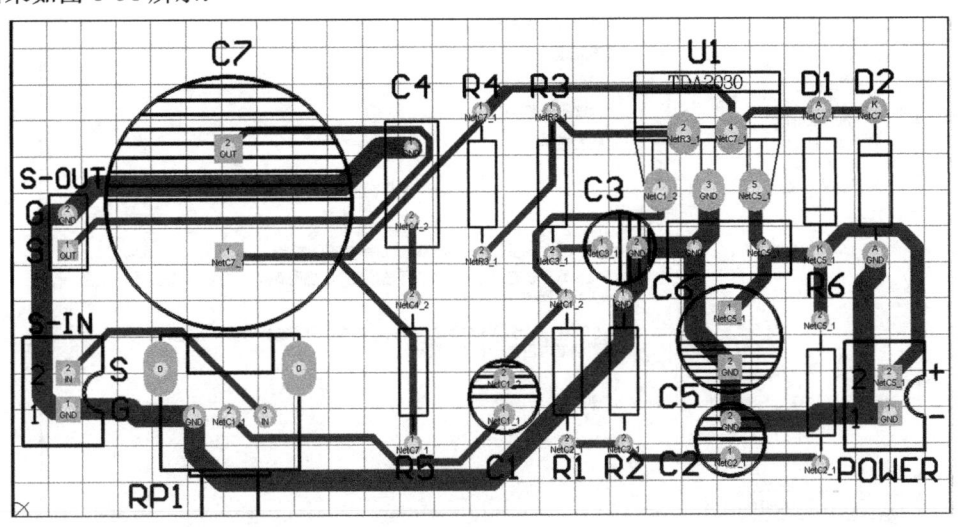

(5)单击图 8-31 中的"Route All"按钮,程序即开始对电路板进行全局自动布线,完成布线结果如图 8-34 所示。

图 8-34　自动布线后的 PCB 板

2. 手工布线

PROTEL DXP 2004 的自动布线布通率几乎是 100%,但也有一些令人不满意的地方,一个美观成功的 PCB 板往往都会在自动布线的基础上进行一些手工调整,具体的手工布线方法参加前面的项目四,调整以后的 PCB 板如图 8-35 所示。

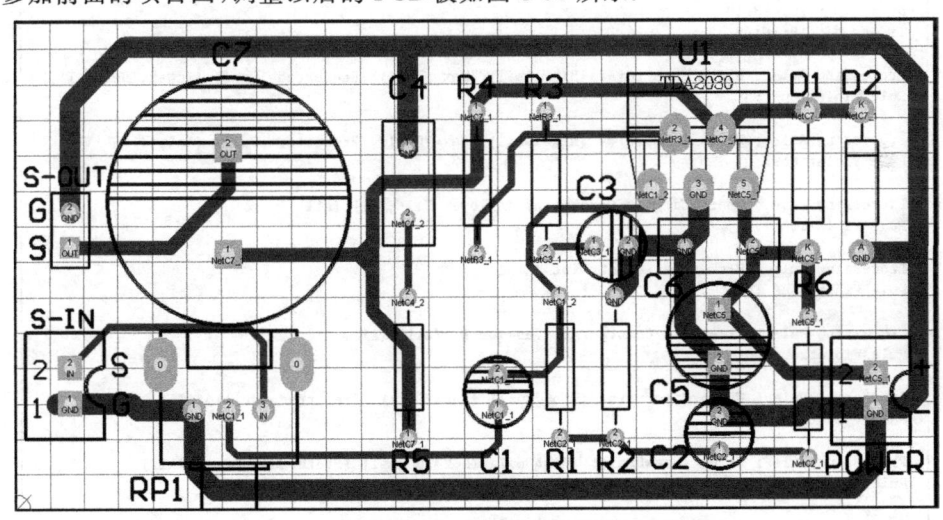

图 8-35　手工调整后的 PCB 板

★ 活动六　设计规则检查

布好线之后,要对 PCB 进行 DRC 检查,看看自动布线的结果是否满足所设计的布线要求,其检测步骤如下。

1. 选择【工具】/【设计规则检查】命令,打开如图 8-36 所示的【设计规则检查器】对话框,根据要求对其进行设置。

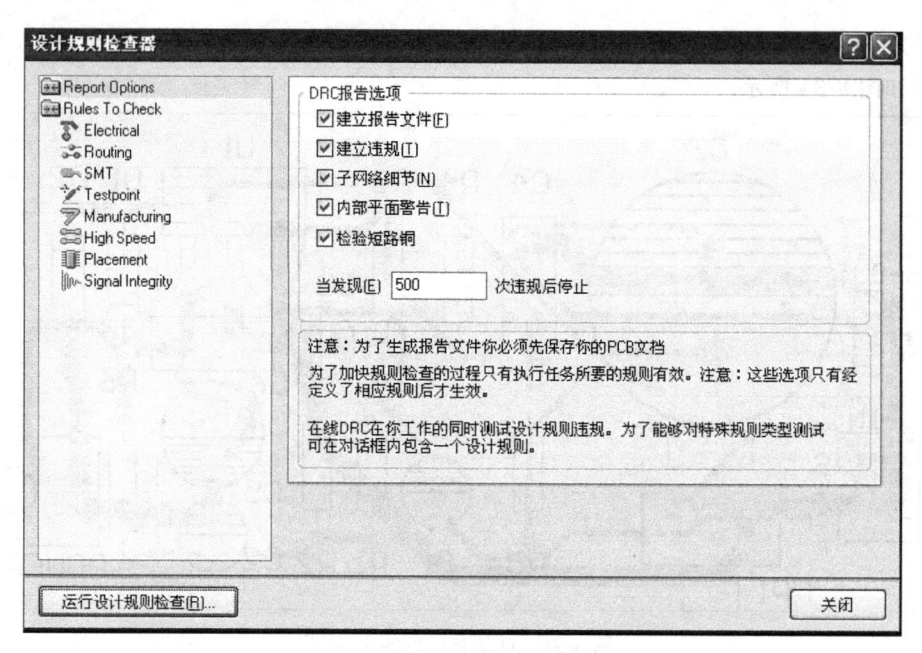

图 8-36 【设计规则检查器】对话框

2. 设置完检测的选项后,单击"运行设计规则检查"按钮,系统对 PCB 电路图进行 DRC 检查,然后弹出 DRC 检查报告如图 8-37 所示.

```
Protel Design System Design Rule Check
PCB File  : \mydesignDXP\TDA2030.PCBDOC
Date      : 2010-3-10
Time      : 19:16:49

Processing Rule : Width Constraint (Min=10mil) (Max=50mil) (Preferred=10mil) (InNet('NetC5_1'))
Rule Violations :0

Processing Rule : Width Constraint (Min=10mil) (Max=70mil) (Preferred=10mil) (InNet('GND'))
Rule Violations :0

Processing Rule : Short-Circuit Constraint (Allowed=No) (All),(All)
Rule Violations :0

Processing Rule : Broken-Net Constraint ( (All) )
Rule Violations :0

Processing Rule : Clearance Constraint (Gap=10mil) (All),(All)
Rule Violations :0

Processing Rule : Width Constraint (Min=10mil) (Max=20mil) (Preferred=10mil) (All)
Rule Violations :0

Processing Rule : Height Constraint (Min=0mil) (Max=1000mil) (Prefered=500mil) (All)
Rule Violations :0

Processing Rule : Hole Size Constraint (Min=1mil) (Max=100mil) (All)
Rule Violations :0


Violations Detected : 0
Time Elapsed        : 00:00:00
```

图 8-37 DRC 检查报告

★ 活动七　显示 3D 效果

选择【查看】/【显示三维 PCB 板】命令,系统将生成 PCB 板的三维效果图.图 8-38 是 TDA2030 功放电路 PCB 板顶层的效果图.

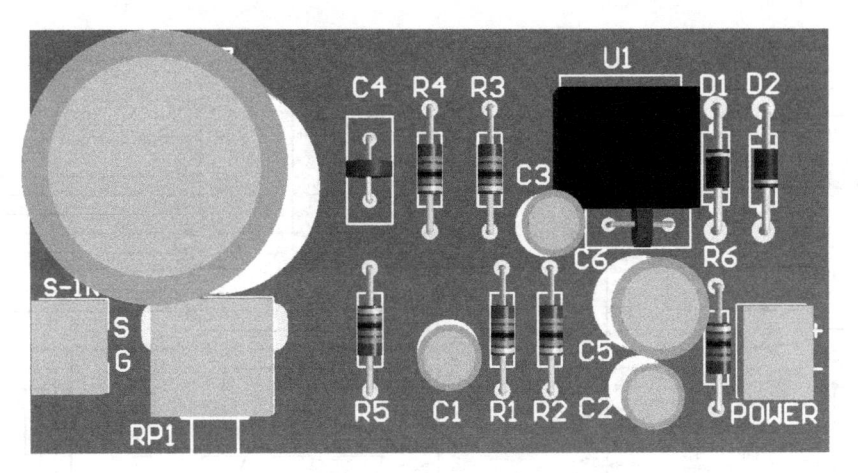

图 8-38　三维效果图

知识回顾

本项目介绍了 TDA2030 功放电路的电路图绘制和 PCB 板设计过程,通过该实例我们可以掌握 PROTEL DXP 2004 进行 PCB 板的制作过程和思路.

上机练习

1. 在 E 盘根目录下建立一个文件夹.

文件夹名称为 T+工位号,所有文件均保存在该文件夹下.

各文件的主文件名:

项目文件:工位号

原理图文件:sch+××

原理图元件库文件:slib+××

Pcb 文件:pcb+××

Pcb 元件封装库文件:plib+××

2. 在自己建的原理图元件库文件中绘制图 8-39 所示数码管元件符号.

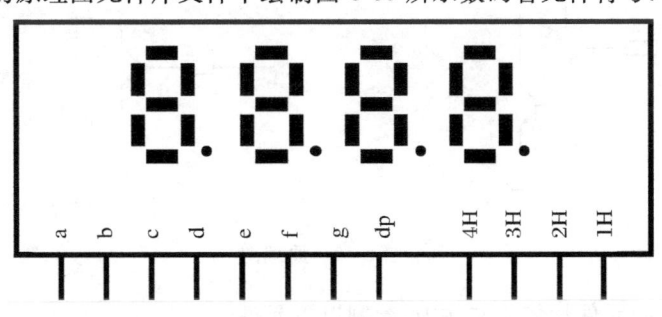

图 8-39　数码管符号

3. 绘制如图 8-40 所示原理图.

图 8-40 原理图

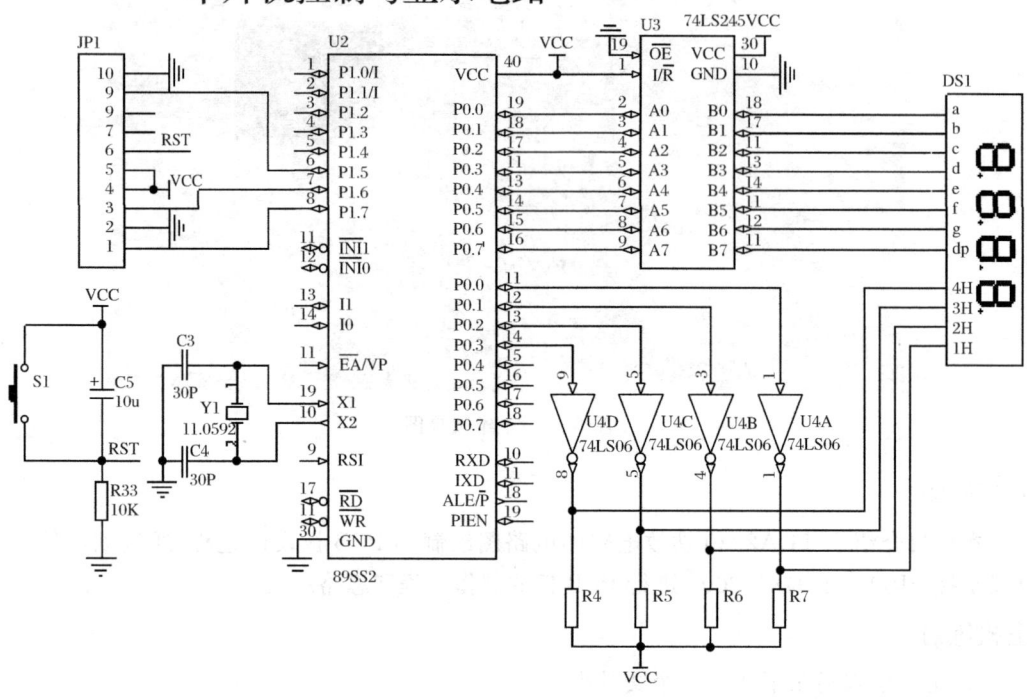

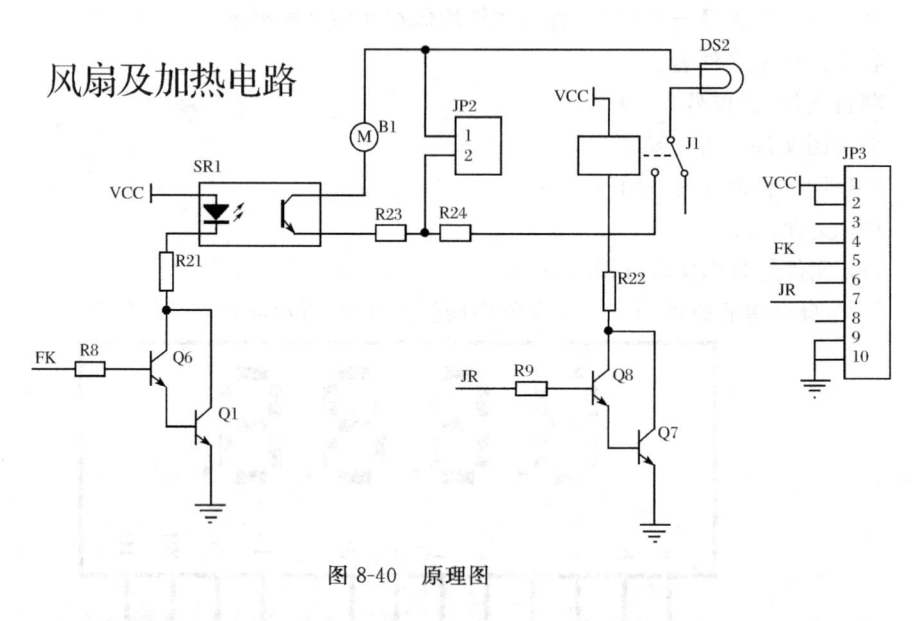

4. 在自己建的元件封装库文件中,绘制以下元件.
(1)数码管元件封装.
要求:
焊盘的水平间距:100mil.
焊盘的垂直间距:430mil.

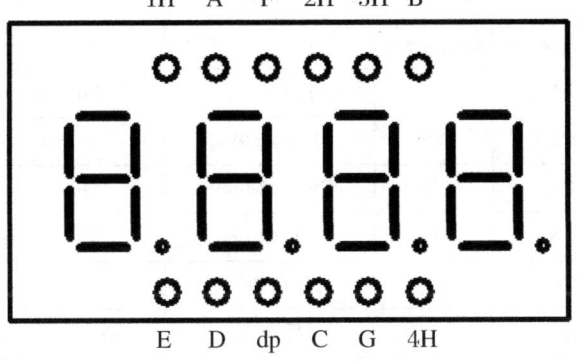

图 8-41 数码管元件封装

(2)继电器元件封装.

焊盘尺寸:长:150mil;宽:100mil.

焊盘孔径:60mil.

继电器引脚对应见图 8-42,焊盘间距见图 8-43.

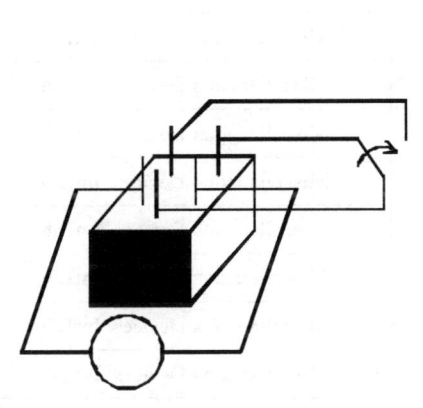

图 8-42 继电器引脚分布　　　图 8-43 继电器引脚间距

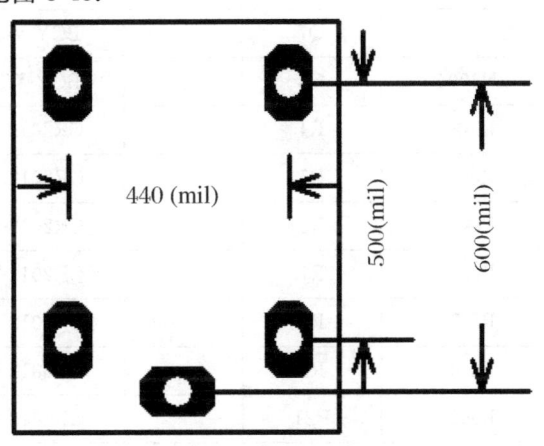

5. 绘制双面电路板图.

要求:

(1)元件清单如表 8-1 所示.

(2)电路板尺寸为不大于:4000mil(宽)×3800mil(高).

(3)将单片机控制与显示电路和风扇及加热电路分区域布局;所有元件均放置在 TopLayer.

(4)信号线宽 10mil,VCC 线宽 20mil,接地线宽 30mil.

表 8-1 元件清单

LibRef	Designator	Comment	Footprint	Library
Motor	B1		RAD-0.2	Miscellaneous Devices.IntLib
Cap	C3	30p	CR2012-0805	Miscellaneous Devices.IntLib
Cap	C4	30p	CR2012-0805	Miscellaneous Devices.IntLib
Cap Pol2	C5	10u	CC2012-0805	Miscellaneous Devices.IntLib
自制	DS1		自制	
Header 10H	JP1		HDR2X5	Miscellaneous Connectors.IntLib
Header 2	JP2		HDR1X2	Miscellaneous Connectors.IntLib
Header 10H	JP3		HDR2X5	Miscellaneous Connectors.IntLib
Lamp	DS2		PIN2	Miscellaneous Devices.IntLib
2N3904	Q5		BCY-W3/E4	Miscellaneous Devices.IntLib
2N3904	Q6		BCY-W3/E4	Miscellaneous Devices.IntLib
2N3904	Q7		BCY-W3/E4	Miscellaneous Devices.IntLib
2N3904	Q8		BCY-W3/E4	Miscellaneous Devices.IntLib
Res2	R4		CR2012-0805	Miscellaneous Devices.IntLib
Res2	R5		CR2012-0805	Miscellaneous Devices.IntLib
Res2	R6		CR2012-0805	Miscellaneous Devices.IntLib
Res2	R7		CR2012-0805	Miscellaneous Devices.IntLib
Res2	R8		CR2012-0805	Miscellaneous Devices.IntLib
Res2	R9		CR2012-0805	Miscellaneous Devices.IntLib
Res2	R21		CR2012-0805	Miscellaneous Devices.IntLib
Res2	R22		CR2012-0805	Miscellaneous Devices.IntLib
Res2	R23		CR2012-0805	Miscellaneous Devices.IntLib
Res2	R24		CR2012-0805	Miscellaneous Devices.IntLib
Res2	R33	10k	CR2012-0805	Miscellaneous Devices.IntLib
SW-PB	S1		SPST-2	Miscellaneous Devices.IntLib
Optoisolator1	SR1		DIP-4	Miscellaneous Devices.IntLib
DS87C520-MCL	U2		DIP40	Dallas Microcontroller 8-Bit.IntLib
74AC245MTC	U3	74LS245	J020	FSC Interface Line Transceiver.IntLib
SN54ALS04BJ	U4	74LS06	J014	TI Logic Gate 1.IntLib
XTAL	Y1	11.0592	BCY-W2/D3.1	Miscellaneous Devices.IntLib

评价

项目八 学习任务评价表

姓名			日期		
理论知识(20分)				师评	
1.功放电路的设计流程. 2.元件的自动布局使用_____命令. 3.元件的自动布线使用_____命令. 4.显示PCB板的三维效果用_____命令.					
技能操作(60分)					
序号	评价内容	技能考核要求			
1	完成上机练习题1	文件名和保存位置正确(5分)			
2	完成上机练习题2	能正确绘制原理图元件(10分)			
3	完成上机练习题3	能正确绘制原理图(20分)			
4	完成上机练习题4	能正确绘制PCB封装(10分)			
5	完成上机练习题5	能按要求绘制PCB板(15分)			
学生专业素养(20分)			自评	互评	师评
序号	评价内容	专业素养评价标准			
1	学习态度(10分)	参与度好 团队协作好			
2	基本素养(10分)	纪律好 无迟到、早退			
综合评价					

参考文献

[1] 郑一力,殷晔,冯海峰,魏小康. Protel 99SE 电路设计与制版入门与提高[M]. 北京:人民邮电出版社,2008.

[2] 谈世哲. PROTEL DXP 2004 电路设计基础与典型范例[M]. 北京:电子工业出版社,2007.

[3] 林晶,赵杰,李军. PROTEL DXP 设计与实践[M]. 北京:电子工业出版社,2009.

[4] 甘登岱. PROTEL DXP 电路设计与制版实用教程[M]. 北京:人民邮电出版社,2004.

[5] 刘刚,彭荣群. PROTEL DXP 2004 SP2 原理图与 PCB 设计[M]. 北京:电子工业出版社,2007.